职业教育改革与创新系列教材

# 车工工艺与技能训练

主　编　吴细辉
副主编　欧汉德　吕云海
参　编　欧阳坤源　潘　毅　张　烁
主　审　胡晓东

机械工业出版社

本书是按照中级车工国家职业标准的基本要求编写而成的，力求体现"以就业为导向、以能力为本位"的精神，结合职业技能鉴定和中等职业学校双证书的要求，精简整合理论课程，注重实训教学。

本书的主要内容包括车床操作训练、车削基础训练、车削外沟槽和切断、车削台阶轴、加工内孔、车削内沟槽、车削圆锥面、车削成形面和滚花、加工普通螺纹、车削梯形螺纹和蜗杆及车削特殊结构零件。本书采用项目式的教学理念组织内容，每个项目都包含一个相对独立的教学主题和重点，从提出训练任务和要求开始设定训练内容，突出对工艺要领和操作技能的培养。本书在内容上力求做到理论与实践相结合，图文并茂，形象直观，文字叙述简明扼要、通俗易懂。

本书可作为职业院校相关专业的教学用书，也可供相关专业技术人员参考使用。

## 图书在版编目（CIP）数据

车工工艺与技能训练/吴细辉主编．—北京：机械工业出版社，2013（2025.1 重印）
职业教育改革与创新系列教材
ISBN 978-7-111-41439-1

Ⅰ.①车… Ⅱ.①吴… Ⅲ.①车削—高等职业教育—教材 Ⅳ.①TG510.6

中国版本图书馆 CIP 数据核字（2013）第 026061 号

机械工业出版社（北京市百万庄大街 22 号　邮政编码 100037）
策划编辑：王佳玮　责任编辑：王莉娜　王佳玮　王海霞
版式设计：陈　沛　责任校对：陈　越
封面设计：张　静　责任印制：刘　媛
涿州市般润文化传播有限公司印刷
2025 年 1 月第 1 版第 9 次印刷
184mm×260mm·13 印张·320 千字
标准书号：ISBN 978-7-111-41439-1
定价：38.00 元

电话服务　　　　　　　　　网络服务
客服电话：010-88361066　　机　工　官　网：www.cmpbook.com
　　　　　010-88379833　　机　工　官　博：weibo.com/cmp1952
　　　　　010-68326294　　金　书　网：www.golden-book.com
封底无防伪标均为盗版　　　机工教育服务网：www.cmpedu.com

# 前　　言

随着科学技术的迅速发展，社会对技能型人才的要求越来越高，让学生快速掌握必需的理论知识，获取丰富的实践经验，成为具有较强动手操作能力和一定创新能力的高级技能型人才是当前职业教育的首要任务。车工工艺与技能训练是一门重要的基础课程，为学生全面掌握车削加工的基本知识和基本操作技能提供了有力的支持。

本书采用项目式的教学理念组织教学内容，全书共有十个项目，内容涉及轴、套、圆锥面及成形面、螺纹及蜗杆、偏心件、曲轴、细长轴的加工和车床的维护，基本涵盖了中级车工应掌握的技能训练内容。每个项目都包含一个相对独立的教学主题和重点，一个项目由若干个任务组成，每个任务从提出训练任务和要求开始设定训练内容，突出对工艺要领和操作技能的培养。在任务的"知识链接"部分，将任务涉及的理论知识进行梳理；在"任务实施"环节，围绕一个明确的加工题目进行操作训练，巩固所学知识，在内容上力求做到理论与实践相结合。

本书的主要特点如下：

1）力求体现"以就业为导向、以能力为本位"的精神，结合职业技能鉴定和中等职业学校双证书的要求，以企业岗位的实际需求为出发点，精简整合理论课程，注重实训教学。

2）以项目任务为导向，通过任务分析、知识链接、任务实施和知识扩展等环节，培养学生的良好综合素质、实践能力和创新能力。

3）在内容安排上，力求做到深浅适度、详略得当，并注意了广泛性、实用性和可操作性，在形式上图文并茂、形象直观、通俗易懂。

本书由吴细辉任主编，欧汉德、吕云海任副主编，欧阳坤源、潘毅、张烁参加了编写，由广东省技师学院胡晓东主审。本书在编写过程中，得到了广东省技师学院黎亚洲、吴惠燕、吴潮汕、罗涛的大力帮助，在此表示衷心的感谢。编写过程中参考了相关资料，在此向有关作者表示衷心的感谢。

由于编者水平有限，书中难免存在疏漏之处，敬请广大读者批评指正。

编　者

# 目　录

前　言
绪　论
项目一　车床操作训练…………………… 4
　　任务一　CA6140型车床剖析实训 … 4
　　任务二　CA6140型车床操作
　　　　　　实训………………………… 11
　　任务三　CA6140型车床的维护和
　　　　　　保养………………………… 20
　　任务四　自定心卡盘装拆练习 …… 22
　　项目重点 ………………………………… 25
　　实战强化 ………………………………… 25
项目二　车削基础训练…………………… 27
　　任务一　外圆车刀的刃磨 ………… 27
　　任务二　手动进给车削练习 ……… 39
　　任务三　机动进给车削练习 ……… 50
　　项目重点 ………………………………… 54
　　实战强化 ………………………………… 54
项目三　车削外沟槽和切断……………… 57
　　任务一　切断刀的刃磨 …………… 57
　　任务二　车削外沟槽和切断 ……… 62
　　项目重点 ………………………………… 66
　　实战强化 ………………………………… 66
项目四　车削台阶轴……………………… 68
　　任务一　钻中心孔 ………………… 68
　　任务二　一夹一顶装夹车削
　　　　　　台阶轴 …………………… 70
　　任务三　两顶尖装夹车削台阶轴 … 75
　　项目重点 ………………………………… 79
　　实战强化 ………………………………… 79
项目五　加工内孔………………………… 81
　　任务一　麻花钻的刃磨 …………… 82
　　任务二　钻孔和扩孔 ……………… 87
　　任务三　车孔 ……………………… 93
　　任务四　车削内沟槽 ……………… 98
　　项目重点 ………………………………… 102
　　实战强化 ………………………………… 102
项目六　车削圆锥面……………………… 105
　　任务一　车削外圆锥 ……………… 105
　　任务二　车削内圆锥 ……………… 115
　　项目重点 ………………………………… 122
　　实战强化 ………………………………… 122
项目七　车削成形面和滚花……………… 125
　　任务一　车削单球手柄 …………… 125
　　任务二　滚花 ……………………… 131
　　项目重点 ………………………………… 135
　　实战强化 ………………………………… 135
项目八　加工普通螺纹…………………… 138
　　任务一　普通螺纹车刀的选择和
　　　　　　刃磨 ……………………… 138

任务二　低速车削普通外螺纹…… 143
　　任务三　低速车削普通内螺纹…… 155
　　项目重点……………………………… 159
　　实战强化……………………………… 159
项目九　车削梯形螺纹和蜗杆………… 161
　　任务一　梯形外螺纹车刀的
　　　　　　刃磨………………………… 161
　　任务二　车削梯形外螺纹……… 164
　　任务三　车削蜗杆……………… 170
　　任务四　车削双线梯形螺纹…… 178
　　项目重点……………………………… 182

　　实战强化……………………………… 182
项目十　车削特殊结构零件…………… 186
　　任务一　用单动卡盘装夹车削偏心
　　　　　　工件………………………… 186
　　任务二　用两顶尖装夹车削两拐
　　　　　　曲轴………………………… 190
　　任务三　车削细长轴…………… 194
　　项目重点……………………………… 199
　　实战强化……………………………… 199
参考文献………………………………… 202

# 绪　　论

## 一、职业应用

技术工人是融脑力劳动和体力劳动为一体的技能型人才，是我国现代化建设中不可缺少的重要技术力量。我国要赶上发达国家的先进水平，主要依靠各级各类职业学校来培养人才。据有关资料统计，目前，我国城镇劳动力人口有 3 亿多，技能型劳动者有 1 亿人左右，两者的比例为 3:1，而发达国家的这一比例为 2:1。随着经济建设和企业的发展，社会和企业对优秀技术工人的需求将越来越迫切，特别是我国加入 WTO 后，我国经济与世界经济的一体化进程大大加快，越来越多的发达国家把制造基地转移到中国，我国有望成为 21 世纪的世界"制造中心"。经济建设对技能人才的需求不断增加，而我国技能型人才的数量远远不能满足需要。

可以预见，在未来相当长的一段时间内，职业技术学校的高就业率和技术工人的低失业率仍将保持下去。全球范围内优秀技术工人待遇高、就业稳定、失业率低的现实也印证了这一点。

## 二、新兵训练营

车削加工是指操作者在车床上，利用车刀对旋转的工件进行切削加工，图 0-1 所示为车削加工示例。在机械制造业中，车削加工是最基本、最常用的加工方法，同时，车削加工也是其他金属切削加工方法（铣、刨、磨及一些特种加工）的基础，车削加工在机械制造业中有着举足轻重的作用。车削加工的工艺特点主要体现在以下方面：

1）生产率高且成本低廉，可以车削不同材料和不同精度的工件。车削加工的公差等级一般可达 IT8～IT7，表面粗糙度 $Ra$ 值可达 $1.6～0.8\mu m$，如果采用先进的车床和现代的涂层刀具材料，则公差等级可达 IT6，表面粗糙度 $Ra$ 值可达 $0.4\mu m$。

2）车削可加工单一轴线的轴、盘、套类等零件，也可加工多轴线零件（改变工件的安装位置）。在车床上使用不同的车刀或其他刀具，可加工各种回转表面，如图 0-2 所示零件的内、外圆柱面，内外圆锥面，螺纹，沟槽，端面和成形面等。

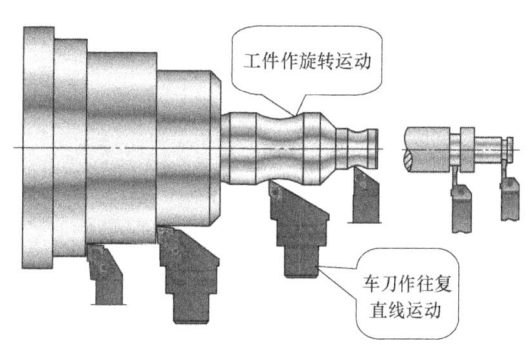

图 0-1　车削加工示例

3）易于保证工件各加工面的位置精度，如保证同轴度和端面与轴线的垂直度等。

4）切削过程较平稳。车削过程是连续的，避免了惯性力与冲击力，允许采用较大的切削用量，进行高速切削，有利于生产率的提高。

5)适用于非铁金属零件的精加工。当非铁金属零件的表面粗糙度 $Ra$ 值要求较小时,不宜采用磨削加工,需要采用车削或铣削等。用金刚石车刀进行精细车时,可达到较高质量。

6)刀具简单。车刀制造、刃磨和安装均较方便。

图 0-2 车削加工范围

在一般机器制造厂中,车床约占金属切削机床总台数的 20%~35%,图 0-3 所示为目前广泛采用的普通车床和数控车床。机床是制造机器的机器。普通机床经历了近两百年的发展历史,随着电子技术、计算机技术及其自动化,精密机械与测量等技术的发展与综合应用,人们生产出了机电一体化的新型机床——数控机床。数控机床是一种通过数字信息控制机床,使其按给定的运动轨迹进行自动加工的装备,经过半个世纪的发展,数控机床已是现代制造业的重要标志之一,数控机床的普及率是一个企业综合实力的体现。在我国的制造业中,数控机床的应用也越来越广泛。数控车床是数字程序控制车床的简称,它集通用性好的万能型车床、加工精度高的精密型车床和加工效率高的专用型车床的特点于一身,是国内使用量最大,覆盖面最广的一种数控机床。

要学好数控车床的理论和操作知识,就必须在数学、机械制图、普通车床的加工工艺和操作技术等方面打好坚实的基础。因此,只有具备了普通车工工艺学理论知识和熟练的操作技能,才能从掌握人工控制机床的基础上自然过渡到掌握数控机床。另一方面,由于数控机床加工的特殊性,要求数控机床加工工人既是操作者,又是程序员,因此,掌握数学、电工学、公差与配合及机械制造工艺等方面的知识也是学好数控原理和进行程序编制的基础。

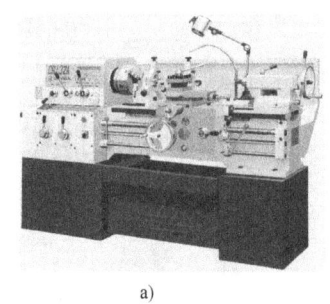
a)

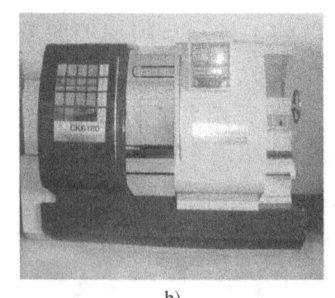
b)

图 0-3 普通车床和数控车床
a)普通车床 b)数控车床

车工工艺与技能训练课程是一门工艺技术课程。通过本课程的学习,主要应掌握以下几点:

1)掌握常用车床的主要结构、传动原理、日常调整和维护保养方法。

2)能合理地使用常用刀具、夹具和量具。

3）能制订中等复杂程度零件的车削加工工艺，并能根据实际情况尽可能采用先进工艺。

4）能较熟练地掌握中级车工的各种操作技能，以及加工过程中的有关计算方法；能正确地查阅有关技术手册和资料，并能对工件进行质量分析。

5）能合理地选择切削参数和切削液。

6）能合理选择工件的装夹方法，掌握工件的定位、夹紧的基本原理和方法。

7）熟悉安全文明生产的有关知识，做到安全、文明生产。

# 项目一 车床操作训练

## 【功能简述】

对车工而言，要正确地使用车床，完成零件的加工，就必须熟悉车床的性能和结构，学会保养、维护和调整车床，以充分发挥其应有的作用，保证优质高效地完成生产任务。

## 【项目分析】

车床的种类非常多，其工艺范围也很广，在机械加工中占有重要的地位，其中，以卧式车床的使用最为广泛。本项目的主要目的是熟悉 CA6140 型车床的基本操作，通过 CA6140 型车床剖析实训、CA6140 型车床操纵实训、CA6140 型车床维护和保养、自定心卡盘装拆练习四个任务来实施。

## 任务一　CA6140 型车床剖析实训

### 一、任务分析

本任务的目标是认识 CA6140 型车床，熟悉车床的型号、结构和工作原理，了解车床的性能和用途。

**知识点**：CA6140 型车床、立式车床的型号。

**技能点**：认识 CA6140 型车床的结构与传动系统。

### 二、知识链接

**1. CA6140 型车床的型号**

机床型号是机床产品的代号，用以简明地表示机床的类型、主要规格、技术参数和结构特性等。我国目前的机床型号是根据 GB/T 15375—2008 编制的，由汉语拼音字母及阿拉伯数字按一定规律排列组成，字母及数字的含义为：

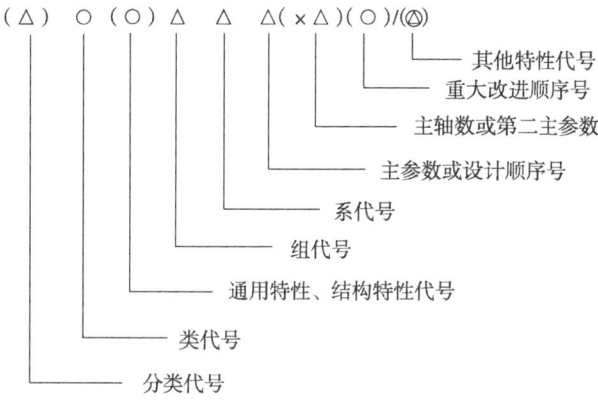

CA6140型车床型号中，字母及数字的含义为：

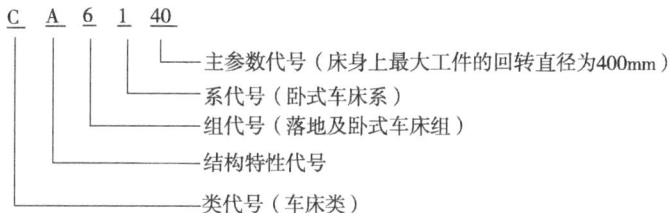

（1）类代号　机床按照其工作原理、结构特性及使用范围，一般其可分为11类。机床的类代号用大写的汉语拼音字母表示，见表1-1。

表1-1　机床的类代号

| 类别 | 车床 | 钻床 | 镗床 | 磨床 | | | 齿轮加工机床 | 螺纹加工机床 | 铣床 | 刨锯床 | 拉床 | 锯床 | 其他机床 |
|---|---|---|---|---|---|---|---|---|---|---|---|---|---|
| 代号 | C | Z | T | M | 2M | 3M | Y | S | X | B | L | G | Q |
| 读音 | 车 | 钻 | 镗 | 磨 | 二磨 | 三磨 | 牙 | 丝 | 铣 | 刨 | 拉 | 割 | 其 |

（2）机床的特性代号　机床的特性代号包括通用特性代号和结构特性代号，它们位于类代号之后，均用大写的汉语拼音字母表示。

1）通用特性代号。当某些类型的机床除有普通型外，还有某种通用特性时，则在类代号之后加通用特性代号予以区分。机床的通用特性代号及其读音见表1-2。

表1-2　机床的通用特性代号及其读音

| 通用特性 | 高精度 | 精密 | 自动 | 半自动 | 数控 | 加工中心（自动换刀） | 仿形 | 轻型 | 加重型 | 柔性加工单元 | 数显 | 高速 |
|---|---|---|---|---|---|---|---|---|---|---|---|---|
| 代号 | G | M | Z | B | K | H | F | Q | C | R | X | S |
| 读音 | 高 | 密 | 自 | 半 | 控 | 换 | 仿 | 轻 | 重 | 柔 | 显 | 速 |

2）结构特性代号。对主参数值相同而结构、性能不同的机床，在型号中用结构特性代号予以区分。结构特性代号在型号中没有统一的含义，只在同类机床中起区分机床结构、性能的作用。

当型号中有通用特性代号时，结构特性代号应排在通用特性代之后。结构特性代号用汉语拼音字母表示，但是通用特性代号已用的字母和"I"、"O"不能使用。当单个字母不够时，可将两个字母组合起来使用，如 AD、AE、DA、EA 等。

（3）机床的组、系代号　国家标准规定，每类机床划分为十个组，每个组又划分为十个系。机床的组代号用一位阿伯数字表示，位于类代号或特性代号之后，如立式车床的组代号为5，落地及卧式车床的组代号为6；机床的系代号用一位阿拉伯数字表示，位于组代号之后。立式车床和落地及卧式车床的系代号及名称见表1-3。

表1-3　立式车床和落地及卧式车床的系代号及名称

| 立式车床 | | 落地及卧式车床 | |
| --- | --- | --- | --- |
| 系　代　号 | 名　　称 | 系　代　号 | 名　　称 |
| 1 | 单柱立式车床 | 0 | 落地车床 |
| 2 | 双柱立式车床 | 1 | 卧式车床 |
| 3 | 单柱移动立式车床 | 2 | 马鞍车床 |
| 4 | 双柱移动立式车床 | 3 | 轴车床 |
| 5 | 工作台移动单柱立式车床 | 4 | 卡盘车床 |
| 7 | 定梁单柱立式车床 | 5 | 球面车床 |
| 8 | 定梁双柱立式车床 | | |

（4）机床的主参数　机床的主参数代表机床规格的大小，常用折算值（主参数乘以折算值系数）表示，位于系代号之后。常用车床的主参数及折算系数见表1-4。

表1-4　常用车床的主参数及折算系数

| 车　　床 | 主　参　数 | 折算系数 |
| --- | --- | --- |
| 单柱及双柱立式车床 | 最大车削直径 | 1/100 |
| 卧式车床 | 床身上最大工件回转直径 | 1/10 |

（5）机床重大改进顺序号　当对机床的结构性能有更高的要求，或者需要对产品进行重新设计、试制和鉴定时，可按改进的先后顺序选用 A、B、C…加在型号基本部分的尾部，以区别于原机床型号。

**2. CA6140 型车床的主要技术规格**

机床的技术规格是反映机床的加工能力、加工范围和加工精度的各项技术数据。为了适应不同的生产和使用条件，满足加工各种尺寸工件的要求，每种通用机床都有不同的技术规格。CA6140 型车床的主要技术规格见表1-5。

表1-5 CA6140型车床的主要技术规格

| 床身上最大工件回转直径/mm | 在车床上 | 400 | 主轴内孔锥度（号） | | Morse No.6 |
|---|---|---|---|---|---|
| | 在刀架上 | 210 | 主轴转速/（r/min） | | 正转：10~1400（24级） |
| 最大车削长度/mm | | 650、900、1400、1900 | | | 反转：14~1580（12级） |
| | | | 进给量/（r/mm） | 纵向 | 0.028~6.33（64级） |
| 主轴中心高至床身平面导轨的距离/mm | | 205 | | 横向 | 0.014~3.16（64级） |
| 顶尖距/mm | | 750、1000、1500、2000 | 加工螺纹范围 | 米制/mm | 1~192（44种） |
| 刀架最大行程/mm | 纵向 | 650、900、1400、1900 | | 寸制/（牙/in） | 2~24（20种） |
| | | | | 模数/mm | 0.25~48（39种） |
| | 横向 | 320 | | 径节/（牙/in） | 1~96（37种） |
| | 刀架溜板 | 140 | 主电动机功率/kW | | 7.5 |

**3. CA6140型车床的结构**

CA6140型车床的外形结构如图1-1所示。它主要由床身、主轴箱、交换齿轮箱、进给箱、溜板箱、刀架、尾座、冷却和照明装置和床脚等部分组成，各组成部分的作用见表1-6。

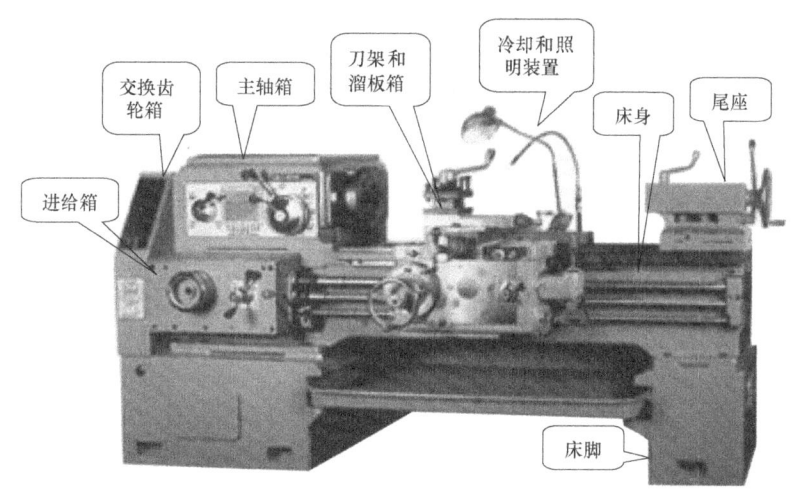

图1-1 CA6140型车床的外形结构

表1-6 CA6140型车床各组成部分的作用

| 序号 | 名称 | 组成部分及作用 |
|---|---|---|
| 1 | 主轴箱 | 支承主轴，带动工件作旋转运动；变换手柄位置，可使主轴得到多种转速；将卡盘装在主轴上，夹持工件作旋转运动，以实现车削。主轴箱的主要组成部分有<br>（1）传动机构<br>（2）主轴及其轴承<br>（3）开停和换向装置：控制主轴起动、停止、换向<br>（4）制动装置：克服停车惯性，迅速停止主轴转动<br>（5）操纵机构：控制主轴起动、停止、制动、变速、换向<br>（6）润滑装置：箱外液压泵供油循环润滑系统 |

(续)

| 序号 | 名称 | 组成部分及作用 |
|---|---|---|
| 2 | 交换齿轮箱 | 连接主轴箱和进给箱的一套齿轮机构。它由多级齿轮啮合,通过齿轮搭配或配合进给箱内的传动,获得不同的进给量,完成车削时的纵向进给、横向进给或车削螺纹等动作 |
| 3 | 进给箱 | 进给运动的变速机构,它固定在主轴箱下部的床身前侧面,接受交换齿轮箱传递的运动,并由此传递给光杠或丝杠,使光杠或丝杠获得不同的转速,以改变进给量的大小或车削不同螺距的螺纹 |
| 4 | 溜板箱 | 将光杠或丝杠传递的旋转运动转变为直线运动,并带动刀架作进给运动。溜板箱上有三层滑板,接通光杠时,可使床鞍带动中滑板、小滑板及刀架沿床身导轨作纵向移动;中滑板可带动小滑板及刀架沿床鞍上的导轨作横向移动。接通丝杠并闭合开合螺母时,可车削螺纹。溜板箱的主要组成部分有<br>(1) 纵、横向机动进给操纵机构<br>(2) 开合螺母机构:开合螺母合上,与丝杠相啮合,实现加工螺纹的进给;反之,开合螺母分开,实现纵向、横向机动进给或快速移动<br>(3) 互锁机构:为了避免损坏机床,在接通机动进给或快速移动时,开合螺母不应闭合;反之,合上开合螺母时,就不允许接通机动进给和快速移动;互锁机构使光杠、丝杠两者不能同时使用<br>(4) 过载保护装置(安全离合器):机床过载或发生事故时,可防止机床损坏而自动断开,从而起到安全保护作用。当载荷消失后,可自动恢复正常工作 |
| 5 | 刀架 | 用来装夹车刀,并可作纵向、横向及斜向运动。刀架是多层结构,它由以下部分组成:<br>(1) 大刀架:与溜板箱牢固相连,可沿床身导轨作纵向移动<br>(2) 中刀架:安装在大刀架顶面的横向导轨上,可作横向移动<br>(3) 转盘:固定在中刀架上,松开紧固螺母后,可转动转盘,使其和床身导轨成一个所需要的角度,然后拧紧螺母,以加工圆锥面等<br>(4) 小刀架:装在转盘上面的燕尾槽内,可作短距离的进给移动<br>(5) 方刀架:固定在小刀架上,可同时装夹四把车刀;松开锁紧手柄,即可转动方刀架,把所需要的车刀更换到工作位置上 |
| 6 | 尾座 | 尾座安装在床身导轨上,并可沿此导轨作纵向移动。尾座用于安装后顶尖,以支承较长的工件,或者用来安装钻头、铰刀等刀具,进行孔加工。偏移尾座可以车削长锥体工件。尾座由下列部分组成<br>(1) 套筒:其左端有锥孔,用以安装顶尖或锥柄刀具,套筒在尾座体内的轴向位置可用手轮调节,并可用锁紧手柄固定;将套筒退至极右位置时,即可卸出顶尖或刀具<br>(2) 尾座体:它与底板相连,松开固定螺钉时,拧动螺杆可使尾座体在底板上作微量横向移动,以便使前、后顶尖对准中心或偏移一定距离<br>(3) 底板:它直接安装于床身导轨上,用以支承尾座体 |
| 7 | 床身 | 固定在支座上,用来支承和连接车床的各个部件,并保证各部件在工作时有精确的相对位置。它的结构、制造精度、导轨表面硬度等对车床的加工精度都有很大影响,须妥善维护,尤其是工作完毕后,不要让床鞍停留在床身中间部位,以防变形。车床上的光杠、丝杠、操纵杠(俗称"三杠"),均安装在床身上,此外,安装在床身上的还有底座、照明、冷却部件等 |

(续)

| 序号 | 名称 | 组成部分及作用 |
|---|---|---|
| 8 | 床脚 | 支承安装在车床床身上的各个部件。床脚上的地脚螺栓将整台车床固定在地面上，而其上的调整垫块可以将床身调整到水平状态 |
| 9 | 照明和冷却装置 | 照明灯使用安全电流，为操作者提供充足的光线，保证明亮、清晰的操作环境。切削液被冷却泵加压后，通过冷却管喷射到切削区域，用来降低切削温度、冲走切屑、润滑加工表面，以提高刀具寿命和工件的表面加工质量 |

**4. CA6140 型车床的传动系统**

机床中把电动机的旋转运动转化为工件和刀具运动的一系列部件和机构称为传动系统，把运动经过的传递机构称为传动路线。

按运动的作用分，车削运动可分为主运动和进给运动两种，如图 1-2 所示。

（1）主运动 直接切除工件上的切削层，使之转变为切屑，从而形成工件新表面的运动称为主运动。车削时，工件的旋转是主运动。CA6140 型车床的传动线路图如图 1-3 所示，其主运动是通过电动机驱动带轮，把运动输入到主轴箱。通过变速机构使主轴得到不同的转速，再经卡盘（或夹具）带动工件旋转。通常主运动的速度较高，消耗的切削功率较大。

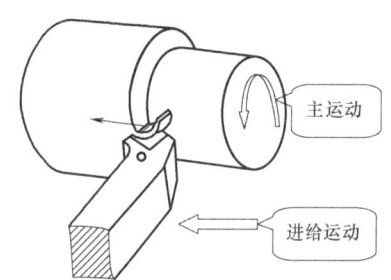

图 1-2 车削运动

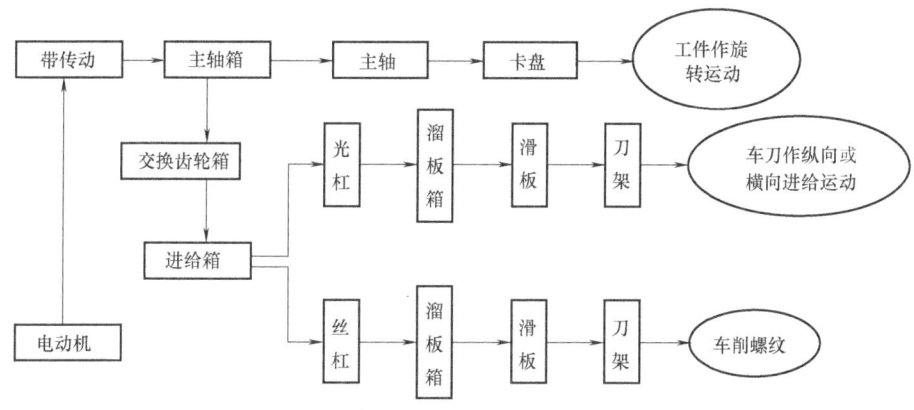

图 1-3 CA6140 型车床的传动线路示意图

（2）进给运动 进给运动是使新的切削层不断投入切削的运动。进给运动是由主轴箱齿轮把旋转运动输出到交换齿轮箱，再通过进给箱变速后由丝杠（或光杠）驱动溜板箱、床鞍、滑板、刀架，从而控制车刀的运动轨迹，完成车削各种表面的工作。进给运动的速度较低，消耗的功率也较少。

进给运动分纵向进给和横向进给运动，纵向进给运动是指车刀沿床身导轨方向的移动，横向进给运动是指车刀沿与床身导轨相垂直方向的移动。

CA6140 型卧式车床能车削米制、寸制、模数制和径节制四种标准螺纹，可以车削大导程、非标准和较精密的螺纹，可以车削右旋螺纹，也可以车削左旋螺纹。

### 三、任务实施

**1. 实训内容**

（1）床身　观察 CA6140 型卧式车床，了解车床的用途、布局、各操作手柄的作用及操作方法、标牌的含义；然后开动车床，空载运转表演，观察机床各部件的运动。

（2）主轴箱　打开主轴箱盖，了解主轴箱内零部件的名称和传动系统，分析各挡转速的传动路线及传动件的构造。

1）知道主轴箱各操作手柄的作用。

2）了解主传动系统的传动路线，主轴的正转、反转、停止及高低转速是如何实现的。

3）了解主轴箱的润滑系统。

（3）交换齿轮箱　了解交换齿轮的组成、用途和更换交换齿轮的方法。

（4）进给箱　观察基本组成操作机构、螺纹种类移换机构，以及光杠、丝杠传动操作机构。

（5）溜板箱　了解纵向、横向机动进给机构，丝杠、光杠进给互锁机构，开合螺母机构的功能、工作原理和结构。

（6）刀架　了解床鞍、横刀架、转盘、小刀架及方刀架等五部分的刀架结构，分析其工作原理。

（7）尾座　观察尾座的构造，了解尾座套筒的夹紧方法，以及尾座套筒和机床主轴同轴度的调整方法。

**2. 实训步骤**

1）结合现场情况了解机床的用途、布局，各手柄的作用及其操作方法；然后开动车床，进行空转运行，以观察机床各部件的运行情况。

2）停车后，结合现场情况，对照实训内容，详细了解各个环节。

---

**车床剖析实训时的注意事项**

1）车床工作时，不准戴手套和拿棉纱，女同学应戴工作帽。

2）打开主轴箱盖，观察主轴箱有关内容时，应防止主轴箱盖落下，特别注意不要开动车床，为安全起见，应使车床开关一直处于断电状态。

3）未经允许，不得拆卸车床上其他任何机构和零件。训练完成后，必须擦拭车床，加注润滑油，打扫工作场地，归还工具。

---

# 知识扩展

### 立 式 车 床

加工径向尺寸大而轴向尺寸相对较小的工件时，如用卧式车床，则车床尺寸庞大而床身长度得不到充分利用，工件装夹、找正困难，主轴前支承轴承因负荷过大容易磨损，难以长期保证工作精度，而立式车床则适合加工这类工件。立式车床适于加工径向尺寸大而轴向尺寸相对较小、且形状比较复杂的大型和重型零件，如各种盘、轮和壳体类零件。立式车床在结构布局上的主要特点是主轴垂直布置，并有一个直径很大的圆形工作台，用于装夹工件，其工作台台面处于水平位置，因而对笨重工件的装夹和找正比较方便。此外，由于工件及工作台的重力由床身导轨或推力轴承承受，大大减轻了主轴及其轴承的载荷，因而能较长期地保持工作精度。加工工件的公差等级一般可达 IT7，表面粗糙度 $Ra$ 值可达 $2.5\mu m$。

立式车床分单柱式和双柱式两类。单柱式立式车床只能加工直径较小的工件，而最大的双柱立式车床的加工直径可以超过 25m。单柱式立式车床的外形如图 1-4 所示。单柱立式车床的工作台由主轴带动在底座的环形导轨上作旋转运动。工作台上有多条径向 T 形槽，用来固定工件。横梁能在立柱上作上、下移动以调整位置，便于加工不同高度的工件。刀架可沿横梁上的导轨作横向进给及沿刀架滑座的导轨作垂直进给，刀架滑座能向两侧倾斜一定角度以加工锥面，垂直刀架上通常装有转塔刀架，上面可装几组刀具。由于大直径工件上很少有螺纹，因此，立式车床上没有车削螺纹传动链，不能加工螺纹。

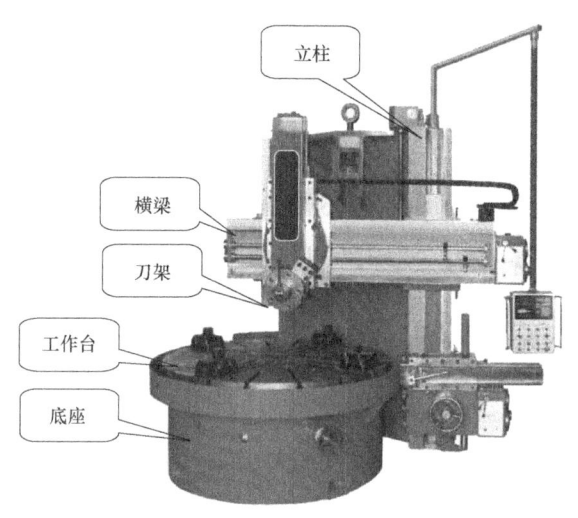

图 1-4　单柱式立式车床

## 任务二　CA6140 型车床操作实训

### 一、任务分析

本任务的目标是掌握安全生产、文明生产知识，以及 CA6140 型车床的基本操作方法。

**知识点**：了解安全文明生产知识。

**技能点**：掌握 CA6140 型车床的基本操作方法。

### 二、知识链接

**1. 安全文明生产知识**

安全生产重于泰山，坚持安全操作、文明生产是保障工人和设备安全，防止工伤和设备事故的基础，同时也是工厂科学管理的一项十分重要的手段。它直接影响人身安全、产品质量和生产率的提高，影响设备和工具、夹具、量具的使用寿命，以及操作工人技术水平的正常发挥。安全文明生产的一些具体要求是长期生产活动中的实践经验和教训的总结，操作者必须严格执行。

（1）机械设备安全操作知识　机械设备安全操作注意事项见表1-7。

表1-7　机械设备安全操作注意事项

| 项　目 | | 机械设备安全操作注意事项 |
| --- | --- | --- |
| 机械设备安全操作 | 操作前的检查准备工作 | （1）操作前要穿好工作服，女同学应戴好帽子并把长发纳入帽内，严禁穿裙子、短裤、高跟鞋、凉鞋等进入现场<br>（2）检查机械设备的防护装置是否安装牢固，保证没有松动现象<br>（3）先空车运转试机，确认正常后再开始工作<br>（4）严禁机械设备带故障运行，发现异常后应先停车再处理<br>（5）查看交接班记录，确定异常情况是否已经处理完毕 |
| | 机械设备运行中的注意事项 | （1）设备运行中严禁测量零件或进行润滑、清扫杂物，必须在停机后进行<br>（2）清理切屑要用工具，严禁用手拉或用嘴吹<br>（3）把工具、夹具或工件放在规定地点，不要随便乱放，以免掉下砸伤人<br>（4）按规定进行安全检查，尤其应注意紧固的工件是否因振动而松动，若松动应重新紧固<br>（5）机械运转时，严禁用手调整工件<br>（6）操作时不得随意离开岗位，不得窜岗作业 |
| | 操作完毕后的工作 | （1）关闭开关、电源，把工具、刀具放回原位<br>（2）清理好工作场地，将零件摆放整齐 |
| 机械设备的危险部位 | | （1）旋转或直线运动的零件或工件<br>1）旋转的轴、砂轮、飞轮、刀具、曲轴和曲柄、蜗轮和蜗杆等<br>2）相互啮合的外露齿轮<br>3）不连续的旋转零件，如风机叶片<br>4）带与带轮之间、链与链轮之间<br>5）旋转运动部件上的凸出物，如定位螺钉<br>6）冲头和模具、高速旋转运动部件的表面<br>（2）带尖角、锐边或锋利的零部件<br>（3）机械设备表面上的毛刺、利棱、尖角及凹凸不平的表面<br>（4）机械加工设备的工作区<br>（5）其他危险部位 |

操作机械设备时的常见违规操作如下：

1) 切削操作时未戴防护眼镜。
2) 操作有外露旋转部件的机床时戴手套或围巾，穿肥大的衣服。
3) 机床上的刀具、夹具、工具装夹不牢固。
4) 未清理工件上的油污、毛刺等就装夹工件。
5) 设备运转时进行测量、加油、调整、维修等工作。
6) 加工工件时，用手拿工件直接加工，未使用夹具。
7) 机床运转中，隔着运动部件拿取工件或传递物品。
8) 将刀具、量具等物品放置在机床旋转部位或工作台面上。
9) 拆除设备上的安装防护装置、联锁装置，如防护罩、防护网等。

10）清理铁屑时，用手、嘴或压缩空气清理，未使用专用清理工具。

11）毛坯或加工好的工件未码放整齐、牢靠，就开始工作或离开。

12）两人以上进行操作时，没有做到统一指挥。

13）机床设备运行时，操作者离开工作岗位。

14）工作中精力不集中，与无关人员聊天。

15）工作结束后，没有关闭电源，也没有把刀具、工件等从工作位置退出。

操作者在作业过程中，因违章作业、操作失误和注意力不集中等原因，极易发生卷压、刺伤、割伤、切断、剪切等机械伤亡事故。例如，开车装卸卡盘时，卡盘未安装牢固甩出伤人；机械设备运行时，用棉纱擦拭设备被转轴缠绕，发生卷压事故。

（2）车床安全操作知识

1）起动车床前，应检查车床各部分机构及防护设备是否完好，各手柄是否灵活，位置是否正确；检查各注油孔，并进行润滑。车床起动后，应使主轴低速空转 1~2min，使润滑油散布到各需要之处（冬天更为重要），等车床运转正常后才能工作。

2）操作车床时，必须集中精力，注意手、身体和衣服不能靠近正在旋转的机件，如工件、光杠、丝杠、操纵杠和卡盘等，不准用手去刹住转动着的卡盘；凡变换主轴转速、装夹工件、更换刀具、检测工件等时，必须在车床完全停止的状态下进行，变换进给箱手柄必须在低速下进行。操作时戴好防护眼镜，不准戴手套。

3）使用电气开关的车床不准用正、反车作紧急停车，以免打坏齿轮。为保持丝杠的精度，除车削螺纹外，不能使用丝杠进行机动进给。

4）工件和刀具必须装夹牢固且随时取下卡盘扳手和刀架扳手，以防车床起动后飞出伤人。

5）毛坯棒料从主轴孔尾端伸出不得太长，并应使用料架或挡板，防止甩弯后伤人。

6）不允许在卡盘及床身导轨上敲击或校直工件，床面上不准放置工具或工件。装夹较重的工件时，应该用木板保护床面，下班时如工件不卸下，应用千斤顶支承。

7）主轴箱盖和床面上不应放置任何物品。

8）爱护量具，经常保持清洁，用后擦净、涂油，放入盒内并及时归还工具室。

9）车刀磨损后要及时刃磨，用磨钝的车刀继续切削会增加车床负荷，甚至损坏机床。

10）车削铸铁、气割下的工件时，导轨上的润滑油要擦去，工件上的型砂杂质应清除干净，以免磨坏床面导轨。

11）使用切削液时，要在车床导轨上涂润滑油，冷却泵中的切削液应定期更换。

12）工作后应将大滑板摇至床尾一端，各转动手柄放到空挡位置，然后关闭电源。

13）下班前，应清除车床上及车床周围的切屑及切削液，擦净后按规定在加油部位加上润滑油。

**2. 车削加工的基础概念**

（1）车削加工的基本内容　车削的加工范围很广，其基本内容包括车削外圆、车削端面、切断和车槽、钻中心孔、钻孔、车孔、铰孔、车削螺纹、车削成形面、滚花等，如图1-5所示。

（2）加工性质　根据加工性质的不同，零件的加工过程可分为粗车阶段、半精车阶段和精车阶段。

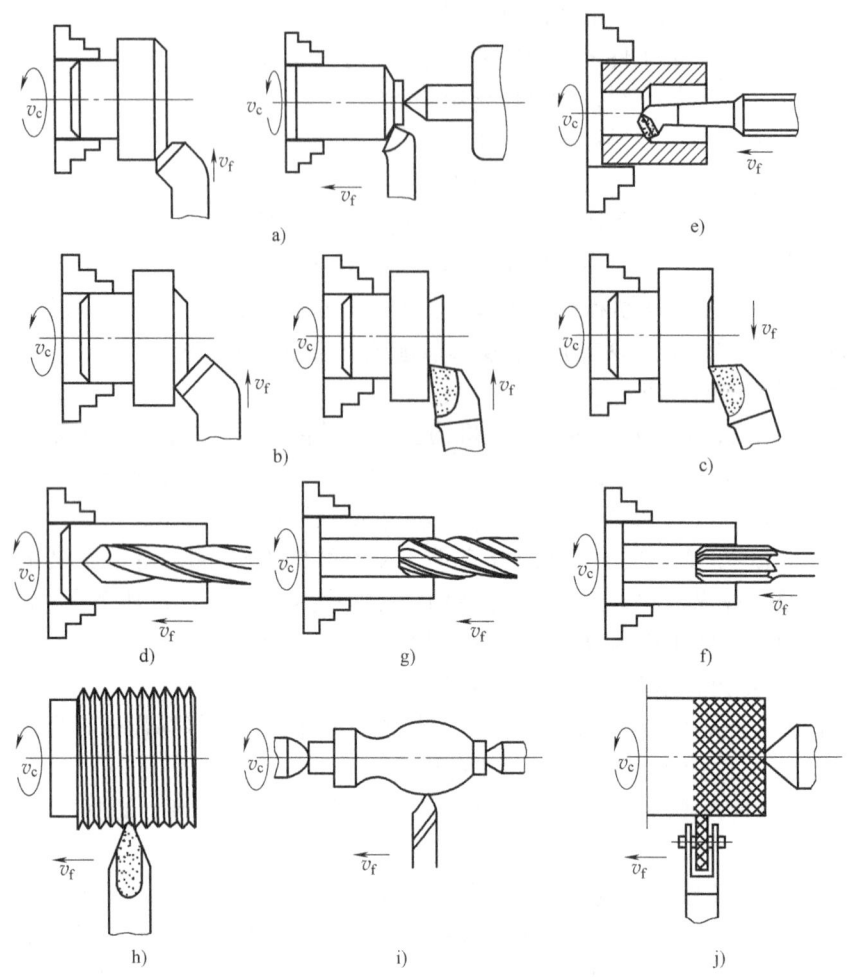

图 1-5 车削加工的基本内容

a) 车削外圆　b、c) 车削端面　d) 钻孔　e) 车削内孔
f) 铰孔　g) 扩孔　h) 车削螺纹　i) 车削成形面　j) 滚花

1) 粗车阶段。粗车的主要任务是切除加工表面的绝大部分加工余量。因此，其主要问题是如何提高生产率。粗车时，对加工表面的质量没有严格要求，只需留有一定的半精车余量（1~2mm）和精车余量（0.1~0.5mm）即可。粗车的另一个作用是及时发现毛坯材料内部的缺陷，如夹渣、砂眼、裂纹等。

2) 半精车阶段。半精车的作用是为主要表面的精车作准备，并完成一些次要表面的最后加工。

3) 精车阶段。精车时主要考虑的是保证加工精度和表面质量，使各主要表面达到图样要求。

**3. 切削用量**

切削用量是衡量主运动及进给运动的参数，是背吃刀量、进给量和切削速度三者的总称，故又把这三者称为切削用量的三要素。

(1) 背吃刀量　车削时，工件上会形成三个表面，即已加工表面、过渡表面和待加工表面，如图 1-6 所示。工件上有待切除的表面称为待加工表面，工件上由切削刃正在形成的那部分表面称为过渡表面，工件上经车刀车削后产生的新表面为已加工表面。

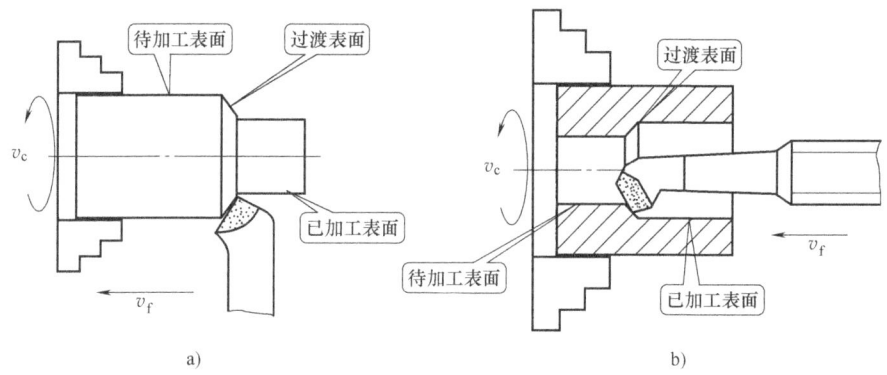

图 1-6　工件上形成的表面
a) 车削外圆　b) 车削内孔

工件上，已加工表面和待加工表面间的垂直距离称为背吃刀量，如图 1-7 中的尺寸 $a_p$。背吃刀量是每次进给时车刀切入工件的深度。

车削外圆时，背吃刀量可用下式计算

$$a_p = \frac{d_w - d_m}{2}$$

式中　$a_p$——背吃刀量（mm）；
　　　$d_w$——工件待加工表面的直径（mm）；
　　　$d_m$——工件已加工表面的直径（mm）。

**例 1-1**　已知工件待加工表面的直径为 φ95mm，现一次进给车削至直径为 φ90mm，求背吃刀量。

解：$a_p = \dfrac{d_w - d_m}{2} = \dfrac{95 - 90}{2}\text{mm} = 2.5\text{mm}$

（2）进给量　工件每转一周，车刀沿进给方向移动的距离称为进给量，用 $f$ 表示。$f$ 是衡量进给运动的参数，如图 1-8 所示，其单位为 mm/r。根据进给方向的不同，进给量分为纵向进给量和横向进给量两种，纵向进给量是沿车床床身导轨方向的进给量，横向进给量是

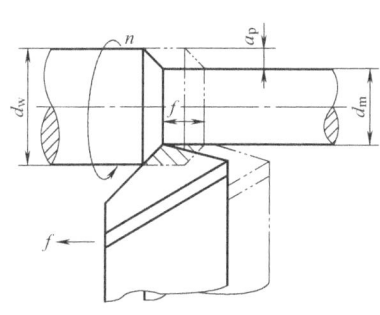

图 1-7　背吃刀量和进给量

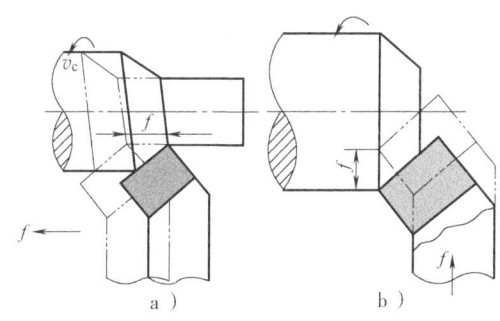

图 1-8　进给量
a) 纵向进给量　b) 横向进给量

垂直于车床床身导轨方向的进给量。

（3）切削速度　车削时，刀具切削刃上的某选定点相对于待加工表面在主运动方向上的瞬时速度称为切削速度。切削速度也可以理解为车刀在 1min 内车削工件表面产生切屑的理论展开直线长度（假定切屑没有变形或收缩），如图 1-9 所示。切削速度是衡量主运动的参数，其单位为 m/min。

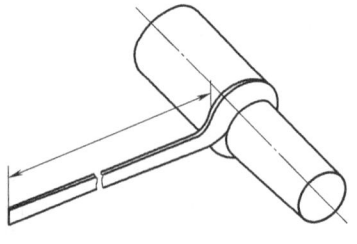

图 1-9　切削速度示意图

切削速度可以用下式计算

$$v_c = \frac{\pi d n}{1000} \approx \frac{dn}{318}$$

式中　$v_c$——切削速度（m/min）；

$d$——工件（或刀具）的直径（mm），一般取最大直径；

$n$——车床主轴转速（r/min）。

**例 1-2**　车削直径为 $\phi$50mm 的工件外圆，选定的车床主轴转速为 600r/min，求切削速度。

解：

$$v_c = \frac{\pi d n}{1000} \approx \frac{3.14 \times 50 \times 600}{1000} \text{m/min} = 94.2 \text{m/min}$$

在实际生产中，往往是已知工件直径，并根据工件材料、刀具材料和加工要求等因素选定切削速度，再将切削速度换算成车床主轴转速，以便调整机床。这时，可把切削速度的公式改写成

$$n = \frac{1000 v_c}{\pi d} \approx \frac{318 v_c}{d}$$

**例 1-3**　在 CA6140 型卧式车床上车削 $\phi$60mm 带轮的外圆，切削速度为 30m/min，求车床主轴转速。

解：$n = \dfrac{1000 v_c}{\pi d} \approx \dfrac{1000 \times 30}{3.14 \times 60} \text{r/min} = 159 \text{r/min}$

调整车床转速时，应根据计算所得的结果，从车床铭牌上选取与其相近的转速。

**4. CA6140 型车床的各种手柄及其基本操作**

（1）主轴箱的手柄及其操作

1）变换主轴箱变速手柄的位置可以调整主轴转速，如图 1-10 所示。前面的短手柄有六个挡位，每个挡位上有四级转速，选择其中的某一转速可通过后面的长手柄来控制；后面的长手柄除有两个空挡外，还有四个挡位。只要将手柄拨到其所显示的颜色与前面手柄所处挡位上的转速数字所标示的颜色相同的挡位即可。

2）变换车削加大螺距及螺纹左、右旋向转换手柄的位置，可以车削不同螺距和旋向的螺纹。此手柄有四个挡位：左上位用于车削右旋螺纹，右上位用于车削左旋螺纹，左下位用于车削加大螺距右旋螺纹，右下位用于车削加大螺距左旋螺纹。

（2）进给箱的手柄及其操作　进给箱的变速手轮和变速手柄如图 1-11 所示，变速手柄中的前手柄有 A、B、C、D 四个挡位，是光杠、丝杠的变换手柄；后面的手柄有 Ⅰ、Ⅱ、Ⅲ、Ⅳ 四个挡位，与手轮的八个挡位配合，用以调整螺距和进给量。实际操作时，应根据加

工要求，查找进给箱油池盖上的螺距和进给量调配表来确定手轮和手柄的位置。

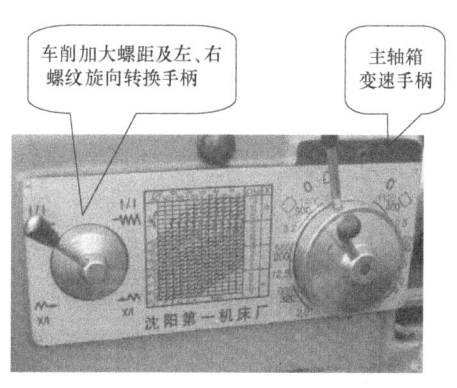
图1-10 主轴箱手柄

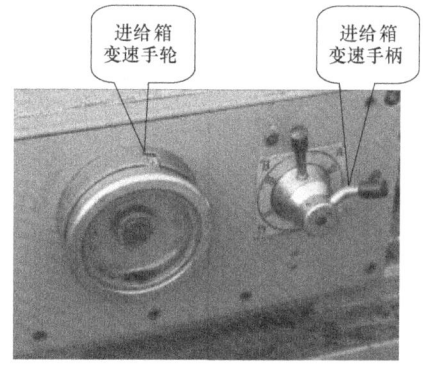
图1-11 进给箱手柄

（3）溜板箱的手柄及其操作

1）溜板箱如图1-12所示，正面的大手轮轴上的刻度盘分为300格，每转过一格，表示床鞍纵向移动1mm。顺时针转动大手轮，床鞍向右移动；反之，床鞍向左移动。

图1-12 溜板箱

2）中滑板丝杠上的刻度盘分为100格，每转过1格，表示刀架横向移动0.05mm。顺时针转动中滑板横向进给手柄，车削外圆时，中滑板向远离操作者的方向移动（即横向进刀）；反之，则横向退刀。

3）小滑板丝杠上的刻度盘分为100格，每转过1格，表示刀架纵向移动0.05mm。顺时针转动小滑板纵向进给手柄，小滑板向左移动；反之，小滑板向右移动。小滑板上的分度盘在刀架需要斜向进刀加工短锥体时，可顺时针或逆时针地在90°的范围内转过某一角度，以控制进刀的角度。使用时，先松开锁紧螺母，转动小滑板至所需要角度后，再锁紧螺母，以固定小滑板。

车削工件时，为了正确和迅速地掌握进给深度，通常利用中滑板或小滑板上的刻度盘进行操作。使用刻度盘时，由于螺杆和螺母之间的配合往往存在间隙，因此会产生空行程（即刻度盘转动而滑板未移动）。所以使用刻度盘进给过深时，必须向相反的方向退回全部空行程，然后转到需要的格数，而不能直接退回到需要的格数，如图1-13所示。

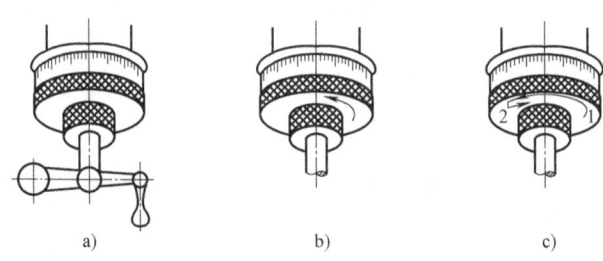

图 1-13 手柄摇过头后的纠正方法

a）将刻度盘转到所需位置  b）不能直接退回  c）退回全部空行程转到所需位置

4）扳动溜板箱右侧的床鞍纵向、横向自动进给手柄（带十字槽），使它的方向与纵向进给方向一致，按下手柄顶部的快进按钮，实现床鞍的快速纵向移动。把手柄扳至横向进给位置时，按下顶部的快进按钮，实现刀架的快速横向移动。

（4）刀架的手柄及其操作　刀架固定在小滑板上，用以夹持车刀（方刀架上可同时安装四把车刀）。如图 1-14 所示，刀架上有锁紧手柄，松开锁紧手柄即可转动方刀架以选择车刀及其刀柄的工作角度。车削加工时，必须旋紧手柄以固定刀架。

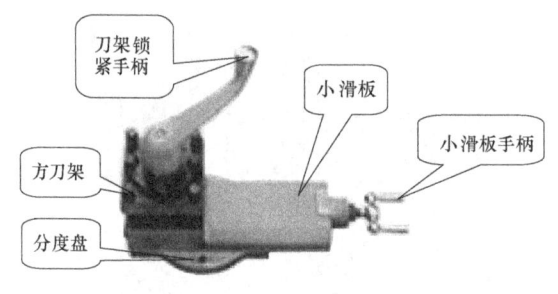

图 1-14　刀架

（5）尾座的手柄及其操作

1）如图 1-15 所示，逆时针扳动尾座套筒锁紧手柄，松开尾座套筒锁紧机构，转动尾座右端的手轮，可使尾座套筒在尾座体内作轴向移动，实现在车床上钻孔、铰孔等操作；顺时针扳动套筒锁紧手柄，可将尾座套筒锁紧在尾座体内的相应位置处。

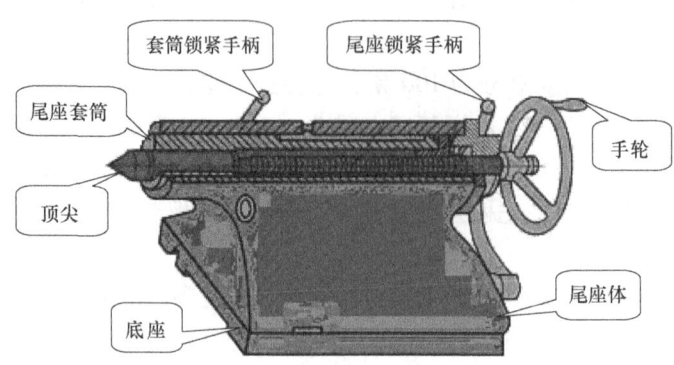

图 1-15　尾座

2）放下尾座锁紧手柄，松开尾座，可以将尾座沿床身导轨前后移动到所需位置，然后提起尾座锁紧手柄，将尾座固定在床身导轨上。

### 三、任务实施

**1. 停车练习**

（1）正确变换主轴转速　转动主轴箱上的主轴变速手柄，可得到各种相应的主轴转速。当手柄拨动不顺利时，用手稍转动卡盘即可。

（2）各种进给量的调整（包括各种类型螺纹螺距的调整）　按所选定的进给量查看进给箱上面的标牌，再按标牌上的进给量变换手柄的位置，即可得到所选定的进给量。

（3）手动进给手柄的操纵（包括纵向进给和横向进给）　熟悉纵向进给和横向进给手动进给手柄的转动方向。操作时，左手握纵向进给手动手轮，右手握横向进给手动手柄。逆时针转动手轮，溜板箱左进（移向主轴箱）；顺时针转动手轮，溜板箱右退（退向尾座）；顺时针转动手柄，刀架前进；逆时针转动手柄，刀架退回。

（4）机动进给手柄的操纵（包括纵向进给和横向进给）　当光杠或丝杠接通手柄位于光杠接通位置上时，将纵向机动进给手柄向上提起，即可进行纵向机动进给；如将横向机动进给手柄向上提起，则可进行横向机动进给，如向下扳动则停止纵向、横向机动进给；移动往复行程手柄，可改变纵向、横向机动进给的方向。

（5）尾座的操作　按各手柄的功能进行尾座的操作。

**2. 低速起动练习**

首先应检查各手柄是否处于正确位置，即变速手柄要处于空挡位置，离合器要处于正确位置，主轴操纵手柄要处于停止状态；确定无误后，方可合上车床电源总开关。

（1）主轴的起动和停止　起动电动机（按下绿色启动按钮，起动电动机）→操作主轴转动（将进给箱右下侧的主轴操纵手柄向上提起，实现主轴正转；将主轴操纵手柄向下压下，实现主轴反转）→停止主轴转动（将主轴操纵手柄拉到中间位置，停止主轴转动）→关闭电动机。

（2）机动进给　电动机起动→操作主轴转动→手动纵、横进给→机动纵向进给→手动退回→机动横向进给→手动退回→停止主轴转动→关闭电动机。

停止主轴转动测量工件时，必须按下红色停止按钮；车床长时间停止时，则必须关闭车床电源总开关。

---

**操作车床时的注意事项**

1）严格遵守安全生产和文明生产操作规程。

2）当床鞍机动进给到离主轴箱或尾座有一定距离时，应立即停止机动进给，改为手动进给，以避免床鞍撞击主轴箱或尾座。

3）当中滑板前后伸出床鞍过远时，应立即停止进给，避免因中滑板悬伸太长而使燕尾导轨受损，影响运动精度。

4）转动小刀架时，必须把大拖板退出，自动走刀时，禁止离开岗位。

# 任务三  CA6140 型车床的维护和保养

## 一、任务分析

正确而合理地润滑车床,可以减少车床相对于运动件的磨损和由摩擦引起的动力消耗,保证车床正常运转和延长其使用寿命。因此,应对车床的所有摩擦部位进行全面、定期的润滑,并注意车床的日常维护与保养工作。

**知识点**:CA6140 型车床的润滑方法,车床的日常保养要求,卧式车床的一级保养内容。

**技能点**:CA6140 型车床的维护和保养。

## 二、知识链接

**1. CA6140 型车床的润滑方法**

CA6140 型车床除了少数部位采用 2 号钙基润滑脂润滑外,其余各部位都是使用 30 号全损耗系统用油润滑。CA6140 型车床的润滑系统包括手工润滑和集中循环润滑,手工润滑方式主要有以下五种。

(1)浇油润滑  对于车床露在外面的滑动表面,如车床的床身导轨面、中、小滑板导轨面和丝杠等,可将其擦干净后用油壶直接浇油润滑。

(2)溅油润滑  对于车床齿轮箱内等部位的零件,一般是利用齿轮转动时的离心力使润滑油飞溅到各处进行润滑,如主轴箱、溜板箱等,要求定期换油。

(3)油绳导油润滑  如图 1-16a 所示,油绳导油润滑是利用油绳既易吸油又易渗油的特性,通过油绳把油引入润滑点,间断地滴油润滑,常用于进给箱和溜板箱的油池中,要求每班给油池加油一次。

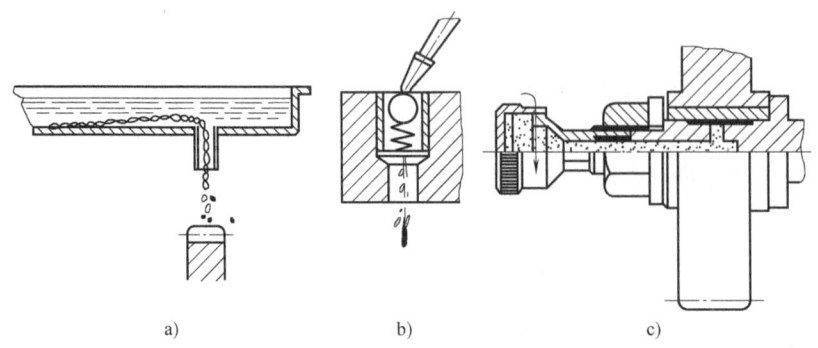

图 1-16  润滑形式
a)油绳导油润滑  b)弹子油杯注油润滑  c)润滑脂润滑

(4)弹子油杯注油润滑  如图 1-16b 所示,弹子油杯注油润滑是指定期用油枪端头压下油杯上的弹子,将油注入。撤去油嘴后,弹子又恢复原位,封住注油口,以防尘屑入内。这种方式常用于车床尾座、中滑板上的摇动手柄及"三杠"(丝杠、光杠、操纵杠)支架的轴承处;要求每班至少注油一次。

(5)润滑脂润滑  如图 1-16c 所示,润滑脂润滑是指事先在润滑脂杯中加满钙基润滑脂，需要润滑时，拧动油杯盖，则杯中的润滑脂被挤压到润滑点中去。一般要定期加润滑脂，按时旋进。这种方式常用于交换齿轮架的中间轴或不便经常润滑处。

集中循环润滑是依靠车床内的液压泵供应充分的油量来进行润滑，常用于转速高、需要大量润滑油连续强制润滑的场合，CA6140 型车床的主轴箱和进给箱均采用集中循环润滑。主轴箱的润滑系统的工作原理是：液压泵在左床腿上，由主电动机通过 V 带传动，润滑油装在左床腿中的油池里，由液压泵经过滤器吸入后，经油管、细滤油器输送到分油器，分油器经油管将润滑油分别供给主轴箱内的摩擦离合器、主轴前轴承及油标，以保证摩擦离合器和主轴前轴承的充分润滑和冷却，且可通过油标观察润滑系统的工作情况。分油器上还有很多径向油孔，可使具有一定压力的润滑油从油孔向外喷射，以便被高速旋转的齿轮溅到各处，对主轴箱的其他传动件及操作机构等进行润滑。从各处流回的润滑油集中在主轴箱底部，经回油管流回左床腿的油池中。

**2. 车床的日常保养要求**

1）每天工作后，应切断电源，对车床各表面、罩壳、导轨面、丝杠、光杠、各操纵手柄进行擦拭，做到无油污、无铁屑，保持车床外表清洁和场地整齐。

2）每周要求保养床身导轨面和中、小滑板导轨面，清洗油绳和护床油毛毡，并对转动部位进行清洁、润滑。要求油眼畅通，油标、油窗清晰。

**3. 卧式车床的一级保养**

当车床运转 500h 后，需要进行一级保养。一级保养以操作工人为主，维修人员进行配合。保养前，必须切断电源，然后按表 1-8 所示的保养内容和要求进行保养。

表 1-8 卧式车床的一级保养内容和要求

| 序 号 | 保养内容 | 保养要求 |
| --- | --- | --- |
| 1 | 外保养 | （1）清洗机床外表面及各罩盖，保持内外清洁，无锈蚀，无油污<br>（2）清洗长丝杠、光杠和操纵杠<br>（3）检查并补齐螺钉、手柄等，检查并清洗机床附件 |
| 2 | 主轴变速箱 | （1）清洗过滤器，使其无杂物<br>（2）检查主轴螺母有无松动，紧固螺钉是否锁紧<br>（3）调整摩擦片间隙及制动器的松紧 |
| 3 | 溜板箱 | （1）拆卸刀架，调整中、小滑板镶条间隙<br>（2）清洗并调整中、小滑板丝杠螺母的间隙 |
| 4 | 交换齿轮箱 | （1）清洗齿轮、轴套并注入新油脂<br>（2）调整各齿轮啮合间隙<br>（3）检查轴套有无晃动现象 |
| 5 | 尾座 | 清洗尾座，保持其内外清洁 |
| 6 | 冷却润滑系统 | （1）清洗冷却泵、过滤器、盛液盘，清除储液箱中的杂物<br>（2）清洗油绳、油毡，保证油孔、油路清洁畅通<br>（3）检查油质是否良好，油杯要齐全，油窗应明亮 |
| 7 | 电气部分 | （1）清扫电动机、电气箱<br>（2）电气装置应固定并保持整齐 |

### 三、任务实施

做好车床的维护和保养工作：

1）做好车床的清洁和整理工作。

2）做好车床的润滑工作。按车床润滑图要求用油壶和油枪对车床各润滑部位进行润滑，并低速运转车床 2～3min。

---

**CA6140 型车床润滑时的注意事项**

1）主轴箱、进给箱和溜板箱内的润滑油一般三个月更换一次。换油时，应先将废油放尽，然后用煤油把箱体内清洗干净，再注入新全损耗系统用油，注入时，应用网过滤且油面不得低于油标中心线。

2）若发现主轴箱体上的油标内无油输出，说明液压泵输油系统发生故障，应立即检查断油原因，等修复后才能起动车床。

3）进给箱内的轴承和齿轮除了用齿轮溅油法进行润滑外，还靠进给箱上部的储油池通过油绳导油进行润滑。因此，除了要注意进给箱油窗内油面的高度外，每班还要给进给箱上部的储油池加油一次。

4）床鞍、中滑板、小滑板、尾座和光杠、丝杠等的轴承，靠油孔注油润滑，每班应加油一次。

5）交换齿轮轴头有一个塞子，每班需要拧动一次，使轴内的 2 号钙基润滑脂供应轴与套之间的润滑，七天加一次钙基润滑脂。

6）床身导轨、滑枕导轨在每班工作前后都要擦净，并用油枪加油。

---

## 任务四　自定心卡盘装拆练习

### 一、任务分析

自定心卡盘是车床上应用最广泛的一种通用夹具，用于装夹工件并随主轴一起旋转，它能够自动定心，装夹方便，但夹紧力较小。自定心卡盘主要用于一般精度要求的形状规则的中、小型工件的装夹。

**知识点**：自定心卡盘的结构和安装。

**技能点**：自定心卡盘的装配和拆卸方法。

### 二、知识链接

**1. 自定心卡盘的结构**

自定心卡盘是利用均布在卡盘体上的活动卡爪的径向移动，把工件夹紧和定位的机床附件。如图 1-17 所示，卡盘一般由卡盘体、活动卡爪和卡爪驱动机构等部分组成，卡盘中央有通孔，以便通过工件或棒料；卡盘背部有圆柱形或短锥形结构，直接或通过法兰盘与机床主轴端部相连接。

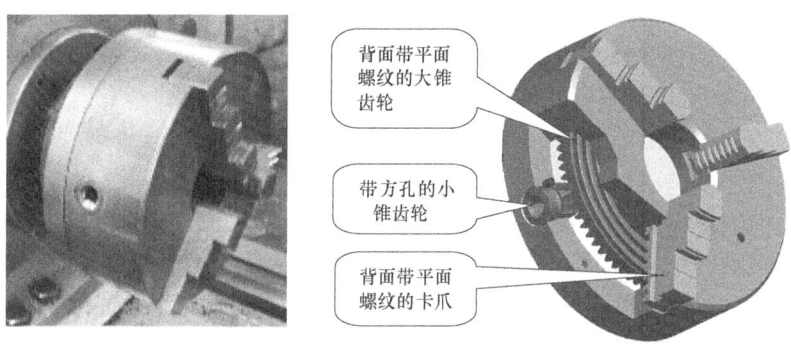

图 1-17 三爪自定心卡盘的结构

当卡盘扳手方榫插入小锥齿轮的方孔中转动时，小锥齿轮就带动大锥齿轮转动，大锥齿轮的背面是平面螺纹，卡爪背面的螺纹与大锥齿轮的平面螺纹啮合，从而驱动三个卡爪同时沿径向移动，实现夹紧或松开工件。常用的卡盘规格有 $\phi 150mm$、$\phi 200mm$ 和 $\phi 250mm$。

用自定心卡盘装夹工件时应注意以下几点：

1) 正爪夹持工件直径不宜过大，卡爪伸出盘体不能超过卡爪长度的 1/3。否则，卡爪与平面螺纹啮合很少，受力时容易使卡爪上的螺纹断裂而引发事故。

2) 装夹大直径工件或较大的带孔工件车削外圆时，应尽可能用反爪装夹。

3) 装夹精加工过的工件时，被夹表面应包铜皮保护，以免夹伤。

4) 自定心卡盘适合装夹 $L/D$（长度/直径）$\leq 4$ 的工件。

**2. 自定心卡盘的安装**

自定心卡盘是通过连接盘与车床主轴连为一体的。连接盘与车床主轴、自定心卡盘之间的连接方式如图 1-18 所示。

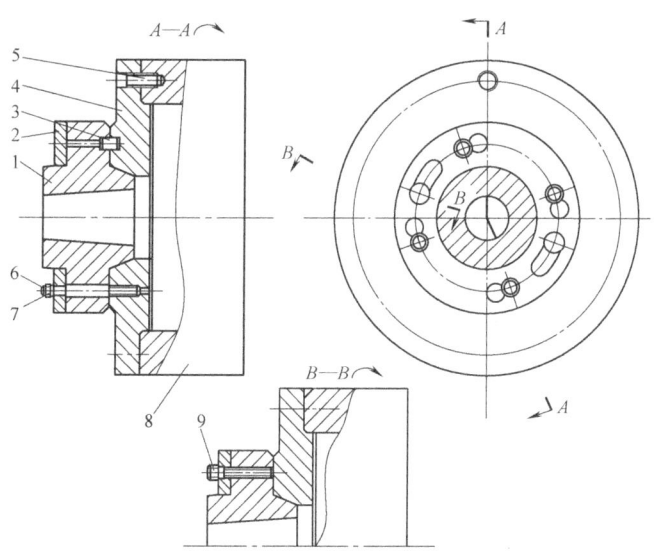

图 1-18 连接盘与主轴、卡盘的连接

1—主轴 2—锁紧盘 3—销 4—连接盘 5—螺栓 6—螺母 7、9—螺钉 8—卡盘

CA6140型车床主轴前端为短锥法兰盘型结构，用以安装连接盘。连接盘由主轴上的短圆锥面定位。安装前，应根据主轴短圆锥面和卡盘后端台阶孔的孔径配制连接盘。安装时，让连接盘4的四个螺栓5及其上的螺母6从主轴轴肩和锁紧盘2上的孔内穿过，使螺栓中部的圆柱面与主轴轴肩上的孔精密配合，然后将锁紧盘转过一个角度，使螺栓进入锁紧盘上宽度较窄的圆弧槽段，把螺母卡住，接着拧紧螺母，连接盘便可可靠地安装在主轴上。

连接盘前面的台阶面是安装卡盘8的定位基面，其与卡盘的后端面和台阶孔配合，以确定卡盘对于连接盘的正确位置，并通过三个螺钉9将卡盘与连接盘连接在一起。这样，主轴、连接盘、卡盘三者便可靠地连接成一整体，并保证了主轴与卡盘的同轴度。

销3可防止连接盘相对主轴转动，是保险装置；螺栓7为拆卸连接盘时用的顶丝。

### 三、任务实施

**1. 卡爪的安装**

卡爪有正卡爪、反卡爪两种安装方式，正卡爪用于装夹直径较小的工件，反卡爪用于装夹直径较大的工件。

安装卡爪时，要按卡爪上的号码1、2、3的顺序进行装配，如图1-19所示。若号码看不清楚，可把三个卡爪并排放在一起，比较卡爪端面螺纹牙数的多少，最多的为1号卡爪，最少的为3号卡爪。

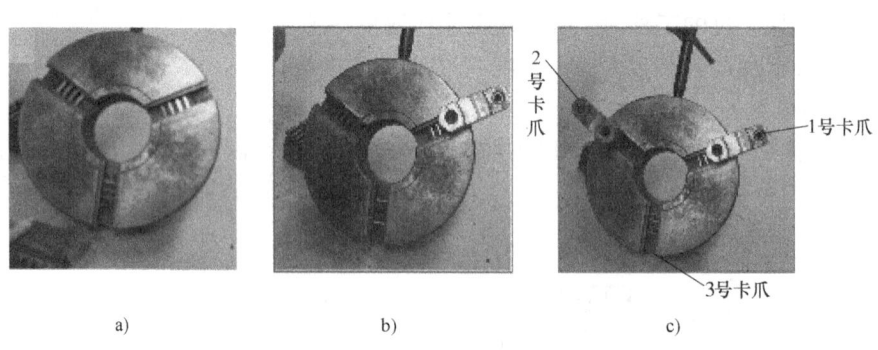

图1-19 卡爪的安装顺序

将卡盘扳手的方榫插入外壳圆柱面上的方孔，沿顺时针方向旋转，以驱动大锥齿轮背面的平面螺纹。当平面螺纹的螺扣转到将要接近壳体上的1槽时，将1号卡爪插入壳体内，继续顺时针转动卡盘扳手，在卡盘壳体上的2槽、3槽处依次装入2号、3号卡爪。

**2. 自定心卡盘的安装**

1）安装卡盘前应切断电动机电源，将卡盘和连接盘的各表面（尤其是定位配合表面）擦净并涂油。在靠近主轴处的床身导轨上垫一块木板，以保护导轨面不受意外撞击。

2）将一根比主轴通孔直径稍小的硬木棒穿在卡盘中，将卡盘上抬到连接盘端，将棒料一端插入主轴通孔内，另一端伸在卡盘外。

3）小心地将卡盘背面的台阶孔装配在连接盘的定位基面上，并用三个螺钉将连接盘与卡盘可靠地连为一体，然后抽去木棒，撤去垫板。

自定心卡盘的拆卸步骤与安装步骤相反。

> **装拆自定心卡盘时的注意事项**
>
> 1) 将卡盘装在连接盘上后,应使卡盘背面与连接盘平面贴平、贴牢。
> 2) 在主轴上安装卡盘时,应在主轴孔内插一硬木棒,事先应在车床导轨面上垫好木板,以免碰伤床面或造成人身安全事故。
> 3) 安装三个卡爪时,应按逆时针方向顺序进行,并防止平面螺纹转过头。
> 4) 安装卡盘时,不准开车,以防发生事故。

## 项目重点

1. CA6140 型车床的型号、规格、主要部件的名称和作用,CA6140 车床传动系统的结构及工作原理。
2. CA6140 型车床的基本操作。
3. 切削用量的基本概念。
4. CA6140 型车床维护和保养的方法及其意义。
5. 自定心卡盘的规格、结构及作用,自定心卡盘的装拆要领。

## 实战强化

### 一、填空题

1. 把电动机的_____运动转化为_____运动的一系列部件和机构称为传动系统。
2. 车削时,为了切除多余的金属,必须使_____和_____产生相对运动。
3. 按其作用,车削运动可分为_____运动和_____运动两种。
4. 自定心卡盘一般用于精度_____,形状_____(如_____、_____和正六边形等)的中、小工件的装夹。
5. 当纵向进给量为 0.40mm,横向进给量为 0.20mm 时,小滑板手柄顺时针转动_____格,中滑板手柄顺时针转动_____格。
6. 中滑板丝杠上的分度盘分为 100 格,每转过 1 格,表示刀架横向移动_____mm。
7. 弹子油杯注油润滑是指定期用_____压下油杯上的弹子,将油注入。这种方法常用于尾座、中滑板上的摇动手柄及"三杠"(_____、_____和_____)支架的轴承处。
8. 液压泵输油润滑常用于_____、需要大量润滑油连续强制润滑的场合。
9. 浇油润滑常用于外露的滑动表面,如_____和_____等。

### 二、判断题

1. 车削时,工件的旋转运动是主运动。                                    (    )

2. 背吃刀量是每次进给时车刀切入工件的深度，又称为切削深度。（　）

3. 将卡盘装在连接盘上后，应使卡盘背面与连接盘平面贴平、贴牢。（　）

4. 工件和车刀必须装夹牢固，避免其飞出伤人；卡盘必须装有保险装置。装夹好工件后，应随即将卡盘扳手从卡盘上取下。（　）

5. 凡装卸工件、更换刀具、测量加工表面及变速、换速时，必须先停机。（　）

### 三、综合题

1. 写出 CA6132 型机床型号的含义。

2. CA6140 型车床由哪些部分组成？各部分的作用分别是什么？

3. CA6140 型车床上的主运动和进给运动是如何实现的？

4. 已知中滑板丝杠螺距为 5mm，分度盘圆周等分为 100 格，试计算：（1）当手柄转过一格时，车刀移动多少毫米？（2）当分度盘转过 10 格时，相当于工件直径车小了多少毫米？（3）若将工件直径从 50mm 一次进给车削至 40mm，分度盘应转过多少格？

5. 车削直径为 60mm 的短轴外圆，若要求一次进给车至 $\phi56$mm，当选用 $v_c = 80$m/min 的切削速度时，试问背吃刀量和主轴转速应为多少？

6. 车削工件外圆，选用背吃刀量 2mm，在圆周等分为 200 格的中滑板分度盘上正好转过去 1/4 周，求分度盘每格为多少毫米？中滑板丝杠螺距为多少？

# 项目二 车削基础训练

## 【功能简述】

合理地选用车刀和正确地操作机床是车工最基本的操作技术，其对保证加工质量、提高劳动生产率有极大的影响。

## 【项目分析】

加工工件时，应根据工件材料、加工性质和加工要求等选用合适的车刀，并正确地刃磨车刀，应根据所选择的不同工艺技术参数正确地调整和操作车床。本项目主要通过外圆车刀的刃磨、手动进给车削练习和机动进给车削练习三个任务来实施。

## 任务一 外圆车刀的刃磨

### 一、任务分析

认识和了解车刀是刃磨车刀的前提条件，掌握车刀的刃磨操作要领是刃磨车刀的关键。

知识点：常用车刀的类型和材料、车刀切削部分的几何角度及其作用、砂轮和砂轮机的使用方法。

技能点：车刀的刃磨方法和步骤。

### 二、知识链接

**1. 车刀的类型和材料**

（1）车刀的类型　车刀按结构不同，有整体式、焊接式、机夹式和可转位式四种形式，它们的特点与适用场合见表2-1。

表 2-1　车刀的结构形式、特点与适用场合

| 名　称 | 图　示 | 特　点 | 适用场合 |
|---|---|---|---|
| 整体式车刀 | | 用整体高速钢制造，刃磨成一定的几何形状，刃口较锋利，但造价高 | 小型车床或加工非铁金属 |
| 焊接式车刀 | | 将硬质合金或高速钢刀片焊接在预制刀杆上，结构紧凑，刚性好，灵活性大。但硬质合金刀片经过高温焊接和刃磨，易产生内应力和裂纹 | 各类车刀 |
| 机夹式车刀 | | 避免了焊接式车刀的缺陷，刀柄的利用率高；刀片可集中精确刃磨，使用灵活。但刀具设计制造较为复杂 | 外圆、端面、内孔、切断、螺纹车刀 |
| 可转位车刀 | | 不用焊接、刃磨，刀片可快换转位，生产率高；可使用涂层刀片，断屑效果好；刀具已标准化，方便选用和管理 | 大中型车床，特别适用于自动、数控车床与加工中心等 |

车刀按用途分类，有外圆车刀、内孔车刀、螺纹车刀、切断刀、成形车刀等，如图 2-1 所示。

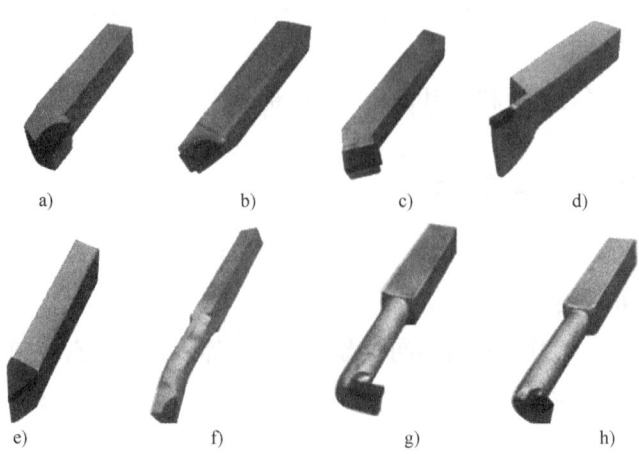

图 2-1　车刀按用途分类
a）90°外圆车刀　b）75°外圆车刀　c）45°端面车刀　d）切断刀
e）外螺纹车刀　f）内孔车刀　g）内沟槽车刀　h）内螺纹车刀

(2) 车刀切削部分的材料

1) 车刀切削部分应具备的基本性能如下。车刀切削部分在很高的切削温度下工作,经受强烈的摩擦,并承受很大的切削力和冲击,所以车刀切削部分的材料必须有较高的硬度、较高的耐磨性、足够的强度和韧性、较高的耐热性、较好的导热性,以及良好的工艺性和经济性。

2) 车刀切削部分的常用材料如下:

① 高速钢。高速钢是含钨(W)、钼(Mo)、铬(Cr)、钒(V)等合金元素较多的合金工具钢,高速钢刀具如图 2-2a、b 所示。高速钢刀具制造简单,刃磨方便,容易通过刃磨得到锋利的切削刃,而且其韧性较好。但是,高速钢的耐热性较差,因此不能用于高速切削。

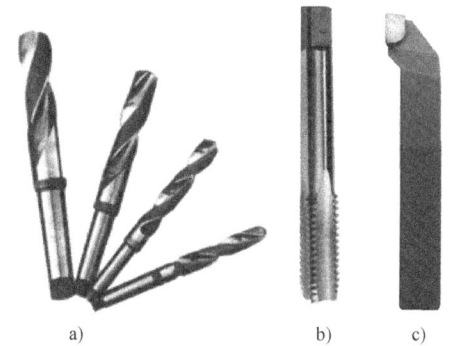

图 2-2 高速钢和硬质合金刀具
a) 高速钢钻头 b) 高速钢丝锥 c) 硬质合金车刀

高速钢的类别、常用牌号和性质见表 2-2。

表 2-2 高速钢的类别、常用牌号和性质

| 类 别 | 常用牌号 | 性 质 |
|---|---|---|
| 钨系 | W18Cr4V | 性能稳定,刃磨及热处理工艺控制较方便 |
| 钨钼系 | W6Mo5Cr4V2 | 最初是为解决钨的短缺问题而研制,以取代 W18Cr4V 的高速钢(以 1%的钼取代 2%的钨)。其高温塑性与韧性都超过了 W18Cr4V,而切削性能与 W18Cr4V 大致相同 |
| | W9Mo3Cr4V | 根据我国资源的实际情况而研制的刀具材料,其强度和韧性均比 W6Mo5Cr4V2 好,高温塑性和切削性能良好 |

② 硬质合金。硬质合金是目前应用最广的一种车刀材料,其硬度、耐磨性和耐热性均高于高速钢。用硬质合金刀具切削钢时,切削速度可达 220m/min。其缺点是韧性较差,承受不了大的冲击力。

常用硬质合金的牌号及应用范围见表 2-3。

表 2-3 常用硬质合金的牌号及应用范围

| 类 别 | 应 用 范 围 | 牌 号 | 出厂代号 | 适用加工阶段 |
|---|---|---|---|---|
| K 类<br>(钨钴类) | 适合加工铸铁、非铁金属等脆性材料或用于冲击性较大的场合。切削难加工材料时或在振动较大的特殊情况下也较合适 | YG3 | K01 | 精加工 |
| | | YG6 | K10 | 半精加工 |
| | | YG8 | K20 | 粗加工 |
| P 类<br>(钨钛钴类) | 适合加工钢或其他韧性较大的塑性材料,不宜于加工脆性材料 | YT30 | P01 | 精加工 |
| | | YT15 | P10 | 半精加工 |
| | | YT5 | P20 | 粗加工 |
| M 类<br>[钨钛钽<br>(铌)钴类] | 又称通用合金,既可加工铸铁、非铁金属,又可加工碳素钢、合金钢。主要用于加工高温合金、高锰钢、不锈钢及可锻铸铁、球墨铸铁、合金铸铁等难加工材料 | YW1 | M10 | 半精加工、精加工 |
| | | YW2 | M20 | 粗加工、半精加工 |

③ 涂层刀具材料。它是在硬质合金或高速工具钢基体上，涂覆一层几微米厚的高硬度、高耐磨性的金属化合物（如碳化钛、氮化钛、氧化铝等）而制成的。

④ 金刚石。它是目前已知的最硬材料，硬度接近 10 000HV（硬质合金为 1 300 ~ 1 800HV），能对陶瓷、硬质合金等高硬度、耐磨材料进行切削加工，使用寿命极高。但金刚石的热稳定性较差，因此不宜加工钢铁材料。

⑤ 立方氮化硼（CBN）。其硬度为 8 000 ~ 9 000HV，仅次于金刚石；热稳定性和化学惰性比金刚石好，可耐 1 300 ~ 1 500℃ 的高温；能切削淬硬钢、冷硬铸铁和高温合金等。立方氮化硼刀片可用机械夹固或焊接的方法固定在刀柄上，也可以将立方氮化硼与硬质合金压制在一起形成复合刀片。

⑥ 陶瓷。纯氧化铝（$Al_2O_3$）陶瓷、复合氧化铝（$Al_2O_3$-TiC）陶瓷、复合氮化硅（$Si_3N_4$-TiC-Co）陶瓷可用于加工钢、铸铁，对于冷硬铸铁、淬硬钢的车削和铣削特别有效，其使用寿命、加工效率和已加工表面质量通常高于硬质合金刀具。其主要缺点是抗弯强度低，导热能力差，线膨胀系数大，对冲击十分敏感，冲击强度差，容易破裂。因此，陶瓷刀具的应用受到了限制。

**2. 车刀切削部分的几何要素**

车刀由刀体（或刀片）和刀柄两部分组成。刀体承担切削工作，刀柄用来把车刀装夹在刀架上。车刀的刀体由"三面、两刃、一尖"（即前刀面、主后刀面、副后刀面；主切削刃和副切削刃；刀尖）组成，如图 2-3 所示。

（1）前刀面　刀具上切屑流过的表面。

（2）后刀面　后刀面分主后刀面和副后刀面，与工件上过渡表面相对的刀面称为主后刀面，与工件上已加工表面相对的刀面称为副后刀面。

（3）主切削刃　前刀面和主后刀面的交线称为主切削刃，它担负着主要的切削工作。

（4）副切削刃　前刀面和副后刀面的交线称为副切削刃，它配合主切削刃完成少量的切削工作。

（5）刀尖　主切削刃和副切削刃汇交的一小段切削刃称为刀尖。为了提高刀尖强度，改善散热条件，延长车刀寿命，大多数车刀的刀尖都磨成圆弧形或直线形过渡刃，直线形过渡刃称为倒角刀尖。倒角刀尖长度 $b_\varepsilon = 0.5 ~ 2mm$，如图 2-4 所示。

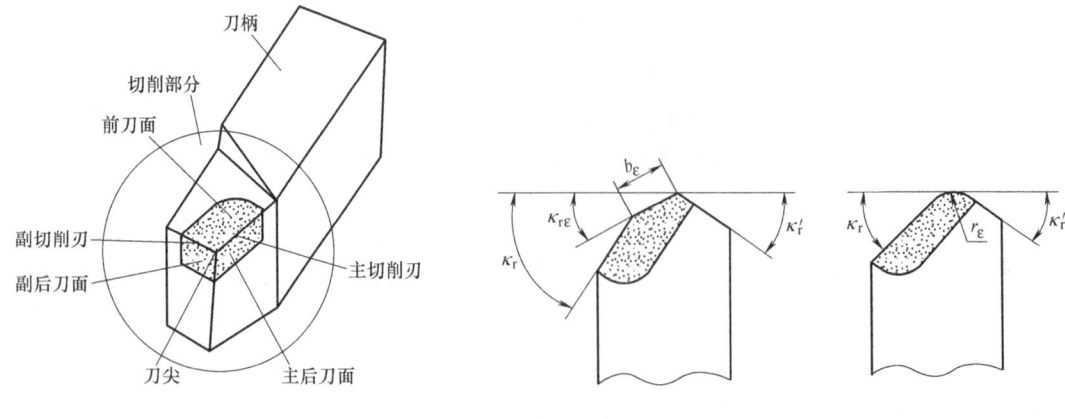

图 2-3　车刀的组成　　　　　　　　图 2-4　过渡刃

(6) 修光刃　副切削刃接近刀尖处的一小段平直切削刃称为修光刃，切削加工时，它起到修光已加工表面的作用。装刀时，必须使修光刃与进给方向平行，且修光刃的长度必须大于进给量，这样才能起到修光作用。

所有车刀切削部分（也称刀体）的上述组成部分并不完全相同。

**3. 测量车刀几何角度的基准坐标平面**

为了测量车刀的几何角度，需要假想4个基准坐标平面，如图2-5所示。

(1) 基面 $p_r$　通过切削刃选定点垂直于该点主运动方向的平面称为基面，如图2-6所示。

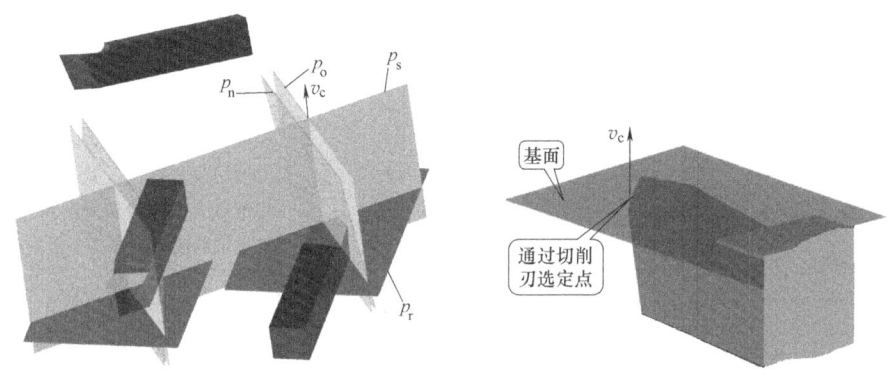

图2-5　基准坐标平面　　　　图2-6　基面

(2) 切削平面 $p_s$　切削平面是指通过切削刃选定点与切削刃相切并垂直于基面的平面。其中，选定点在主切削刃上的为主切削平面 $p_s$，选定点在副切削刃上的为副切削平面 $p_s'$。切削平面一般是指主切削平面。

(3) 正交平面 $p_o$ 和刀具标注角度参考系　通过切削刃选定点并垂直于基面和切削平面的平面称为正交平面；或者可以认为，正交平面是指通过切削刃选定点垂直于切削刃在基面上的投影的平面。通过主切削刃上某点的正交平面称为主正交平面 $p_o$，通过副切削刃上某点的正交平面称为副正交平面 $p_o'$。

由 $p_o$-$p_r$-$p_s$ 可组成一个正交平面参考系，这是目前生产中最常用的刀具标注角度参考系。

(4) 法剖面 $p_n$　法平面是通过切削刃选定点垂直于切削刃的平面。

**4. 车刀切削部分的几何角度**

(1) 车刀切削部分几何角度的定义和作用　车刀切削部分有六个独立的基本角度，即主偏角 $\kappa_r$、副偏角 $\kappa_r'$、前角 $\gamma_o$、主后角 $\alpha_o$、副后角 $\alpha_o'$ 和刃倾角 $\lambda_s$；还有两个派生角度，即刀尖角 $\varepsilon_r$ 和楔角 $\beta_o$，如图2-7所示。各基本角度的定义和主要作用见表2-4。

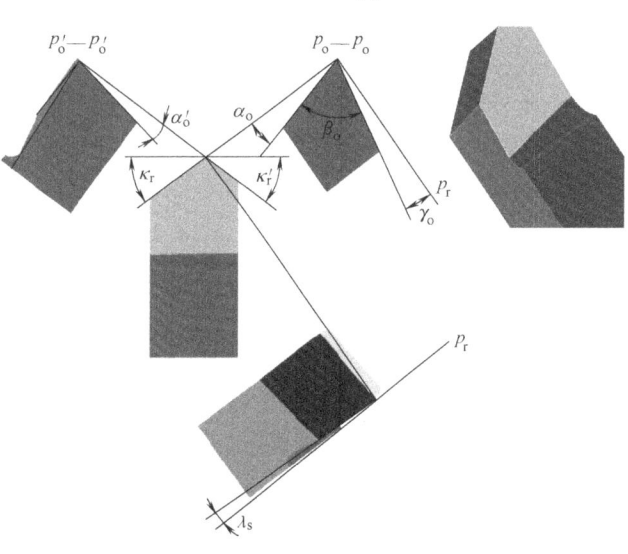

图2-7　外圆车刀的基本角度

表2-4 各基本角度的定义和主要作用

| 所在基准坐标平面 | 基本角度 | 定义 | 主要作用 |
|---|---|---|---|
| 基面 $p_r$ | 主偏角 $\kappa_r$ | 主切削刃在基面上的投影与进给方向之间的夹角 | 改变主切削刃的受力及导热能力,影响切屑的厚薄变化 |
| | 副偏角 $\kappa'_r$ | 副切削刃在基面上的投影与背离进给方向之间的夹角 | 减少副切削刃与工件已加工表面间的摩擦。减小副偏角,可以减小工件的表面粗糙度值;但是副偏角不能太小,否则会使背向力增大 |
| 主正交平面 $p_o$ | 前角 $\gamma_o$ | 前刀面和基面间的夹角 | 影响切削刃的锋利程度和强度,影响切削变形和切削能力。前角增大能使车刀的切削刃锋利,减少切削变形,可使切削省力,并使切屑顺利排出。负前角能增加切削刃的强度并使其耐冲击 |
| | 主后角 $\alpha_o$ | 主后面和主切削平面间的夹角 | 减少车刀主刀面和工件过渡表面间的摩擦 |
| 副正交平面 $p'_o$ | 副后角 $\alpha'_o$ | 副后刀面和副切削平面间的夹角 | 减少车刀副后刀面和工件已加工表面间的摩擦 |
| 主切削平面 $p_s$ | 刃倾角 $\lambda_s$ | 主切削平面与基面间的夹角 | 控制排屑方向。当刃倾角为负值时,可增加刀体强度,并在车刀受冲击时保护刀尖 |

刀尖角 $\varepsilon_r$ 是指主、副切削刃在基面上的投影间的夹角,它影响刀尖的强度和散热性能。刀尖角的计算式为

$$\varepsilon_r = 180° - (\kappa_r + \kappa'_r)$$

楔角 $\beta_o$ 是指前刀面和后刀面间的夹角,它影响刀体截面的大小,从而影响刀体的强度。楔角的计算公式为

$$\beta_o = 90° - (\gamma_o + \alpha_o)$$

(2)车刀部分角度正负值的规定

1)前角和后角正负值的规定。车刀前刀面的形状如图2-8所示,正前角单平面型的特点是切削刃较锋利,但强度差,$\gamma_o$ 不能太大,不易断屑;负前角单平面型的特点是切削刃的强度较好,但切削刃较钝,切削变形大;负前角双平面型是在负前角单平面型的基础上带有卷屑槽,有利于排屑、卷屑和断屑;正前角曲面带倒棱型的特点是切削刃的强度及抗冲击能

力强，同样条件下可以采用较大的前角，提高了刀具的寿命。

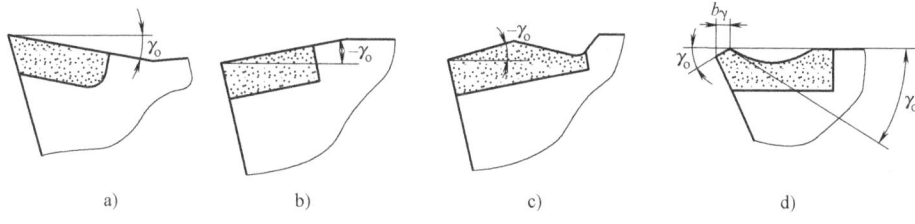

图 2-8　车刀前刀面的形状

a) 正前角单平面型　b) 负前角单平面型　c) 负前角双平面型　d) 正前角曲面带倒棱型

倒棱是沿切削刃研磨出的很窄的负前角棱面。倒棱参数的最佳值与进给量有密切关系，倒棱宽度 $b_\gamma = (0.5 \sim 0.8)f$（$f$ 为进给量），倒棱前角 $\gamma_{o1} = -10° \sim -5°$。进给量很小的精加工刀具，以及加工铸铁、铜合金等脆性材料的刀具一般不磨倒棱。

车刀后刀面的形状如图 2-9 所示。为了减少刃磨后刀面的工作量，提高刃磨质量，在硬质合金刀具和陶瓷刀具上通常把后刀面做成双重后刀面。沿主切削刃和副切削刃磨出的窄棱面称为刃带，磨出刃带的作用是在切削时提高切削的平稳性和减小振动。

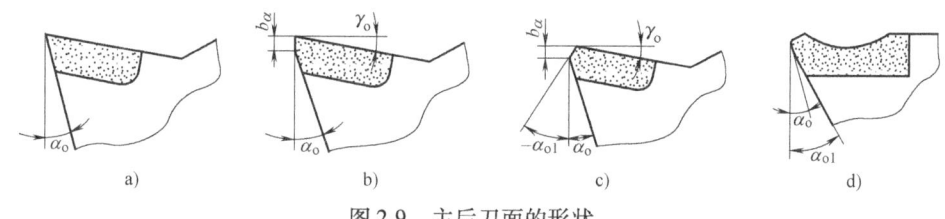

图 2-9　主后刀面的形状

a) 单一后刀面　b) 有刃带后刀面　c) 有消振棱后刀面　d) 双后刀面

2）刃倾角 $\lambda_s$ 正负值的规定。车刀刃倾角正负值的规定及其对切屑排出方向的影响如图 2-10 所示。$\lambda_s = 0°$ 时，主切削刃与基面平行，切屑沿垂直于主切削刃的方向排出，如图 2-10a 所示；

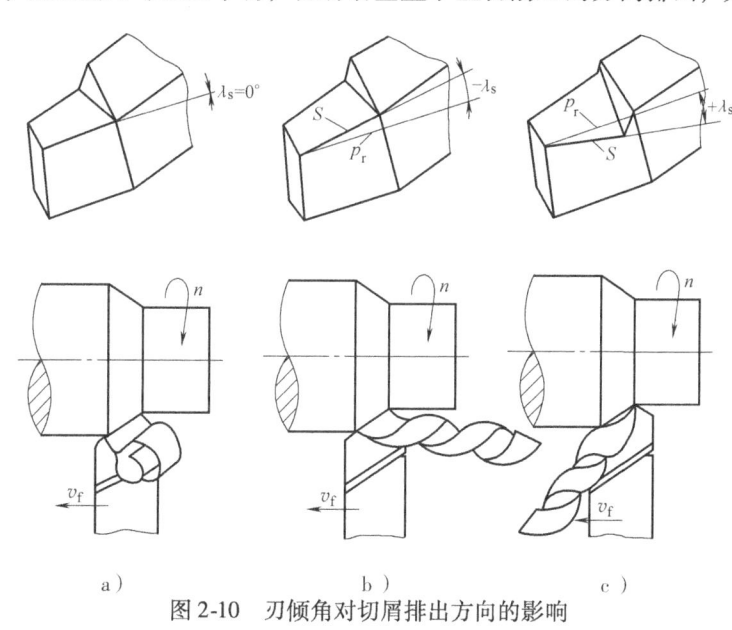

图 2-10　刃倾角对切屑排出方向的影响

a) $\lambda_s = 0°$　b) $\lambda_s < 0°$　c) $\lambda_s > 0°$

$λ_s<0°$ 时，刀尖位于主切削刃的最低点，切屑朝工件已加工表面的方向排出，如图 2-10b 所示；

$λ_s>0°$ 时，刀尖位于主切削刃的最高点，切屑朝工件待加工表面的方向排出，如图 2-10c 所示。

(3) 车刀工作图的绘制　车刀工作图的绘制步骤如图 2-11 所示。

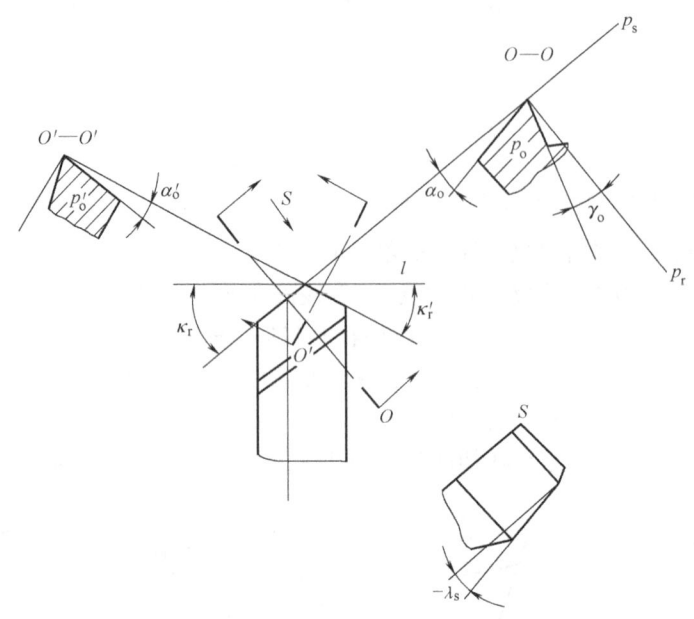

图 2-11　车刀工作图的绘制步骤

1) 作基面上的投影。作一条代表进给运动方向的直线 $l$，根据主偏角的大小作出代表主切削刃的直线，根据副偏角的大小作出代表副切削刃的直线，根据刀柄尺寸补全投影，标注主偏角 $κ_r$ 和副偏角 $κ_r'$。

2) 作主正交平面上的投影。作基面上主切削刃的延长线，代表切削平面的投影；作主切削刃的垂线，代表基面。根据前角和主后角的大小作出前刀面和主后刀面的投影，根据刀体部分在主正交平面上的断面形状补全投影，标注前角 $γ_o$ 和主后角 $α_o$。

3) 作副正交平面上的投影。作基面上副切削刃的延长线，代表副切削平面的投影；根据副后角的大小作出副后刀面的投影，根据刀体部分在副正交平面上的断面形状补全投影，标注副后角 $α_o'$。

4) 作切削平面上的投影。作基面上主切削刃的平行线，代表基面，按向视图作图法补全投影，标注刃倾角 $λ_s$。

**5. 砂轮和砂轮机**

(1) 常用砂轮的种类　刃磨车刀时，要根据车刀的材料选择砂轮的种类，否则将达不到良好的刃磨效果。砂轮的常用磨料有白刚玉（主要成分为氧化铝）和绿碳化硅两类，其性能及用途见表 2-5。

表 2-5　砂轮常见磨料的性能和用途

| 砂轮的种类 | 颜色 | 性　　能 | 用　　途 |
| --- | --- | --- | --- |
| 白刚玉 | 白色 | 磨粒的韧性好，比较锋利，硬度较低，自锐性好 | 刃磨高速钢车刀和硬质合金车刀的刀柄部分 |
| 绿碳化硅 | 绿色 | 磨粒的硬度高，刃口锋利，但脆性较大 | 刃磨硬质合金车刀 |

(2) 砂轮的选用 刃磨90°硬质合金焊接车刀刀柄时，可选用粒度号为F60～F80、硬度为K或L的白刚玉砂轮；粗磨车刀切削部分和刃磨断屑槽时，宜选用粒度号为F60～F80、硬度为G或H的绿碳化硅砂轮；精磨车刀切削部分时，宜选用F100或F120的绿碳化硅砂轮。

(3) 砂轮机 砂轮机是用来刃磨各种刀具、工具的常用设备，由机座、防护罩、电动机、砂轮和开关等部分组成。砂轮机上有控制开关，用来起动和停止砂轮机。

### 三、任务实施

**1. 车刀的刃磨参数**（表2-6）

表2-6 车刀的刃磨参数

| 车刀的类型 | $\kappa_r$/(°) | $\kappa_r'$/(°) | $\gamma_o$/(°) | $\alpha_o$/(°) | $\alpha_o'$/(°) | $\lambda_s$/(°) | 备 注 |
|---|---|---|---|---|---|---|---|
| 90°硬质合金粗车刀 | 90 | 6 | 6 | 8 | 8 | 0 | 刀尖圆弧半径为0.5mm |
| 75°硬质合金粗车刀 | 75 | 8 | -5 | 5 | 5 | -5 | 圆弧形断屑槽和倒棱（前角为-5°，宽0.5f～0.8f） |
| 45°硬质合金粗车刀 | 45 | 45 | 15 | 8 | 8 | 0 | 直线形断屑槽（槽宽0.4mm），刀尖圆弧半径为0.5mm |
| 90°硬质合金精车刀 | 90 | 6 | 0 | 8～11 | 8～11 | 5 | 圆弧形断屑槽和倒棱（前角为-5°，宽0.5f），刀尖圆弧半径为0.2～0.4mm |

注：表中f为进给量。

**2. 车刀的刃磨方法和刃磨步骤**

(1) 清洁车刀刀面 先磨去车刀前刀面、后刀面上的焊渣，并将车刀底面磨平。

(2) 粗磨主后刀面和副后刀面的刀柄部分 在略高于砂轮中心水平位置处，将车刀翘起一个比后角大2°～3°的角度，粗磨主后刀面和副后刀面的刀柄部分，以形成后角，为刃磨车刀切削部分的主后刀面和副后刀面作准备。

(3) 粗磨切削部分主后刀面 使刀体与砂轮轴线保持平行，将刀体底平面向砂轮方向倾斜一个比主后角大2°～3°的角度。刃磨时，将车刀刀体上已磨好的主后刀面靠在砂轮的外圆上，以接近砂轮中心的水平位置为刃磨的起始位置，然后使刃磨位置继续向砂轮靠近，并左右缓慢移动，一直磨至切削刃为止，如图2-12a所示。同时磨出主偏角和主后角。

(4) 粗磨切削部分的副后刀面 使刀体尾端向右偏转过一个副偏角的角度，将刀体底平面向砂轮方向倾斜一个比副后角大2°～3°的角度。其刃磨方法与刃磨主后刀面相同，但应磨至刀尖处为止，如图2-12b所示。同时磨出副偏角和副后角。

(5) 粗磨前刀面 以砂轮的端面粗磨出车刀的前刀面，同时磨出前角，如图2-12c所示。

(6) 磨断屑槽 手工刃磨的断屑槽一般为圆弧形。刃磨时，刀尖可以向下或向上磨，同时磨出前角。但是选择刃磨断屑槽部位时，应考虑留出倒棱的宽度。

(7) 精磨主、副后刀面 精磨前应先修好砂轮，保证砂轮回转平稳。刃磨时，将车刀底平面靠在调整好角度的托架上，使切削刃轻轻靠在砂轮端面，并沿着端面缓慢地左右移动,保证车刀切削刃平直。

(8) 磨负倒棱  刃磨时,用力要轻,要从主切削刃的后端向刀尖方向摆动,如图 2-12d 所示。

(9) 磨过渡刃  其刃磨方法与精磨后刀面时基本相同,如图 2-12e 所示。

(10) 用油石研磨刀面  研磨时,手持油石在切削刃上来回移动(图 2-12f),动作应平稳,用力应均匀,研磨后应消除车刀在砂轮上刃磨的残留痕迹。

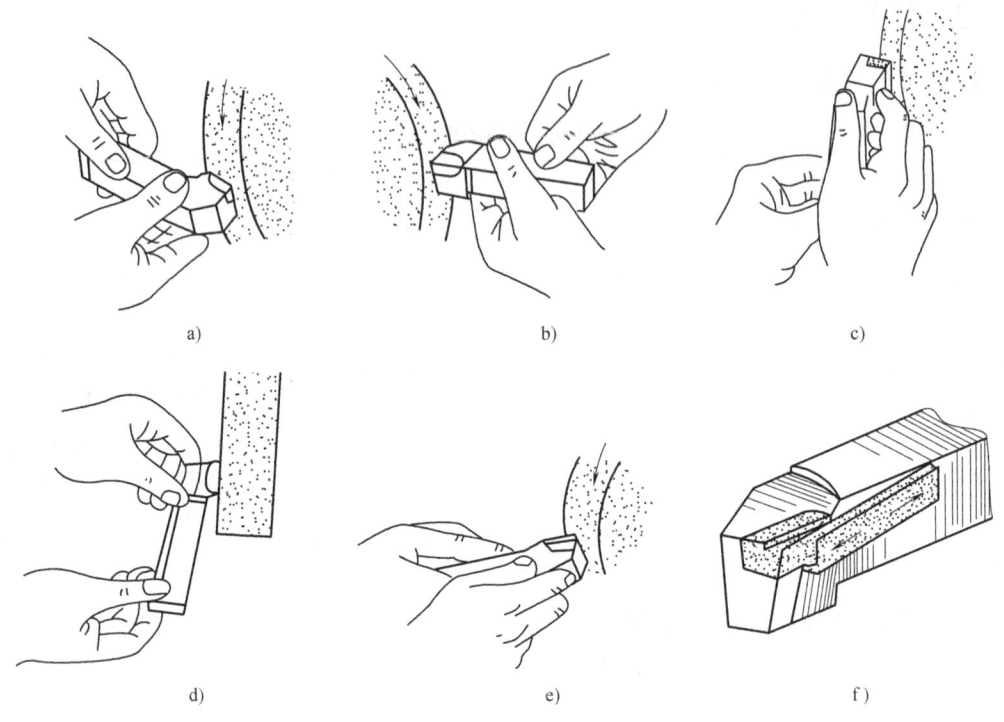

图 2-12  车刀的刃磨方法和刃磨步骤
a) 磨主后刀面  b) 磨副后刀面  c) 磨前刀面和断屑槽
d) 磨负倒棱  e) 磨过渡刃  f) 研磨刀面

### 刃磨车刀时的注意事项

1) 新安装的砂轮必须经严格检查,检查外表有无裂纹,可用硬木轻敲砂轮,检查其声音是否清脆,如果有碎裂声必须重新更换砂轮。

2) 砂轮安装后必须保证装夹牢靠,运转平稳,试转合格后才能使用。砂轮安装完毕,先点动或低速试转,若无明显振动,再改用正常转速空转 10min,情况正常后才能使用。

3) 磨刀时,尽可能避免在砂轮侧面上刃磨。

4) 砂轮的旋转速度应使边缘的线速度小于允许的线速度,转速过高会爆裂伤人,转速过低又会影响刃磨质量。

5）若砂轮跳动明显，应及时进行修整。一般用砂轮刀在砂轮上来回修整，如图2-13所示。

6）刃磨车刀时，车刀接触砂轮的力量不能过大，以防打滑伤手。

7）车刀的高度应与砂轮轴线等高，刀体略向上翘，否则会出现后角过大或负后角等弊端。

8）刃磨硬质合金车刀时，如果刀体过热，注意不能将刀体急冷，以防刀片骤冷而碎裂，可将刀柄放入水中冷却。

9）刃磨高速钢车刀时，应随时用水冷却，以防车刀过热退火，降低硬度。

10）磨刀时应戴防护镜，刃磨结束后必须关闭砂轮机电源。

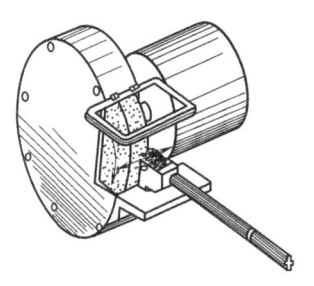

图2-13　修整砂轮

**3. 车刀角度的检验**

（1）目测法　观察车刀的角度是否符合要求，切削刃是否锋利，表面是否有裂痕和其他不符合切削要求的缺陷。

（2）量角器或样板测量法　对于角度精度要求高的车刀，用量角器或样板进行角度检查。

# 知识扩展

## 切屑和断屑

1. 切屑的种类

由于工件材料和切削条件不同，切削过程中材料的变形程度也不同，因而产生了各种不同的切屑，其类型见表2-7。生产中最常见的是带状切屑，产生带状切屑时，切削过程比较平稳，因而工件表面较光滑，刀具磨损也较慢。但带状切屑过长会妨碍工作，并容易引发人身事故，所以应采取断屑措施。

表2-7　切屑的类型

| 切屑种类 | 带状切屑 | 节状切屑 | 崩碎状切屑 |
| --- | --- | --- | --- |
| 图示 |  |  |  |

(续)

| 切屑种类 | 带状切屑 | 节状切屑 | 崩碎状切屑 |
|---|---|---|---|
| 特征 | 内表面光滑，外表面呈毛茸状 | 内表面有时有裂纹，外表面呈锯齿状 | 不规则的碎块状 |
| 形成条件 | 塑性材料、速度中等、较大的 $\gamma_o$、较小的 $f$ 和 $a_p$ | 中等硬度的塑性材料、速度较低、较小的 $\gamma_o$、较小的 $f$ 和 $a_p$ | 脆性材料 |

**2. 影响断屑的因素**

（1）断屑槽的宽度　断屑槽的宽度 $L_{bn}$ 对断屑的影响很大。一般来讲，断屑槽的宽度减小，能使切屑的卷曲半径 $R_{bn}$ 减小，从而增大卷曲变形和弯曲应力 $\sigma$，容易断屑。

（2）切削用量　切削用量中对断屑影响最大的是进给量，其次是背吃刀量。

（3）刀具角度　刀具角度中以主偏角 $\kappa_r$ 和刃倾角 $\lambda_s$ 对切屑的影响最为明显。

**3. 断屑槽的种类和规格**

常用的断屑槽有圆弧形、直线圆弧形和直线形三种，如图 2-14 所示。

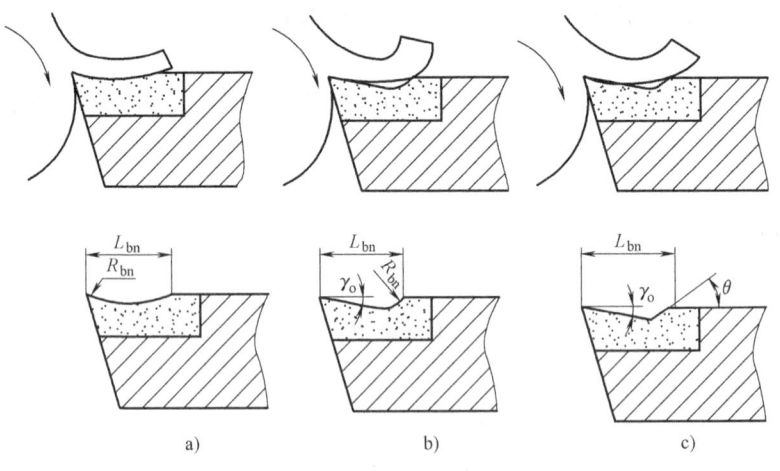

图 2-14　断屑槽的形状
a）圆弧形　b）直线圆弧形　c）直线形

圆弧形断屑槽的圆弧半径 $R_{bn}$ 由进给量和背吃刀量决定。在中等背吃刀量（$a_p = 2 \sim 6$mm）、$f = 0.3 \sim 0.6$mm/r 的情况下，一般可选圆弧槽半径为 $R_{bn} = 3 \sim 6$mm，圆弧槽深 $C_{bn} = 1.3 \sim 5$mm。手工刃磨的断屑槽一般为圆弧形。直线形断屑槽由两段直线连接而成，其槽底楔角为 $\theta$。中等背吃刀量时，$\theta$ 选 110°～120°。直线圆弧形断屑槽由直线形断屑槽和圆弧形断屑槽连接而成。

直线形和直线圆弧形断屑槽适合车削碳素钢、合金结构钢、工具钢等材料的车刀。通常前角 $\gamma_o$ 在 10°～15° 的范围内选取。

切削纯铜、不锈钢等高塑性材料时，由于前角要增大到 25°～30°，故应选用圆弧形断屑槽。因为前角增大了，圆弧形断屑槽的切削刃强度要比直线圆弧形断屑槽切削刃的强度大，其槽也较浅，便于流屑。

## 任务二  手动进给车削练习

### 一、任务分析

任务图如图 2-15 所示,小销由外圆、平面和台阶组成,两端倒角,尺寸精度要求不高,全部表面粗糙度 Ra 值为 3.2μm。手动进给车削时,须熟练掌握车刀和工件的安装方法及车床各操作手柄的正确使用方法。

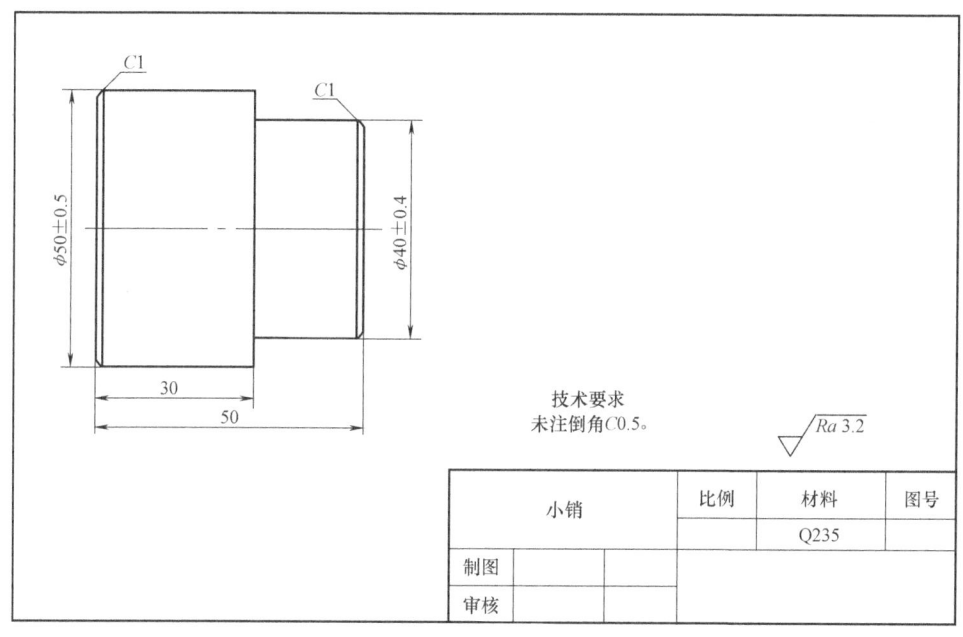

图 2-15  小销

**知识点**:车刀几何角度的选择原则,车刀的安装方法,工件的找正方法,切削用量的选择原则,工件尺寸的控制方法。

**技能点**:车刀几何角度的选择,切削用量的选择,手动进给车削操作。

### 二、知识链接

**1. 车刀几何角度的选择原则**

车刀几何角度的选择原则见表 2-8。

表 2-8  车刀几何角度的选择原则

| 基本角度 | 选 择 原 则 |
|---|---|
| 主偏角 $\kappa_r$ | (1) 选择主偏角时应首先考虑工件的形状。加工台阶时,取 $\kappa_r \geq 90°$;加工中间切入工件表面时,取 $\kappa_r = 45° \sim 60°$<br>(2) 根据工件的刚度和工件材料选择主偏角。当工件的刚度好或工件的材料较硬时,取较小的主偏角;反之,取较大的主偏角<br>(3) 粗加工时,主偏角不宜太小,否则车削时容易引起振动。当工件外圆形状许可时,主偏角最好选择 75°左右,以使车刀有较大的刀尖角 |

（续）

| 基本角度 | 选 择 原 则 |
|---|---|
| 副偏角 $\kappa_r'$ | （1）副偏角一般采用 $\kappa_r' = 6° \sim 8°$<br>（2）精车时，一般在副切削刃接近刀尖处修磨光刃，则取 $\kappa_r' = 0$<br>（3）加工中间切入的工件表面时，副偏角取 $\kappa_r' = 45° \sim 60°$ |
| 前角 $\gamma_o$ | 前角的选择与工件材料、加工性质和刀具材料有关<br>（1）车削塑性材料（如钢料）或工件材料较软时，可选择较大的前角；车削脆性材料（如铸铁）或工件材料较硬时，可选择较小的前角<br>（2）粗加工，尤其是车削有硬皮的铸锻件时，应选取较小的前角；精加工时，应选取较大的前角<br>（3）车刀材料的强度和韧性较差时（如硬质合金车刀），前角应取小值；反之（如高速钢车刀），可取大值<br>（4）车削塑性材料（如中碳钢）时，应在前刀面上磨出前角的断屑槽<br>车刀前角一般选择 $\gamma_o = -5° \sim 35°$。车削中碳钢工件，采用高速钢车刀时，选取 $\gamma_o = 20° \sim 25°$；用硬质合金车刀粗车时选取 $\gamma_o = 10° \sim 15°$，精车时选取 $\gamma_o = 13° \sim 18°$ |
| 主后角 $\alpha_o$ | （1）粗加工时，应选取较小的后角；精加工时，应选取较大的后角<br>（2）工件材料较硬时，后角宜取小值；工件材料较软时，后角宜取大值<br>车刀后角一般选择 $\alpha_o = 4° \sim 12°$。车削中碳钢工件，采用高速钢车刀粗车时选取 $\alpha_o = 6° \sim 8°$，精车时选取 $\alpha_o = 8° \sim 12°$；用硬质合金车刀粗车时选取 $\alpha_o = 5° \sim 7°$，精车时选取 $\alpha_o = 6° \sim 8°$ |
| 副后角 $\alpha_o'$ | （1）副后角 $\alpha_o'$ 一般磨成与后角 $\alpha_o'$ 相等<br>（2）在切断刀等特殊情况下，为了保证刀具的强度，副后角应取较小的数值，即 $\alpha_o' = 1° \sim 2°$ |
| 刃倾角 $\lambda_s$ | （1）粗车时，一般采用刃倾角 $\lambda_s = -3° \sim 0°$，以保护刀尖<br>（2）精车时，应取 $0° < \lambda_s < 8°$，使切屑向待加工表面排出<br>（3）对于工件圆整、余量均匀的一般车削，应取 $\lambda_s = 0°$<br>（4）断续车削时，为了增加刀体强度，应取 $\lambda_s = -15° \sim -5°$ |

**2. 常用的外圆车刀**

常用的外圆车刀有90°车刀、45°车刀和75°车刀。

（1）90°车刀  90°车刀也称为偏刀，分右偏刀和左偏刀两种，如图2-16a所示，使用最多的是右偏刀。右偏刀的主切削刃在刀体的右侧，一般用来车削工件的外圆、端面和右向台阶；左偏刀的主切削刃在刀体的左侧，用来车削工件的外圆和左向台阶，也适合车削外径较大、长度较短的工件端面。90°车刀车削外圆时产生的径向力小，不易将工件顶弯，特别适合车削细长轴。

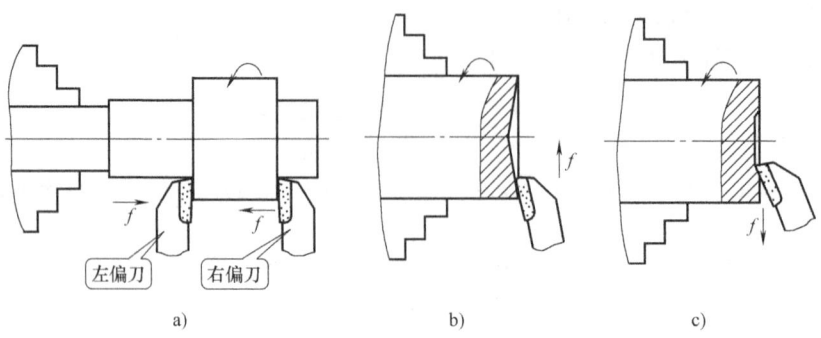

图2-16  90°车刀的应用

用右偏刀车削端面时,如果车刀由工件外缘向中心进给,则是用副切削刃车削,当背吃刀量较大时,在切削力的作用下会因扎刀而形成凹面(图2-16b)。为防止产生凹面,可采用由中心向外缘进给的方法,利用主切削刃进行车削,如图2-16c所示,但背吃刀量应小些。

为了适应粗车时吃刀深和进给快的特点,粗车刀要有足够的强度,能在一次进给中车削较多的余量。精车时要求车刀锋利,切削刃平直光滑,必要时还可磨出修光刃,以保证切屑排向工件的待加工表面。常用90°粗车刀和精车刀几何参数的选择如图2-17和图2-18所示。

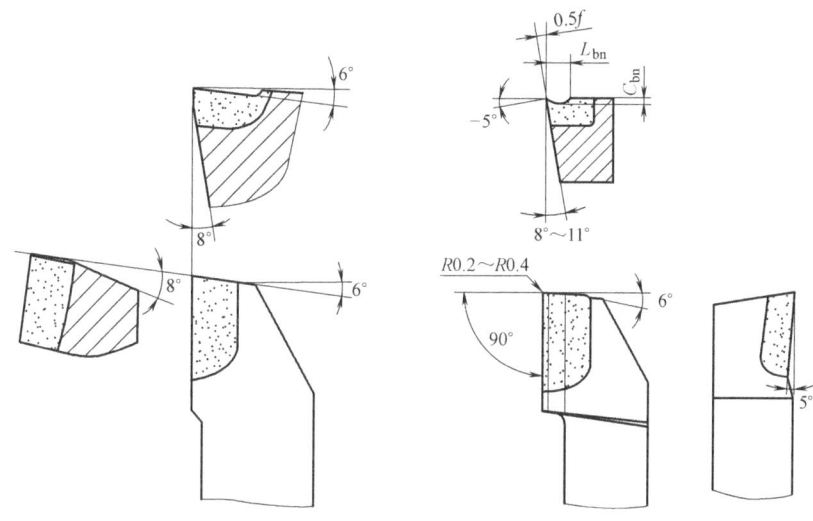

图 2-17　90°硬质合金粗车刀　　　图 2-18　90°硬质合金精车刀

(2) 75°车刀　75°车刀的刀尖角大于90°,刀尖的强度高,使用寿命长,适合粗车余量较大的铸件、锻件。75°车刀的应用及几何参数的选择如图2-19、图2-20所示。

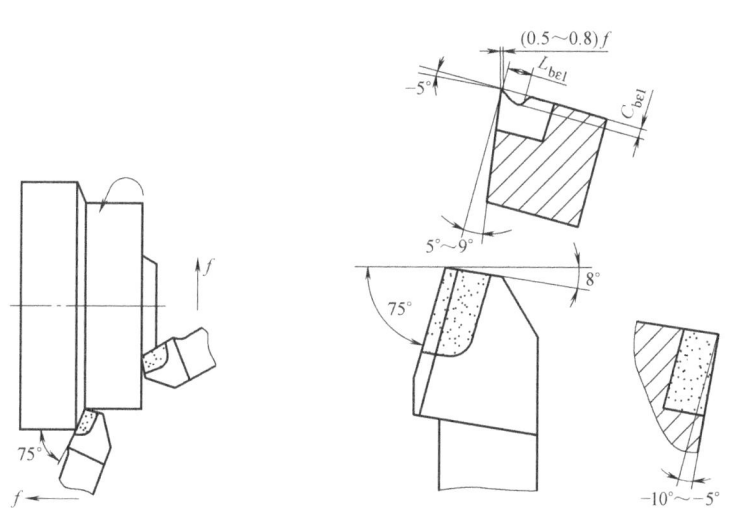

图 2-19　75°车刀的应用　　　图 2-20　75°粗车刀的几何参数

(3) 45°车刀　45°车刀有两个刀尖,前端的刀尖通常用于车削工件的外圆,左侧的另一个刀尖通常用来车削平面，需要时可用主、副切削刃来左右倒角，如图 2-21 所示。45°车刀也称为 45°弯头刀，其刀尖角为 90°，刀尖的强度和散热性能都比 90°车刀好。45°硬质合金粗车刀几何参数的选择如图 2-22 所示。

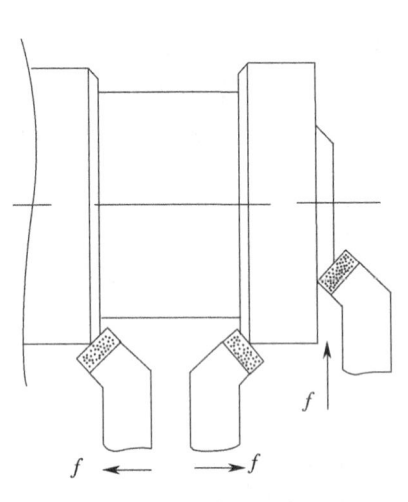

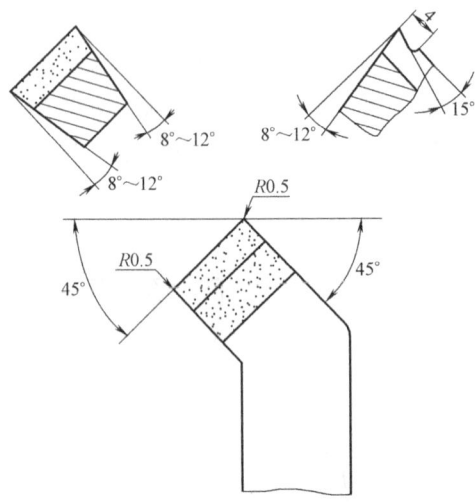

图 2-21　45°车刀的应用　　　　　图 2-22　45°硬质合金粗车刀几何参数的选择

### 3. 车刀的安装要求

（1）确定车刀的伸出长度　如图 2-23 所示，安装车刀时，应首先将刀架和车刀擦干净，车刀伸出刀架部分的长度为刀柄厚度的 1~1.5 倍较为合适。伸出过长时车刀刚性将变差，车削时容易引起振动。

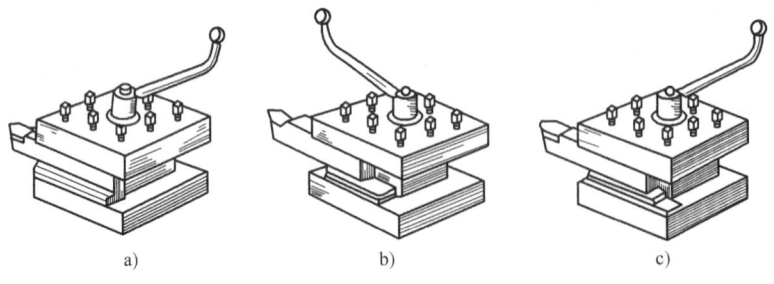

图 2-23　车刀的装夹
a）车刀伸出太短　b）车刀伸出太长　c）车刀伸出合适

（2）车刀刀尖对准工件的旋转中心　安装车刀时，应使车刀刀尖对准工件的旋转中心，安装 45°外圆车刀时，左侧的刀尖必须严格对准工件的旋转中心。如果车刀的刀尖没有对准工件的旋转中心，车削平面时会导致不能车平，使工件的中心处留有凸头，有时甚至会导致车刀刀尖碎裂。图 2-24 所示为车刀过高和过低时的情形。

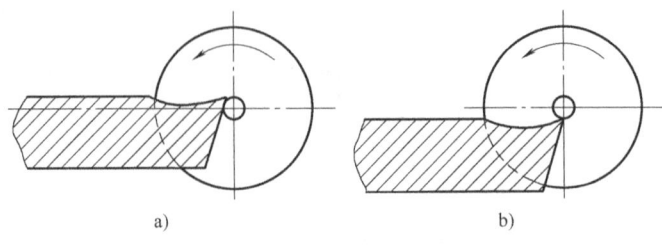

图 2-24　车刀过高和过低时的情形
a）车刀刀尖高于工件中心　b）车刀刀尖低于工件中心

为了使车刀刀尖对准工件中心，通常采用下列几种方法：

1）根据车床主轴的中心高度，用钢直尺测量装刀。例如，CA6140 型车床的中心高度为 205mm，可以利用钢直尺以刀尖与导轨面之间的距离为 205mm 为准装夹车刀。

2）利用车床尾座后顶尖对刀。

3）将车刀靠近工件端面，用目测法估计车刀高低，然后夹紧车刀，试车端面，再根据端面的中心来调整车刀。

**4. 切削用量的选择**

切削用量不仅是在调整机床前必须确定的重要参数，而且其数值的合理与否对加工质量、加工效率、生产成本等有着非常重要的影响，所谓"合理的"切削用量是指充分利用刀具的切削性能和机床的动力性能（功率、转矩），在保证质量（主要指表面粗糙度和加工精度）的前提下，获得高的生产率和低的加工成本的切削用量。

（1）选取切削用量时考虑的因素

1）切削加工的生产率。在切削加工过程中，金属切除率与切削用量三要素均保持线性关系，即其中任一参数增大一倍，都可使生产率提高一倍。然而由于刀具寿命的制约，当任一参数增大时，其余两个参数必须减小。因此，在选取切削用量时，只有三要素获得最佳组合，高生产率才是合理的。一般情况下优先增大 $a_p$，以求一次进给切除全部或大部分加工余量。

2）机床功率。当背吃刀量和切削速度增大时，均使对切削功率成正比增加。进给量对切削功率的影响较小，所以，粗加工时应尽量增大进给量。

3）刀具寿命。切削用量对刀具寿命影响按由大到小的顺序排列为切削速度、进给量和背吃刀量。因此，从保证合理的刀具寿命的角度出发，在确定切削用量时，首先应采用尽可能大的背吃刀量，然后选用大的进给量，最后选用合理的切削速度。

4）表面粗糙度。精加工时，增大进给量将增大加工表面的表面粗糙度值。因此，进给量是精加工时阻碍生产率提高的主要因素。用硬质合金车刀高速切削和高速钢车刀低速切削都能降低表面粗糙度值，背吃刀量对表面粗糙度的影响较小。

（2）粗车和精车时切削用量的选择　粗车时，切削用量的选择主要是考虑提高生产率，同时兼顾刀具寿命。加大背吃刀量 $a_p$、进给量 $f$ 和提高切削速度 $v_c$ 都能提高生产率，但对刀具寿命都有不利影响。其中影响最大的是 $v_c$，其次是 $f$，影响最小的是 $a_p$。所以，粗车时应首先选择一个尽可能大的 $a_p$，其次选择一个较大的 $f$，最后根据已选择好的 $a_p$ 值和 $f$ 值，在工艺系统刚性、刀具寿命和机床功率许可的条件下，选择一个合理的切削速度 $v_c$。精车时应首先考虑保证加工质量，并兼顾生产率和刀具寿命。

根据加工要求的不同，背吃刀量和进给量一般可参考表 2-9 进行选取；切削速度的选择根据工件和刀具的材料来确定，用硬质合金刀具车削光轴时，切削速度可参考表 2-10 进行选择。

表 2-9　背吃刀量和进给量的选择

| 加工要求 | 进给量 $f/(mm/r)$ | 背吃刀量 $a_p/mm$ |
|---|---|---|
| 超精加工 | 0.05 ~ 0.15 | 0.25 ~ 2.0 |
| 精加工 | 0.1 ~ 0.3 | 0.5 ~ 2.0 |

(续)

| 加工要求 | 进给量 $f$/(mm/r) | 背吃刀量 $a_p$/mm |
|---|---|---|
| 半精加工 | 0.2~0.5 | 2.0~4.0 |
| 粗加工 | 0.4~1.0 | 4.0~10.0 |
| 重力切削 | >1.0 | 6.0~20.0 |

表 2-10 硬质合金刀具车削光轴时切削速度的选择

| 工件材料 | 热处理状态 | $a_p = 0.3~2$mm $f = 0.08~0.3$mm/r $v_c$/(m/min) | $a_p = 2~6$mm $f = 0.3~0.6$mm/r $v_c$/(m/min) | $a_p = 6~10$mm $f = 0.6~1$mm/r $v_c$/(m/min) |
|---|---|---|---|---|
| 低碳钢、易切削钢 | 热轧 | 140~180 | 100~120 | 70~90 |
| 中碳钢 | 热轧 | 130~160 | 90~110 | 60~80 |
| 中碳钢 | 调质 | 100~130 | 70~90 | 50~70 |
| 合金工具钢 | 热轧 | 100~130 | 70~90 | 50~70 |
| 合金工具钢 | 调质 | 80~110 | 50~70 | 40~60 |
| 工具钢 | 退火 | 90~120 | 60~80 | 50~70 |
| 灰铸铁 | <190HBW | 90~120 | 60~80 | 50~70 |
| 灰铸铁 | 190~225HBW | 80~110 | 50~70 | 40~60 |
| 高锰钢 | — | — | 10~20 | — |
| 铜及铜合金 |  | 200~250 | 120~180 | 90~120 |
| 铝及铝合金 |  | 300~600 | 200~400 | 150~200 |
| 铸铝合金 |  | 100~180 | 80~150 | 60~100 |

**5. 工件的找正**

车削加工中，工件必须随同车床主轴旋转，因此，在车床上安装工件时，要求被加工工件的轴线与车床主轴的轴线必须同轴且加工时位置始终唯一，以避免工件在切削力的作用下产生松动或脱落而造成事故。工件在机床上的正确的加工位置是通过找正来保证的。

将工件安装在卡盘上，使工件的轴线与车床主轴的旋转轴线取得一致的过程称为找正。由于自定心卡盘的三个卡爪是同步运动的，能自动定心，因此工件装夹后一般不需要找正。但是，利用自定心卡盘装夹较长的轴类工件时，工件离卡盘较远处的旋转轴线不一定与车床主轴的旋转轴线重合，这时就必须找正；当自定心卡盘由于使用时间较长而导致其精度下降，且工件的加工精度要求较高时，也需要对工件进行找正。找正外圆时，如果发现工件截面呈扁形，应以直径小的相对两点为基准进行找正。常用的找正方法有以下两种。

(1) 目测法找正操作　将工件装夹在卡盘上并使工件旋转，观察工件的跳动情况，找出最高点；用重物敲击最高点，再旋转工件，观察工件的跳动情况，再敲击最高点，直至工件找正为止，最后把工件夹紧。一般要求最高点和最低点高度差为 1~2mm 为宜。

(2) 使用划针盘找正　车削余量较小的工件时，可以利用划针盘进行找正，如图 2-25 所示。工件装夹后（不可过紧），将划针对准工件外圆并留有一定的间隙，转动卡盘使工件旋转，观察划针在工件圆周上的间隙，调整最大间隙和最小间隙，使其达到间隙均匀一致，最后将工件夹紧。此方法的找正精度一般为 0.15~0.5mm。

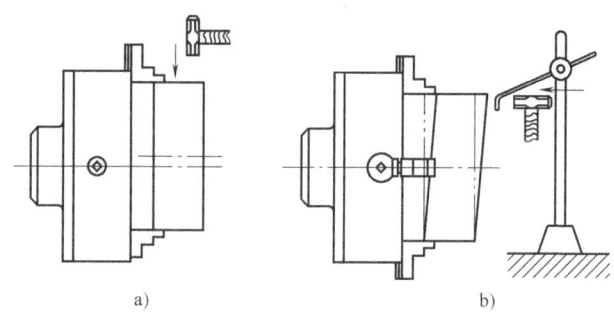

图 2-25　用划针盘找正工件
a) 找正外圆　b) 找正端面

找正工件时应注意以下几点：
1) 找正工件时，主轴应放在空挡位置，并用手拨动卡盘使其旋转。
2) 找正时敲击一次工件应轻轻夹紧一次，工件找正合格后应夹紧。
3) 找正较大的工件时，车床导轨上应垫防护板，以防工件掉下砸坏车床。
4) 找正工件时要有耐心，且细心，注意安全。

**6. 工件尺寸的控制方法**

（1）试切法　试切的目的是控制背吃刀量，保证工件的加工尺寸。用试切法控制外圆直径的方法和步骤如图 2-26 所示。如果已经工件尺寸符合要求，就可以直接纵向进给进行车削，否则可继续进行试切和试测量，直至达到要求为止。

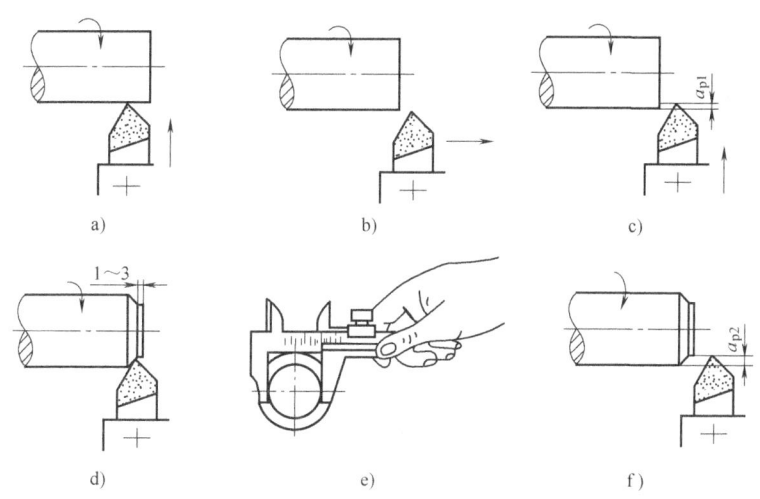

图 2-26　试切法的步骤
a) 开车对刀，使车刀和工件表面轻微接触　b) 向右退出车刀　c) 按要求横向进给 $a_{p1}$
d) 试切 1~3mm　e) 向右退出，停车、测量　f) 调整 $a_{p2}$，自动进给完成车削

（2）台阶长度的控制方法
1) 刻线痕法。一般选最小直径的端面作为统一测量基准，车削前用钢直尺或卡尺量出

台阶的长度,使工件旋转,用车刀刀尖在台阶的所在位置处轻轻车出一条细线,然后按线车削台阶长度。

2) 用挡铁控制台阶长度。成批生产台阶轴时,为了准确而迅速地掌握台阶长度,可用挡铁定位进行控制。先把挡铁固定在床身导轨的适当位置,与工件台阶面的轴向位置一致。当床鞍纵向进给碰到挡铁时,工件的台阶长度即车好。此方法台阶的长度精度可达0.1~0.2mm。

3) 用床鞍纵向进给分度盘控制台阶长度。CA6140型车床床鞍进给分度盘的一格等于1mm,据此,可根据台阶长度计算出分度盘手轮应转动的格数。

4) 用小滑板分度盘精确控制台阶长度。

### 三、任务实施

**1. 准备工作**

(1) 毛坯　材料为Q235钢,尺寸为$\phi 60 \text{mm} \times 60 \text{mm}$的圆棒料。

(2) 工艺装备　90°外圆车刀、0.02mm/(0~150mm)的游标卡尺。

**2. 手动进给车削端面、台阶、外圆和倒角**

(1) 车削端面

1) 车削端面时常用90°车刀或45°弯头车刀,精车时应选用90°车刀。

2) 起动车床前,用手转动卡盘一周,检查有无碰撞,工件是否夹紧等。

3) 车削时,先开动车床使工件旋转,移动床鞍和中滑板使车刀靠近工件端面后,应将床鞍位置锁定,避免床鞍有间隙或误操作发生纵向位移而影响平面度。摇动中滑板丝杠进给,由工件外向中心或由工件中心向外进给车削,如图2-27所示。

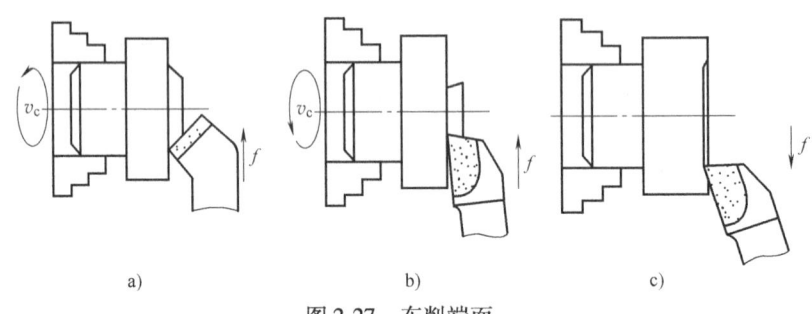

图2-27　车削端面

4) 先车的一面尽量少车,车平即可,余量应在另一面车去,以确保有足够的余量。车削端面前,应先倒角,以防止表面硬化层损坏刀尖。

5) 双手摇动中滑板手柄车削端面时,要求手动进给速度要均匀,用小滑板控制背吃刀量,让车刀垂直于工件轴线横向进给。

6) 用钢直尺或刀口形直尺检查端面的平面度;表面粗糙度可用表面粗糙度样板对比法进行检查或用经验法目测。

(2) 车削外圆

1) 粗车外圆时可选用75°外圆车刀、45°外圆车刀和90°外圆车刀,精车外圆时宜用90°外圆车刀。

2) 移动床鞍至工件的右端,用中滑板控制背吃刀量,摇动小滑板丝杠或床鞍纵向移动车削外圆。一次进给完毕后横向退刀,再纵向移动刀架或床鞍至工件右端,进行第二、第三次进给车削,直至符合图样要求为止。

(3) 车削台阶 车削台阶时,不仅要车削外圆,还要车削环形端面。因此,车削时既要保证外圆及台阶面的长度尺寸,又要保证台阶平面与工件轴线的垂直度要求。

车削相邻两个直径相差不大的台阶时,常用90°外圆车刀,安装时主偏角应略大于90°(一般为93°,如图2-28所示),一次车出。当台阶直径相差较大时,可分几次车出。

车削台阶工件时,一般将粗车和精车分开,粗车的台阶长度除第一次进给台阶长度略短外(留精车余量0.5~0.8mm),其余均车至要求长度。精车台阶工件时,通常在机动进给车削外圆至接近台阶处时,以手动进给代替机动进给。车削至台阶平面时,应变纵向进给为横向进给,移动中滑板由里向外缓慢精车台阶平面,如图2-29所示,以确保台阶平面与工件轴线的垂直度。

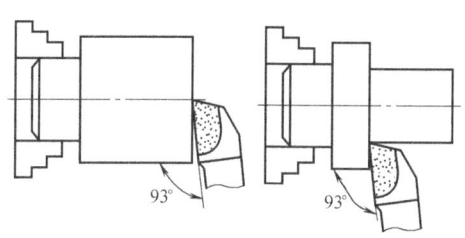

图2-28 车削台阶时90°外圆车刀的安装

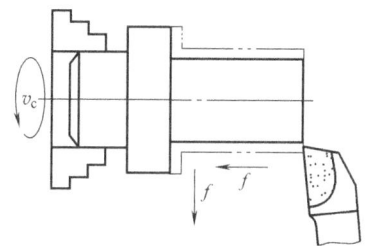

图2-29 精车台阶时的进给方向

(4) 倒角 倒角用的车刀有45°车刀或90°车刀,若使用90°车刀倒角,应使切削刃与外圆形成45°夹角。移动床鞍至工件的外圆和平面的相交处进行倒角。标注"C1"是指外圆上的轴向距离为1mm、倾斜角度为45°的倒角。

**3. 小销的车削工艺分析和加工工艺过程卡**

因工件的直径较大,长度较短,故采用自定心卡盘进行装夹。车削步骤应考虑以下几个方面:

1)车削短小的工件时,一般先车削端面,这样便于确定长度方向的尺寸。车削铸铁件时,最好先倒角再车削,这样刀尖就不易遇到外皮和型砂,从而可避免损坏车刀。

2)当工件车削后还需磨削时,只需粗车和半精车,并注意留磨削余量。

3)车削台阶轴时,应先车削直径较大的一端,以避免过早地降低工件的刚度。

4)粗车和精车应分开进行。

小销的加工工艺过程卡见表2-11。

表2-11 小销的加工工艺过程卡

| 工序号 | 工序名称 | 工序内容 | 工艺装备 |
| --- | --- | --- | --- |
| 1 | 粗车 | 用卡盘夹住工件外圆,伸出长度为40mm左右,找正夹紧<br>(1) 粗车端面,车平即可<br>(2) 粗车外圆至φ51mm,长35mm | 90°粗车刀、游标卡尺 |
| 2 | 粗车 | 调头夹住外圆φ50mm的一端,伸出30mm左右,找正夹紧<br>(1) 粗车端面,保证总长50mm<br>(2) 粗车外圆至φ41mm | 90°粗车刀、游标卡尺 |

(续)

| 工序号 | 工序名称 | 工序内容 | 工艺装备 |
|---|---|---|---|
| 3 | 精车 | (1) 精车外圆（φ40±0.4）mm，长20mm 至尺寸要求<br>(2) 倒角 C1<br>(3) 倒角 C0.5 | 90°精车刀、游标卡尺 |
| 4 | 精车 | 调头夹住外圆（φ40±0.4）mm，找正夹紧<br>(1) 精车外圆（φ50±0.5）mm 至尺寸要求<br>(2) 倒角 C1 | 90°精车刀、游标卡尺 |
| 5 | 检验 | 检查各尺寸是否达到图样要求 | 游标卡尺 |

### 车削外圆、台阶和平面时的注意事项

1）车削前，必须将工件夹紧，取下卡盘扳手；装好车刀，确定各手柄处于正确位置后方可起动车床。

2）纵向和横向手动进给方向不能摇错，如退刀时误操作为进刀，会使工件报废。横向进给手动手柄每转过一格时，刀具的横向进给量为 0.02mm，其圆柱体直径方向的切削量为 0.04mm。

3）变换转速时应先停车，否则容易打坏主轴箱内的齿轮。

4）切削时应先开动车床，后进刀。切削完毕时先退刀后停车，否则容易损坏车刀。

5）车削铸铁毛坯时，由于氧化皮较硬，要求尽可能一刀完成，否则车刀容易磨损。

6）手动进给车削时，应把有关进给手柄放在空挡位置。

### 4. 质量分析

手动进给车削时产生废品的原因及预防方法见表 2-12。

表 2-12 手动进给车削时产生废品的原因及预防方法

| 废品种类 | 产生原因 | 预防方法 |
|---|---|---|
| 尺寸精度达不到要求 | (1) 没有进行试车削<br>(2) 量具有误差或测量不正确<br>(3) 由于切削热的影响，工件尺寸发生变化 | (1) 根据加工余量算出背吃刀量，进行试车削，然后修正背吃刀量<br>(2) 量具在使用前必须进行检查和调整零位<br>(3) 不能在工件温度较高时进行测量，要等工件冷却后在常温下进行测量 |
| 车削外圆时产生锥度误差 | (1) 用小滑板手动进给车削外圆时，小滑板导轨与主轴轴线不平行<br>(2) 用卡盘装夹纵向进给车削时，床身导轨与车床主轴轴线不平行<br>(3) 工件装夹时悬伸较长，车削时因切削力的影响使前端让开，产生锥度<br>(4) 切削速度过高，车削过程中车刀逐渐磨损 | (1) 必须事先检查小滑板基准刻线与中滑板的"0"刻线是否对准<br>(2) 调整车床主轴与床身导轨的平行度<br>(3) 尽量减小工件的伸出长度，或者将另一端用后顶尖支顶，以增加装夹刚度<br>(4) 选用合适的刀具材料，或者适当降低切削速度 |

（续）

| 废品种类 | 产生原因 | 预防方法 |
|---|---|---|
| 车削平面时工件平面中心不平，有凹凸 | （1）刀尖没有对准工件中心，偏高或偏低<br>（2）背吃刀量过大、车刀磨损、滑板移动、刀架和车刀紧固力不足，产生扎刀或让刀 | （1）使刀尖对准工件中心<br>（2）合理选择背吃刀量，保持车刀锋利，增加车刀的装夹刚度，尽量缩短车刀的伸出长度 |
| 表面粗糙度达不到要求 | （1）车刀刚度不够或伸出太长而引起振动<br>（2）工件刚度不够引起振动<br>（3）车刀几何参数不合理，如选用过小的前角、后角和主偏角<br>（4）手动进给不均匀 | （1）增加车刀的刚度和正确装夹车刀<br>（2）增加工件的装夹刚度<br>（3）选用合理的车刀几何参数（适当增大前角，选用合理的后角和主偏角等）<br>（4）手动进给应均匀，精车余量和切削速度应合适 |

## 知识扩展

### 工件材料的切削加工性能

工件材料的切削加工性能是指工件材料被切削成合格零件的难易程度。研究工件材料的切削加工性能的目的是寻找改善材料切削加工性能的途径。材料的切削加工性能不仅是一项重要的工艺参数，而且是材料多种性能的综合评价。良好的切削加工性能一般包括：

1）在相同的切削条件下，刀具具有较高的使用寿命。
2）在相同的切削条件下，切削力和切削功率小，切削温度低。
3）容易获得良好的表面加工质量。
4）容易控制切屑的形状或容易断屑。

常见材料的切削加工性能见表2-13。

表2-13 常见材料的切削加工性能

| 序号 | 加工性质 | 种类 | 代表性材料 |
|---|---|---|---|
| 1 | 极易切削材料 | 一般非铁金属 | 铜铝合金、铝镁合金 |
| 2 | 容易切削材料 | 易切削钢 | 退火15Cr、正火30钢 |
| 3 | 普通材料 | 较易切削材料 | 45钢、灰铸铁 |
|  |  | 一般切削材料 | 20Cr 调质 |
|  |  | 稍难加工材料 | 45Cr 调质 |
| 4 | 难加工材料 | 难加工材料 | 65Mn 调质 |
|  |  | 较难加工材料 | 50Cr、12Cr18Ni9Ti |
|  |  | 很难加工材料 | 某些钛合金、铸造镍基高温合金 |

# 任务三  机动进给车削练习

## 一、任务分析

采用机动进给车削如图 2-30 所示的小销轴零件。

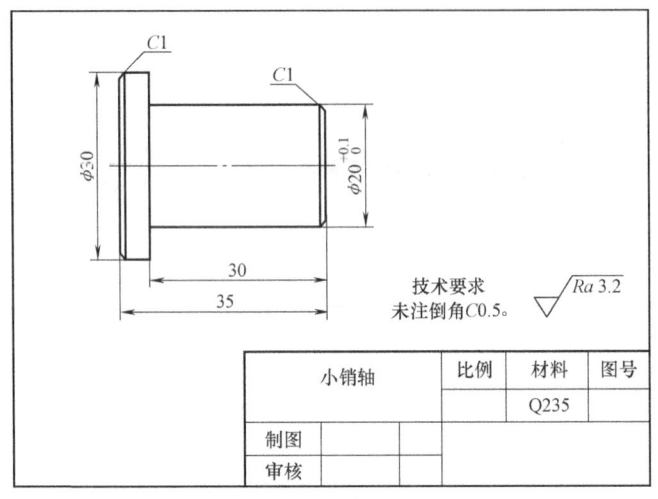

图 2-30  小销轴零件图

机动进给车削加工时，应熟练地操控机床的各操作手柄。同时，为了获得较好的工件质量，需要根据工件材料、加工性质和加工要求的不同选用不同的切削液。

**知识点**：切削液的选用，机动进给车削方法。

**技能点**：机动进给车削操作。

## 二、知识链接

切削液是在车削过程中为改善切削效果而使用的液体。在车削过程中，被切削金属层发生变形，在切屑、刀具与加工表面间存在着剧烈的摩擦，并产生很大的切削力和大量的切削热。在车削过程中合理地使用切削液，不仅可以减小表面粗糙度值，减小 15%～30% 的切削力，而且会使切削温度降低 100～150°C，从而可延长刀具的寿命，提高劳动生产率和产品质量。

切削液主要有冷却、润滑、清洗和缓蚀等作用。

(1) 冷却作用  切削液能吸收并带走切削区域大量的热量，降低刀具和工件的温度，从而延长刀具的寿命，并能减少工件因热变形而产生的尺寸误差，同时也为提高生产率创造了条件。

(2) 润滑作用  切削液能渗透到工件与刀具之间，在切屑与刀具的微小间隙中形成一层很薄的吸附膜，因此可减小刀具与切屑、刀具与工件之间的摩擦，减小刀具的磨损，使排屑流畅，并提高工件的表面质量。对于精加工，切削液的润滑作用就显得更加重要了。

(3) 清洗作用  车削过程中产生的细小切屑容易吸附在工件和刀具上,尤其是铰孔和钻深孔时,切屑容易造成堵塞。如果加注一定压力、足够流量的切削液,则可将切屑迅速冲走,使切削顺利进行。

切削液应根据加工性质、工件材料、刀具材料和工艺要求等具体情况合理选用,常用切削液的种类、性能、作用和用途见表2-14。

表2-14  常用切削液的种类、性能、作用和用途

| 种类 | | 性能和作用 | 用途 |
|---|---|---|---|
| 乳化液 | 一般乳化液 | 用乳化油加15~20倍的水稀释而成,主要起冷却作用。其特点是黏度小、流动性好、比热容大,能吸收大量的切削热,但因其中水分较多,故润滑、缓蚀性能差 | 一般用于粗加工,以及难加工材料和细长工件的加工,精加工时用高浓度乳化液 |
| | 极压乳化液 | 在一般乳化液的基础上,加入一定的极压添加剂和防锈添加剂配制而成,可提高润滑效果和缓蚀能力 | 用高速钢刀具粗加工和对钢料精加工,钻削、铰削和加工深孔等 |
| | 合成切削液 | 由水溶性缓蚀剂、油性剂、极压抗磨添加剂、活性剂、防腐剂和消泡剂等多种添加剂组成,不含矿物油。稀释液呈透明状或半透明状。它有优良的冷却和清洗性能,是国内外推广使用的高性能切削液,国外的使用率达到了60%。国产DX148多效合成切削液有良好的使用效果,具有冷却、润滑和清洗作用,缓蚀性能良好,使用寿命长,可节省能源,有利于环保 | 适合高速切削,特别适合数控机床、加工中心等现代加工设备使用 |
| 全损耗系统用油 | 一般全损耗系统用油 | 主要成分是矿物油,如L-AN15、L-AN22、L-AN32全损耗系统用油和轻柴油、煤油等。其特点是比热容小、黏度较大,散热效果稍差、流动性差,但润滑效果比乳化液好,主要起润滑作用 | 在普通精车、螺纹精加工中使用甚广 |
| | 极压油 | 在矿物油中添加氯、硫、磷等极压添加剂和缓蚀添加剂配制而成。常用的有氯化切削油、硫化切削油。它在高温下不破坏润滑膜,具有良好的润滑效果,缓蚀性能也得到了提高 | 使用高速钢刀具对钢料进行精加工时,以及在钻削、铰削和加工深孔等半封闭状态下工作时,用黏度较小的极压切削油 |

为了使切削液达到其应有的效果,使用时必须注意以下几个问题:

1)油状乳化油必须用水稀释后才能使用,但乳化液会污染环境,应尽量选用环保型切削液。

2)切削液必须浇注到切削区域,因为该区域是切削热源。

3)用硬质合金刀具切削时,一般不用切削液,若用则必须一开始就连续充分地浇注,否则硬质合金刀片会因骤冷而产生裂纹。

4)应控制好切削液的流量。流量太小或断续使用,起不到应有的作用;流量太大,则会造成切削液的浪费。

5）加注切削液时可采用浇注法和高压冷却法。浇注法是一种简便易行、应用广泛的方法，一般车床均配有这种冷却系统；高压冷却法是指以较高的压力和流量将切削液喷向切削区，这种方法一般用于半封闭加工或车削难加工材料。

### 三、任务实施

**1. 准备工作**

（1）毛坯  材料为 Q235 钢，尺寸为 $\phi35mm \times 45mm$ 的圆棒料。

（2）工艺装备  90°外圆车刀、0.02mm/（0～150mm）的游标卡尺。

**2. 机动进给车外圆和端面的方法**

（1）纵向机动进给车削外圆  起动机床，进行试切削，机动进给，纵向车削外圆至接近需要的长度时停止机动进给，改用手动进给车至长度尺寸，退刀后停车。

（2）横向机动进给车削平面  起动机床，进行试切削，机动进给，横向车削平面至接近工件中心时停止机动进给，改用手动进给车至工件中心，退刀后停车。

**3. 小销轴的车削工艺分析和加工工艺过程卡**

小销轴零件的形状简单，结构尺寸变化不大；尺寸精度、表面粗糙度和几何精度要求均不高。因此，此加工属于零件的一般加工，不需要加注切削液。切削用量的选择见表2-15。

表2-15　切削用量的选择

| 工步内容 | $a_p$/mm | $v_c$/（r/min） | $f$/（mm/r） |
|---|---|---|---|
| 粗车 | 1.5～3.0 | 320～500 | 0.3～0.4 |
| 精车 | 0.25～0.5 | 630～800 | 0.10～0.15 |
| 倒角 | 手动 | 630～800 | 0.10～0.15 |

小销轴加工工艺过程卡见表2-16。

表2-16　小销轴加工工艺过程卡

| 工序号 | 工序名称 | 工序内容 | 工艺装备 |
|---|---|---|---|
| 1 | 下料 | 棒料 $\phi35mm \times 45mm$ | 锯床 |
| 2 | 粗车 | 用自定心卡盘夹住棒料外圆柱面<br>（1）车削端面，车平即可<br>（2）粗车 $\phi30mm$ 外圆至尺寸，长度大于35mm；倒角 C1 | 游标卡尺、90°车刀 |
| 3 | 精车 | 调头，用自定心卡盘夹住 $\phi30mm$ 外圆<br>（1）车削端面，长度车至工件总长尺寸要求<br>（2）精车 $\phi20mm$ 外圆至尺寸<br>（3）倒角 C1 | 游标卡尺、90°车刀 |
| 4 | 钳工 | 去毛刺 |  |
| 5 | 检验 | 按图样要求进行检验 | 游标卡尺 |
| 6 | 入库 |  |  |

## 机动进给操作时的注意事项

1）机动进给操作时，注意力要集中，以防滑板等与卡盘碰撞。
2）粗车时切削力较大，工件易发生移位，精车前应进行一次复查。
3）车削较大直径的工件时，平面易产生凹凸，应随时用钢直尺进行检测。
4）为了保证工件质量，装夹已加工表面时要垫铜皮。
5）高速车削工件时，必须使用切削液，以免烧坏车刀及工件。

# 知识扩展

## 如何减小工件的表面粗糙度值

1. 减小残留面积高度

车削时，如果工件表面残留面积轮廓清晰，说明其他切削条件正常，若要减小表面粗糙度值，可以从以下几方面着手：

（1）减小主偏角和副偏角　减小主偏角会使背向力增大，若工艺系统的刚度差，会引起振动。一般情况下，减小副偏角对减小表面粗糙度值的效果明显。

（2）增大刀尖圆弧半径　如果机床的刚度不足，刀尖圆弧半径过大会使背向力增大而引发振动，反而会使表面粗糙度值变大。

（3）减小进给量　进给量是影响表面粗糙度最显著的一个因素，进给量越小，残留面积高度越小。此外，鳞刺、积屑瘤和振动均不易产生，因此表面质量就高。

2. 防止工件表面产生毛刺

工件表面产生毛刺一般是由积屑瘤引起的，可用改变切削速度的方法来控制积屑瘤的产生。用高速钢车刀车削时，应降低切削速度（$v_c<3m/min$），并加注切削液；用硬质合金车刀车削时，应提高切削速度，避开最易产生积屑瘤的中速（$v_c=20m/min$）区域。另外，应尽量减小车刀前角和后刀面的表面粗糙度值，经常刃磨车刀以保持切削刃的锋利。

3. 避免磨损亮斑

车削时，若已加工表面出现亮斑或亮点，同时伴随噪声，则说明刀具已严重磨损。磨钝的切削刃将工件表面挤压出亮痕，使表面粗糙度值增大，这时应及时更换或重磨刀具。

4. 防止切屑拉毛已加工表面

被切屑拉毛的工件表面一般会出现不规则的很浅的痕迹。这时，应选用正值刃倾角的车刀，使切屑流向工件的待加工表面，并采取卷屑或断屑措施。

5. 防止和减小振纹

切削时产生的振动会使工件表面出现周期性的横向或纵向振纹。防止和消除振纹可以从以下几个方面入手：

（1）机床方面　调整车床主轴间隙，提高轴承精度；调整滑板楔铁，使间隙小于

0.04mm，并使移动平稳轻便。

（2）刀具方面　合理选择刀具几何参数，经常刃磨车刀以保持切削刃光滑和锋利；增加刀具的装夹刚度。

（3）工件方面　增加工件的装夹刚度，如装夹时不宜伸出太长，细长轴应采用中心架或跟刀架支承。

（4）切削用量方面　应选用较小的背吃刀量和进给量，改变切削速度。

6. 合理选用切削液，保证充分冷却润滑

选用合适的切削液是消除积屑瘤、鳞刺和减小表面粗糙度值的有效方法。车削时，合理选用切削液并保证充分冷却润滑，可以改善切削条件；尤其是润滑性能增强，可使切削区域金属材料的塑性变形程度下降，从而减小已加工表面的表面粗糙度值。

# 项目重点

1. 车削运动的基本概念和基本内容。
2. 车刀的材料和种类，车刀几何角度的概念及初步选择。
3. 砂轮的种类，砂轮的选用和使用砂轮时的安全知识。
4. 车刀的刃磨姿势和刃磨方法，车刀刃磨的重要意义。
5. 找正工件的方法和注意事项，用自定心卡盘装夹工件时找正的意义。
6. 用试切削法控制尺寸精度的方法。
7. 手动进给和机动进给的操作要领。
8. 切削液的种类、作用及使用方法。

# 实战强化

## 一、填空题

1. 为了提高刀尖的强度和延长车刀的使用寿命，多数情况将刀尖刃磨成_____或_____过渡刃。
2. 装刀时，必须使修光刃与进给方向_____，且修光刃的长度必须_____进给量，这样才能起修光作用。
3. 倒棱的宽度一般为进给量的_____倍，修光刃的长度一般为进给量的_____倍。
4. 90°车刀主要用来车削工件的_____、_____和_____。
5. 切削液主要有_____、_____、_____和_____等作用。
6. 溜板箱正面的大手轮轴上的分度盘分为 300 格，每转过一格，表示床鞍纵向移动_____mm，逆时针转动大手轮，分度盘转动 250 格表示向左纵向进刀_____mm。
7. _____称为工件的找正。

## 二、选择题

1. 刃倾角是（　　）与基面的夹角。

A. 前刀面　　　　B. 切削平面　　　　C. 后刀面　　　　D. 主切削刃
2. 车削塑性大的材料时，可选（　　）的前角。
A. 较大　　　　　B. 较小　　　　　　C. 零　　　　　　D. 负值
3. 加工台阶轴时，车刀的主偏角应选（　　）。
A. 45°　　　　　 B. 60°　　　　　　 C. 75°　　　　　 D. 等于或大于90°
4. 车削时，切屑排向工件的已加工表面，此时刀尖位于主切削刃的最（　　）处。
A. 高　　　　　　B. 水平　　　　　　C. 低　　　　　　D. 任意
5. 高速钢刀具材料可耐（　　）℃左右的高温。
A. 250　　　　　 B. 300　　　　　　 C. 600　　　　　 D. 1000
6. 国内外推广使用的节省能源、有利于环保的高性能切削液是（　　）。
A. 水溶液　　　　B. 乳化液　　　　　C. 复合油　　　　D. 合成切削液
7. 当工件外圆形状许可时，粗车刀的主偏角最好选择（　　）左右，这样车刀能承受较大的切削力，有利于切削刃散热。
A. 45°　　　　　 B. 60°　　　　　　 C. 75°　　　　　 D. 90°
8. 粗车外圆时，过渡刃偏角应磨成主偏角的（　　）倍。
A. 1/4　　　　　 B. 1/2　　　　　　 C. 1　　　　　　 D. 2
9. 粗车外圆时，过渡刃长度应磨成（　　）mm。
A. 0.2~0.5　　　 B. 0.5~2　　　　　 C. 2~4　　　　　 D. 4~8
10. 粗车刀的前角和后角应取得（　　）。
A. 较大些　　　　B. 较小些　　　　　C. 很小　　　　　D. 很大
11. 外圆精车刀的刃倾角应取（　　）。
A. 正值　　　　　B. 负值　　　　　　C. 0°　　　　　　D. 0°或负值
12. 刃磨90°硬质合金焊接车刀时，其刀柄部分可选用粒度号为（　　）的（　　），粗磨车刀切削部分时，宜选用粒度号为（　　）的（　　）；精磨车刀切削部分时，宜选用（　　）的（　　）。
A. F60~F80　　　 B. F100~F120　　　 C. 氧化铝砂轮　　D. 碳化硅砂轮

### 三、判断题

1. 能够用来车削工件外圆的车刀有90°车刀、75°车刀和45°车刀。（　　）
2. 负前角能增大切削刃的强度，负前角车刀能耐冲击。（　　）
3. 高速钢不仅用于承受冲击性较大的场合，也常用于高速切削。（　　）
4. 用硬质合金车刀切削时，一般不加切削液。（　　）
5. 粗车刀一般应磨出过渡刃，精车刀一般应磨出修光刃。（　　）
6. 外圆精车刀应选用负值的刃倾角，以使切屑排向工件的待加工表面。（　　）
7. 车刀刀尖高于工件轴线，会使车刀的实际后角减小，车刀后刀面与工件之间的摩擦增大；车刀刀尖低于工件轴线，会使车刀的实际前角减小，切削阻力增大。（　　）

### 四、综合题

1. 外圆粗车刀和精车刀的几何参数如何选择？

2. 常见车刀的材料有哪两大类？它们各有何特点？

3. 刃磨90°硬质合金车刀。技术要求：主偏角为90°，副偏角为6°，前角为0，主后角为8°，副后角为8°，刃倾角为0°。

4. 根据加工条件的不同，在下列刀具材料中选择合适的牌号，并填写在相应的括号中：K01、K10、K20、P01、P10、P20、P30、W18Cr4V、W6M05Cr4V2。

①精车铸铁（    ）；②粗车铸铁（    ）；③粗车碳钢（    ）；④宽刀低速度精车碳钢（    ）；⑤高速精车碳钢（    ）；⑥车削铝合金（    ）；⑦在铸铁件上钻孔的麻花钻（    ）。

5. 常用的找正工件的方法有哪些？

6. 切削液有何作用？如何正确和有效地使用切削液？

7. 手动机给和机动进给车削如图2-31所示的短轴。

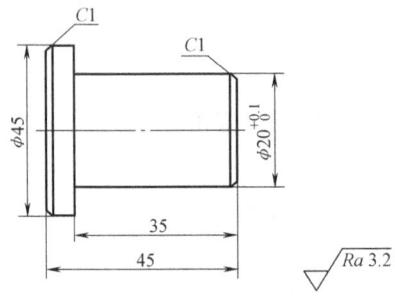

图2-31　短轴

# 项目三 车削外沟槽和切断

## 【功能简述】

各种轴类工件上常常会有各式各样的沟槽,沟槽的形状和种类较多,外圆和平面上的沟槽称为外沟槽,内孔上的沟槽称为内沟槽。常用的外沟槽有矩形沟槽、圆形沟槽、梯形沟槽等,矩形沟槽是最常见的外沟槽。外沟槽的作用通常是使所装配的零件有正确的轴向位置,在磨削、车削螺纹、插齿等加工过程中便于退刀。如图3-1所示,螺纹轴上带有退刀槽,便于车削螺纹时退刀;需要进行磨削加工的表面上带有越程槽,以便在磨削轴颈和定位轴肩时,砂轮能很好地磨削到整个表面。

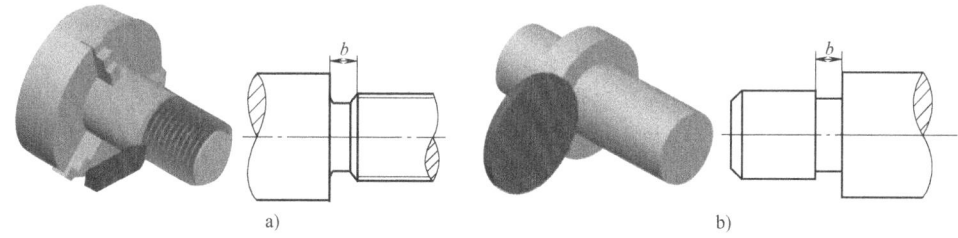

图 3-1 沟槽
a) 螺纹退刀槽  b) 砂轮越程槽

## 【项目分析】

在车削加工中,车槽与切断的方法和所使用的刀具相似。本项目主要通过切断刀的刃磨、车削外沟槽和切断两个任务来实施。

## 任务一 切断刀的刃磨

### 一、任务分析

切断刀主要用于切断工件或车槽,其几何角度与外圆车刀的几何角度有所不同。用切断刀进行车削时,其主切削刃全长参与切削,产生的切削力较大,刀体伸出较长而刚性又差,两副切削刃与工件已加工表面之间的摩擦严重。因此,刃磨切断刀的关键是刃磨出合理的几何角度。

根据形状不同,切断刀的切削刃有直线型和圆弧型两种结构。本任务主要是刃磨如图3-2所示的整体高速钢切断刀。

**知识点**:切断刀几何角度的确定方法。

**技能点**:切断刀的刃磨。

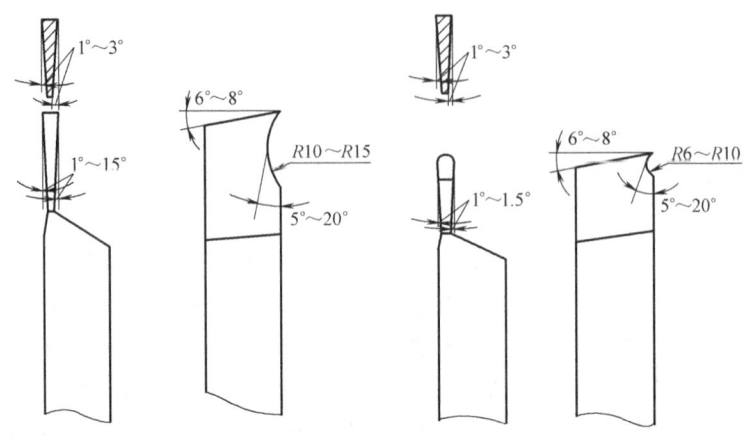

图3-2 整体高速钢切断刀

## 二、知识链接

根据材料的不同,切断刀有高速钢切断刀和硬质合金切断刀两种。

### 1. 高速钢切断刀

目前使用较为普遍的是高速钢切断刀,其几何参数的选择原则见表3-1。

表3-1 高速钢切断刀几何参数的选择原则

| 几何参数 | 作用和要求 | 选择原则 |
| --- | --- | --- |
| 前角 | 前角增大能使车刀的切削刃锋利,从而使切削省力,并使切屑顺利排出 | 切削中碳钢工件时,前角取20°~30°;切削铸铁工件时,前角取0°~10° |
| 后角 | 减少车刀主后刀面和工件过渡表面间的摩擦 | 一般取6°~8° |
| 副后角 | 减少车刀副后刀面和工件已加工表面间的摩擦。考虑到车刀的刀体狭长,两个副后角不能太大 | 车槽刀有两个对称的副后角,一般为1°~2° |
| 主偏角 | 车刀以横向进给为主 | 主偏角为90° |
| 副偏角 | 车刀的两个副偏角必须对称,它们的作用是减少副切削刃和工件已加工表面间的摩擦 | 一般取1°~1°30′ |
| 主切削刃宽度 | 车削狭窄的外沟槽时,一般将车刀主切削刃的宽度刃磨成与工件槽宽相等 | 经验计算公式为<br>$a \approx (0.5 \sim 0.6)\sqrt{d}$<br>$a$——主切削刃的宽度(mm)<br>$d$——工件直径(mm) |

(续)

| 几何参数 | 作用和要求 | 选择原则 |
|---|---|---|
| 刀体长度 | 刀体长度要适中,刀体太长容易引起振动,甚至会使刀体折断 | 经验计算公式为<br>$L = h + (2 \sim 3)\text{mm}$<br>$L$——刀体长度(mm)<br>$h$——切入深度(mm) |
| 卷屑槽 | 不宜太深,更不能把前刀面磨得太低或磨成台阶形 | 槽深为 0.75~1.5mm |

高速钢切断刀的几何角度示例如图 3-3 所示。

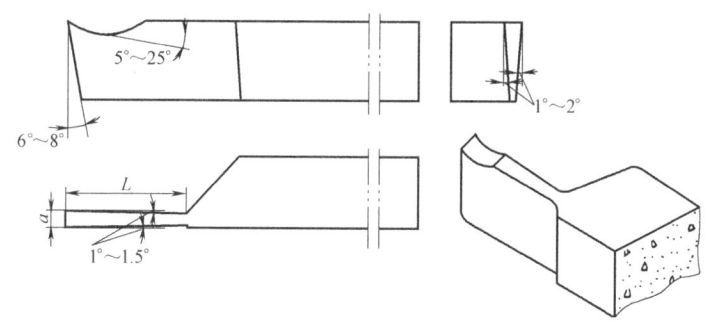

图 3-3 高速钢切断刀的几何角度

为了节省高速钢材料,常将切断刀做成片状,再装夹在弹性刀柄上,如图 3-4 所示。弹性切断刀的优点是:当进给量过大时,弹性刀柄会因受力而产生变形,由于刀柄的弯曲中心在上面,所以刀体就会自动向后退让,从而避免了因扎刀而导致切断刀折断的现象。

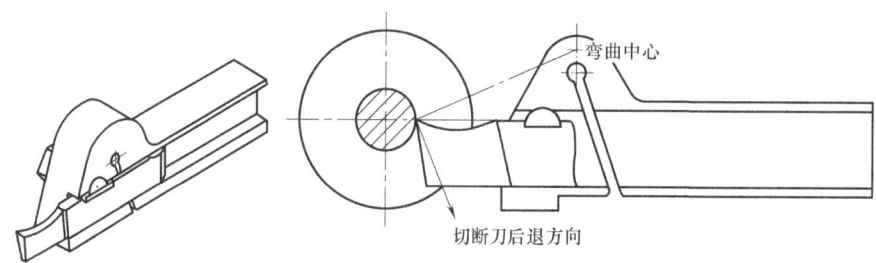

图 3-4 弹性切断刀

切断直径较大的工件时,由于刀体较长,刚度很差,很容易产生振动,这时可采用反向切断法,即工件反转,车刀的切削刃朝下,如图 3-5 所示。反向切断时,作用在工件上的切削力与工件重力的方向一致,这样不容易产生振动,而且切屑向下排出,排屑方便。

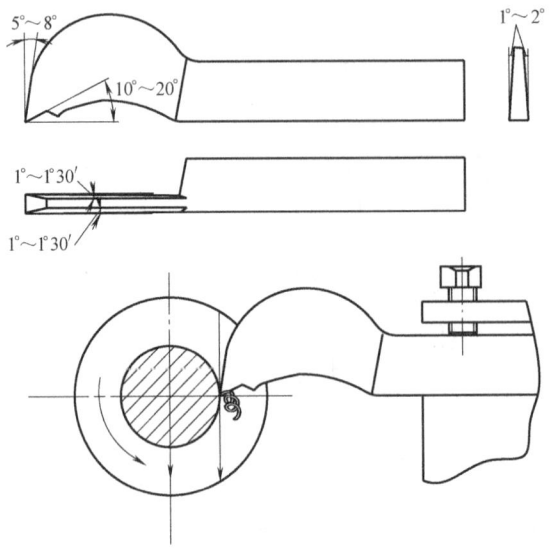

图 3-5 反向切断法

使用反向切断法时,应注意卡盘与主轴的连接部位必须装有保险装置,以防卡盘从主轴上脱落而引发事故。

**2. 硬质合金切断刀**

硬质合金切断刀如图 3-6 所示,为了增加刀体的支承刚度,常将切断刀的刀体下部做成凸圆弧形。

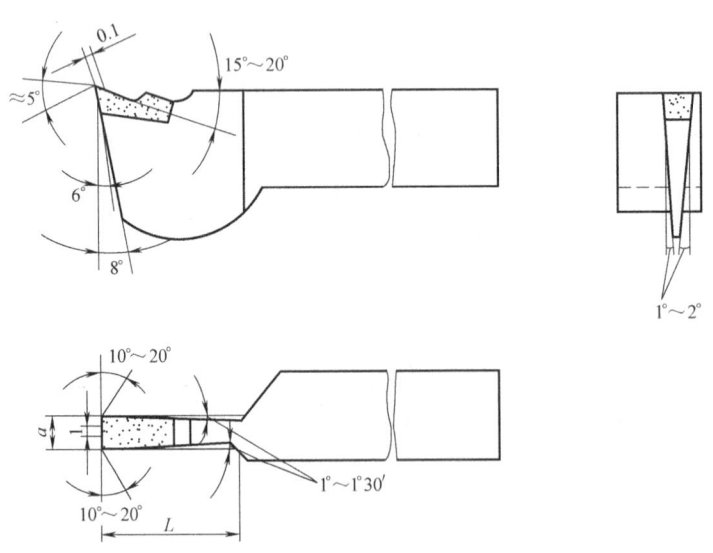

图 3-6 硬质合金切断刀

硬质合金切断刀可进行高速车削,但由于高速车削会产生很大的热量,为防止刀片脱焊,在一开始车削时就应浇注充分的切削液。

高速切断塑性材料时,如果硬质合金切断刀的主切削刃采用平直刃,那么切屑宽度和工件槽宽相等,切屑容易堵塞在槽内而不易排出。为使排屑顺利,可将主切削刃两边倒角或磨成"人"字形切削刃。

切断大型钢件时,切断刀伸入工件被切槽内,其周围被工件和切屑包围,散热情况差,排屑也较困难,极易造成"扎刀"现象,将严重影响刀具的使用寿命。为了能顺利地排出切屑,通常在切断刀主切削刃上磨出3°左右的刃倾角(左高右低),使带状切屑从槽内流出后卷成螺旋状切屑或发条状切屑排出。

车削一般外沟槽的车刀的角度和形状与切断刀基本相同,车削较窄的外沟槽时,车槽刀主切削刃的宽度应与槽宽相等,刀体的长度应略大于槽深。

### 三、任务实施

**1. 高速钢切断刀的粗磨**

粗磨切断刀时,选用粒度号为 F60~F80、硬度为 H~K 的氧化铝砂轮。高速钢切断刀的刃磨步骤如图 3-7 所示。

(1) 粗磨两侧副后刀面 两手握刀,车刀前刀面向上,同时磨出左侧副后角(1°~2°)和副偏角(1°~1°30′),如图 3-7a 所示;然后同时磨出右侧副后角(1°~2°)和副偏角(1°~1°30′),如图 3-7b 所示。对于主切削刃的宽度,要注意留出 0.05mm 的精磨余量。

(2) 粗磨主后刀面 两手握刀,车刀前刀面向上,磨出主后角,如图 3-7c 所示。

(3) 粗磨前刀面 两手握刀,车刀前刀面对着砂轮磨削表面,刃磨前刀面和前角、卷屑槽,保证前角正确,如图 3-7d 所示。

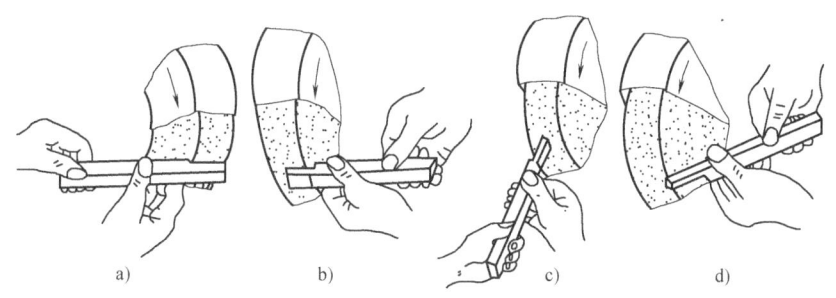

图 3-7 高速钢切断刀的粗磨
a) 磨左侧副后刀面 b) 磨右侧副后刀面 c) 磨主后刀面 d) 磨前刀面

**2. 高速钢切断刀的精磨**

精磨时选用粒度号为 F100~F120、硬度为 H~K 的氧化铝砂轮。高速钢切断刀的精磨步骤如下:

1) 修磨主后刀面,保证主切削刃平直。
2) 修磨两侧副后刀面,保证两副后角和两副偏角对称,主切削刃宽度正确。
3) 修磨前刀面和卷屑槽,保持主切削刃平直、锋利,保证前角正确。
4) 修磨刀尖,可在两刀尖上各磨出一个小圆弧形过渡刃。

**3. 质量分析**

刃磨切断刀时容易出现的问题及要求见表 3-2。

表 3-2　刃磨切断刀时容易出现的问题及要求

| 几何参数 | 缺陷类型 | 后果 | 要求 |
| --- | --- | --- | --- |
| 前角 | 卷屑槽太深 | 刀体强度低，容易使刀体折断 | 正确刃磨卷屑槽 |
| | 前刀面被磨低 | 切削不顺畅，排屑困难，切削负荷大，刀体易折断 | |
| 副后角 | 副后角为负值 | 会与工件侧面发生摩擦，切削负荷大 | 以车刀底面为基准，用钢直尺或直角尺检查切断刀的副后角（1°~2°） |
| | 副后角太大 | 刀体强度低，车削时刀体容易折断 | |
| 副偏角 | 副偏角太大 | 刀体强度低，容易折断 | 以刀柄中心为基准，用钢直尺或直角尺检查切断刀的副偏角（1°~1°30′） |
| | 副偏角为负值 | 不能用直进法进行车削，切削负荷大 | |
| | 副切削刃不平直 | | |
| | 左侧刃磨得太多 | 不能车削有高台阶的工件 | |

# 任务二　车削外沟槽和切断

## 一、任务分析

加工如图 3-8 所示的工件，工件外圆柱面上有两个外沟槽，其尺寸分别为 4mm×2mm 和 10mm×1.5mm。

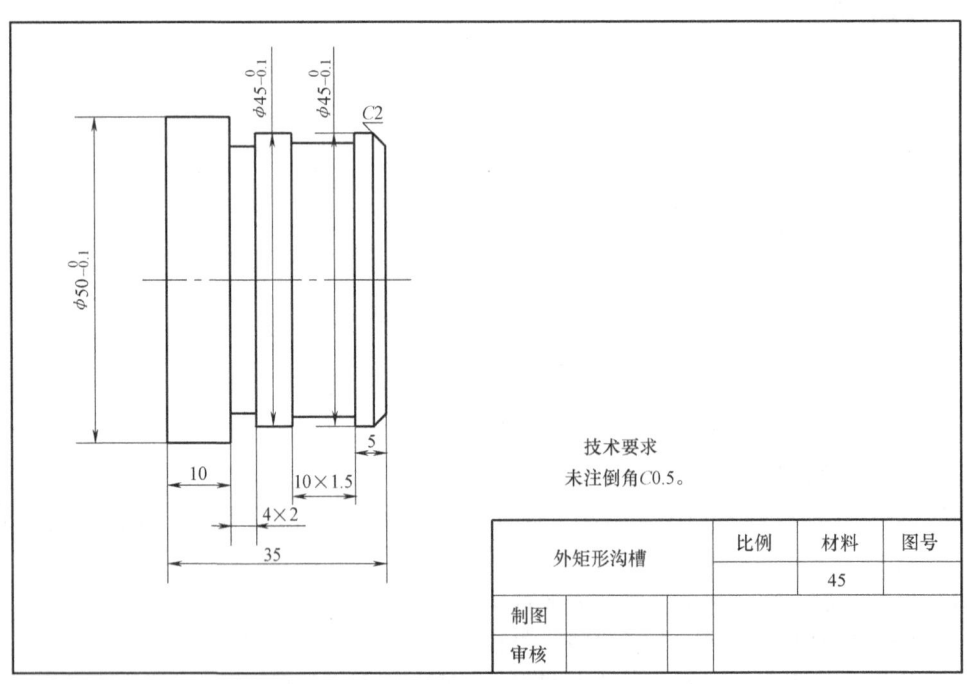

图 3-8　外矩形沟槽

车槽和切断时，槽的宽度不同，进给方法也不同。由于车槽和切断是横向进给，切削速度随着车刀由外缘向工件中心越来越低，因此，选择合理的切削用量至关重要。为了保证槽的各项精度要求，切断塑性材料时需要采取良好的断屑措施，且车刀必须安装正确。

**知识点**：车槽和切断时的进给方法，车槽和切断时切削用量的选择。

**技能点**：矩形槽的车削，切断刀的安装，切断操作，沟槽的检测及质量分析。

## 二、知识链接

**1. 车槽和切断时的进给方法**

车槽和切断时的进给方法有直进法和左右借刀法，如图 3-9 所示。

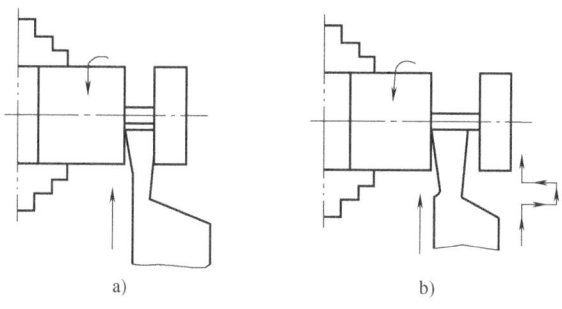

图 3-9 车槽时的进给方法
a) 直进法　b) 左右借刀法

（1）直进法　直进法是指垂直于工件轴线方向进行车削。车削精度不高且宽度较窄的沟槽时，可以用刀宽等于槽宽的车槽刀一次进给车出；车削精度要求较高的沟槽时，第一次进给时，槽壁两侧应留有精车余量，第二次进给时用等宽的车槽刀进行修整，也可用原车槽刀根据槽深和槽宽进行精车；车削较宽的沟槽时，可用多次进给直进法车出。

用直进法切断工件的效率高，但对车床刀具的刃磨和装夹均有较高的要求，否则容易造成切断刀的折断。

（2）左右借刀法　左右借刀法是指在槽壁两侧留出精车余量，切断刀在工件轴线方向反复地纵向进给，在槽的两侧作横向进给，然后根据槽深和槽宽精车至工件尺寸要求。左右借刀法适合车削较宽的沟槽，或者用于切削系统刚度（机床、刀具、工件）不足的情况。

**2. 车槽和切断时切削用量的选择**

考虑到刀具刀体的强度较差，在选择切削用量时，应适当减小其数值。车削钢料时的切削速度比车削铸铁材料时的切削速度要高，而进给量则略小一些。

（1）背吃刀量的选择　车槽时的背吃刀量是垂直于已加工表面方向所量得的切削层宽度的数值。所以，车槽和切断时的背吃刀量等于车槽刀主切削刃的宽度。

（2）进给量和切削速度的选择　车槽时，进给量和切削速度的选择可参考表 3-3。

表 3-3　车槽时进给量和切削速度的选择

| 刀具材料 | 高速钢车槽刀 | | 硬质合金车槽刀 | |
|---|---|---|---|---|
| 工件材料 | 钢　料 | 铸　铁 | 钢　料 | 铸　铁 |
| 进给量/(mm/r) | 0.05~0.1 | 0.1~0.2 | 0.1~0.2 | 0.15~0.25 |
| 切削速度/(m/min) | 30~40 | 15~25 | 80~120 | 60~100 |

### 3. 切断刀的安装要求

装夹切断刀时，除了要符合车刀装夹的一般要求外，还应注意以下几点：

1) 装夹时，切断刀不宜伸出过长，同时切断刀的中心线必须与工件的轴线垂直，以保证两个副偏角对称。

2) 切断实心工件时，切断刀的主切削刃必须与工件轴线平行且等高，否则将不能车至中心，而且容易崩刃，甚至折断车刀。

3) 切断刀的底平面应平整，以保证两个副后角对称。

## 三、任务实施

### 1. 准备工作

（1）毛坯 $\phi60mm \times 200mm$ 圆棒料，每料加工五件。

（2）工艺装备 90°车刀、高速钢车槽刀、样板、0.02mm/（0~150）mm 的游标卡尺。

### 2. 外矩形沟槽的车削工艺分析和加工工艺过程卡

（1）进给方法 因为尺寸为 4mm×2mm 的沟槽较窄，所以采用直进法车削；尺寸为 10mm×1.5mm 的沟槽较宽，宜采用左右借刀法车削。因工件的直径不大，可采用直进法切断。

（2）刀具的选用 采用高速钢车槽刀进行切削，其尺寸为：

$a \approx (0.5 \sim 0.6) \sqrt{d} = (0.5 \sim 0.6) \sqrt{50}mm = 3.5 \sim 4.2mm$，取 $a = 3.5mm$；

$L = h + (2 \sim 3)$ mm $= 25mm + (2 \sim 3)$ mm $= 27 \sim 28mm$，取 $L = 27mm$。

（3）切削用量的选择 取进给量为 0.05~0.1mm/r；主轴转速为 200r/min。

外矩形沟槽加工工艺过程卡见表3-4。

表3-4 外矩形沟槽加工工艺过程卡

| 工序号 | 工序名称 | 工序内容 | 工艺装备 |
| --- | --- | --- | --- |
| 1 | 下料 | $\phi60mm \times 200mm$ 圆棒料 | 锯床 |
| 2 | 粗车 | 用自定心卡盘装夹一端，伸出长度为 50mm，找正夹紧<br>（1）车削端面，车平即可<br>（2）粗车右端各部，$\phi50_{-0.1}^{0}$ mm 外圆至尺寸要求，长度至 36mm；$\phi45_{-0.1}^{0}$ mm 外圆至尺寸要求，长度至 25mm<br>（3）倒角 C2 | 90°车刀、游标卡尺 |
| 3 | 车槽和切断 | （1）车槽 10mm×1.5mm 至图样尺寸要求<br>（2）车槽 4mm×2mm 至图样尺寸要求<br>（3）倒角 C0.5<br>（4）取长度为 36mm 切断 | 游标卡尺、高速钢车槽刀 |
| 4 | 车削端面 | 调头装夹 $\phi50_{-0.1}^{0}$ mm 外圆，找正夹紧<br>（1）车削端面，保证总长 35mm<br>（2）倒角 C0.5 | 90°车刀、游标卡尺 |
| 5 | 检验 | 按图样检查各部分尺寸精度 | 游标卡尺 |
| 6 | 入库 | 涂油入库 | |

> **车槽和切断时的注意事项**
>
> 1) 切断工件前,应调整中小滑板的松紧,一般以紧为好。
> 2) 用高速工具钢切断刀切断工件时应浇注切削液,这样可以延长切断刀的使用寿命;用硬质合金切断刀切断工件时,中途不准停车,否则切削刃易碎裂。
> 3) 一夹一顶或两顶尖装夹工件时,不能直接切断工件,以防切断时工件飞出伤人。
> 4) 用左右借刀法切断工件时,借刀速度应均匀,借刀距离要一致。
> 5) 安装车槽刀时,应使车刀的主切削刃和工件轴线平行,否则,车出的沟槽为一侧直径大,另一侧直径小的竹节形。
> 6) 车槽时,要防止槽底与槽壁相交处出现圆角,以及槽底中间尺寸小而靠近槽壁两侧的尺寸大。

**3. 沟槽的质量分析**

切断和车槽时可能产生各种问题,其产生原因见表3-5。

表3-5 切断和车槽时产生废品的原因

| 废品种类 | 产生原因 |
| --- | --- |
| 槽壁与工件轴线不垂直,呈喇叭形 | (1) 车槽刀磨钝让刀<br>(2) 车槽刀角度刃磨不正确<br>(3) 车槽刀的主切削刃和工件轴线不平行 |
| 槽底与槽壁产生小台阶 | (1) 多次车削时接刀不当<br>(2) 车槽刀的主切削刃与工件轴线不平行 |
| 槽底与槽壁的表面粗糙度达不到要求 | (1) 两侧副偏角太小,产生摩擦<br>(2) 切削速度选择不当,没有加切削液润滑<br>(3) 切削时产生振动<br>(4) 切屑拉毛已加工表面 |
| 被切工件的平面产生凹凸 | (1) 切断刀两侧刀尖的刃磨或磨损不一致,车刀安装歪斜或副切削刃没磨直,造成让刀,从而使工件平面产生凹凸<br>(2) 窄切断刀的主切削刃与工件轴线有较大的夹角,进给时在侧向切削力的作用下,刀体易产生偏斜,势必产生工件平面内凹<br>(3) 主轴轴向窜动 |
| 切断时产生振动 | (1) 主轴和轴承之间的间隙过大<br>(2) 切断的棒料过大,在离心力的作用下产生振动;工件细长时,切断刀切削刃太宽<br>(3) 切断刀伸出过长或切断刀远离支承点<br>(4) 切断时转速过高,进给量过小 |

（续）

| 废品种类 | 产生原因 |
| --- | --- |
| 切断刀折断 | （1）工件装夹不牢，切断点远离卡盘，在切削力的作用下工件抬起，造成刀体折断<br>（2）切断时排屑不良，铁屑堵塞造成刀体载荷过大时刀体折断<br>（3）切断刀的副偏角、副后角太大，削弱了刀体的强度，使刀体折断<br>（4）切断刀的主切削刃与工件轴线不垂直，主切削刃与轴线不等高<br>（5）进给量过大，切断刀的前角过大<br>（6）床鞍，中、小滑板松动，切削时产生"扎刀"，致使切断刀折断 |

## 项目重点

1. 切断刀的种类及几何参数的确定，切断刀的刃磨方法。
2. 矩形外沟槽的车削和测量方法，切断工件的方法。
3. 车槽和切断时可能产生的问题及其产生原因。

## 实战强化

### 一、填空题

1. 车槽刀有_____个刀尖，_____个刀面。
2. 车槽时的背吃刀量等于_____。

### 二、选择题

1. 用高速钢车槽刀切削铸铁工件时，通常前角取（　　）。
   A. -10°~0°　　　B. 0°~10°　　　C. 10°~20°　　　D. 20°~40°
2. 车槽刀的刃倾角一般取（　　）值。
   A. 正　　　B. 负　　　C. 零
3. 工件被切断处的直径为$\phi 42$mm，则切断刀主切削刃的宽度应刃磨在（　　）mm 的范围内。
   A. 0.2~2.6　　　B. 3.2~3.9　　　C. 4~4.6　　　D. 5~5.6
4. 工件被切断处的直径为$\phi 50$mm，则切断刀刀体的长度应刃磨在（　　）mm 的范围内。
   A. 42~43　　　B. 27~28　　　C. 25~35　　　D. 35~40

### 三、判断题

1. 车槽时的切削速度是变化的，越切至工件中心，切削速度越小。（　　）
2. 用硬质合金车槽刀车槽时，不能加注切削液。（　　）

## 四、综合题

1. 切断刀的类型有哪些？如何选用？
2. 使用弹性切断刀有什么好处？
3. 画出高速钢切断刀的简图，注上所有几何参数，并刃磨切断刀。
4. 车削如图3-10所示的外沟槽工件。

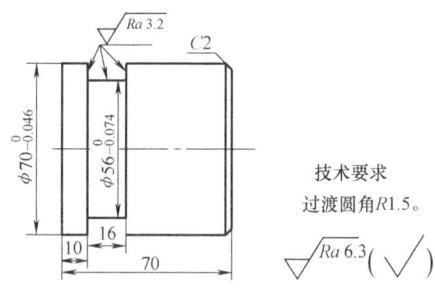

技术要求
过渡圆角R1.5。

图3-10 外沟槽工件

# 项目四 车削台阶轴

## 【功能简述】

台阶轴（图4-1）是机器中最常用的零件之一，用来支承旋转零件（如齿轮、带轮等），传递运动和转矩。车削台阶轴是车削加工中最常见、最普通的一种加工形式，是车工必须掌握的基本技能。

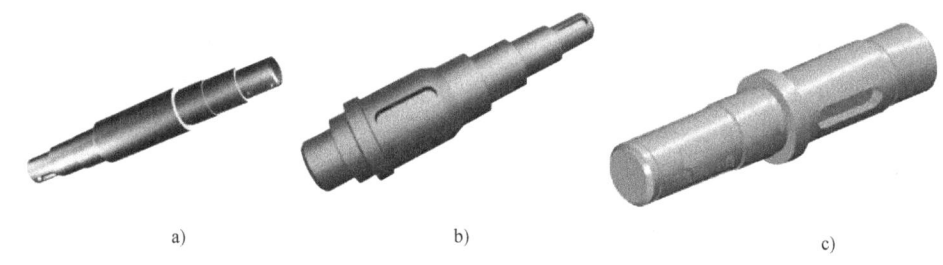

a)　　　　　　　　　　b)　　　　　　　　　　c)

图4-1　台阶轴

## 【项目分析】

台阶轴带有台阶、沟槽、锥面、螺纹、倒角等结构。车削台阶轴时，各外圆除了有本身的尺寸精度、形状精度和表面粗糙度要求外，还有相互之间的位置精度要求，如外圆的同轴度、台阶面与外圆的垂直度等。本项目主要通过钻中心孔、一夹一顶装夹车削台阶轴、两顶尖装夹车削台阶轴三个任务来实施。

## 任务一　钻中心孔

### 一、任务分析

在车床上采用两顶尖、一夹一顶的装夹方式可使工件定位准确和便于装卸，但首先必须在工件两端面钻出中心孔。钻中心孔时，应根据中心孔的类型选择相应的中心钻；同时，由于中心钻的直径很小，不能承受过大的切削力，易折断，应特别注意钻削用量的选择及钻削方法的正确性。

**知识点**：中心孔、中心钻相关知识，中心钻折断的原因及其预防方法。

**技能点**：钻中心孔的方法，中心孔的质量分析。

## 二、知识链接

### 1. 中心孔

国家标准 GB/T 145—2001 规定，中心孔有 A 型（不带护锥）、B 型（带护锥）、C 型（带护锥和螺纹）和 R 型（弧形）四种类型，其结构和用途见表4-1。

表4-1 各类型中心孔的结构和用途

| 类型 | A 型 | B 型 | C 型 | R 型 |
|---|---|---|---|---|
| 结构图 | | | | |
| 结构说明 | 由圆柱孔和圆锥孔两部分组成 | 在 A 型中心孔的端部加上一个 120°的圆锥面，用以保护 60°锥面不致碰毛，并使工件端面容易加工 | 在 B 型中心孔的 60°圆锥孔后面加工一短圆柱孔（保证攻螺纹时不碰毛 60°锥孔），后面用丝锥攻制成内螺纹 | 将 A 型中心孔的 60°圆锥面改成圆弧面，使其与顶尖的配合变成线接触，这样可减少摩擦力，提高定位精度 |
| 应用 | 不需多次装夹或不保留中心孔的工件 | 精度要求较高或工序较多的工件 | 当需要把其他零件轴向固定在轴上时采用 | 一般在轻型和高精度轴上采用 |

（1）圆柱孔 中心孔的公称尺寸为圆柱孔的直径 $D$，它是选取中心钻的依据。圆柱孔可储存润滑油，并能防止顶尖头部触及工件，保证顶尖锥面和中心孔锥面贴合，以达到正确定心的目的。

（2）圆锥孔 圆锥角一般为 60°，重型工件用 75°或 90°。它与顶尖锥角配合，起定心作用，并承受工件的重力和切削力。因此，圆锥孔的表面质量要求较高。

### 2. 中心钻

A 型中心孔和中心钻如图 4-2 所示。

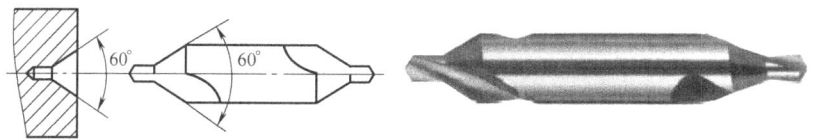

图 4-2 A 型中心孔和中心钻

## 三、任务实施

### 1. 钻中心孔的操作步骤

1）车平工件端面。根据图样要求选用中心钻，圆柱孔直径 $d \leqslant \phi 6.3 \mathrm{mm}$ 的中心孔常用高速钢中心钻直接钻出，$d > \phi 6.3 \mathrm{mm}$ 的中心孔需二次进给钻出。

2）将中心钻钻头装入钻夹头内紧固，将锥柄擦净后用力推入尾座套筒内，如图 4-3 所示。

3）调整尾座轴线，使其与工件轴线重合，将尾座移动到与工件合适的距离后锁紧。

4）选择主轴转速（900～1120r/min），起动车床，加入切削液，均匀转动尾座手轮（进给量为 0.05～0.2mm/r）。

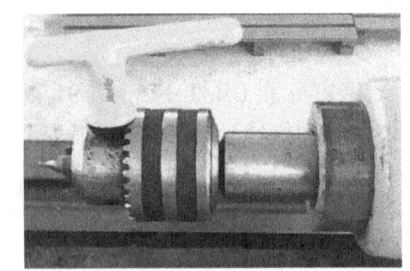

图 4-3　在车床上钻中心孔

5）当中心钻钻入圆锥 3/4 左右深度时稍作停留，修光孔壁；然后退出中心钻，停车检查。

### 2. 质量分析

钻中心孔时容易出现的问题及其产生原因见表 4-2。

表 4-2　钻中心孔时容易出现的问题及其产生原因

| 容易出现的问题 | 产　生　原　因 |
| --- | --- |
| 中心钻折断 | (1) 中心钻未对准工件回转中心<br>(2) 工件端面未车平或中心处留有凸头，中心钻偏斜，不能准确定心<br>(3) 切削用量选择得不合适，转速太低，进给量过大<br>(4) 磨钝后的中心钻强行钻入工件<br>(5) 没有充分浇注切削液或没有及时清除切屑 |
| 中心孔钻偏或不圆 | (1) 工件弯曲未矫正，使中心孔与外圆产生偏差<br>(2) 夹紧力不足，钻中心孔时工件移位，造成中心孔不圆<br>(3) 工件伸出太长，回转时，在离心力的作用下，造成中心孔不圆 |
| 工件与顶尖接触不良 | 中心孔钻得太深 |
| 顶尖与中心孔底部接触 | 中心钻修磨后，圆柱部分的长度过短 |

# 任务二　一夹一顶装夹车削台阶轴

## 一、任务分析

车削如图 4-4 所示的台阶轴，其最大直径为 $\phi 33_{-0.025}^{\phantom{-}0}\mathrm{mm}$，总长度为 110mm，轴的尺寸精度和表面粗糙度要求较高，且 $\phi 33_{-0.025}^{\phantom{-}0}\mathrm{mm}$ 和 $\phi 26_{-0.033}^{\phantom{-}0}\mathrm{mm}$ 两外圆有同轴度要求。

车削台阶工件时，既要车削外圆，又要车削环形端面，必须兼顾外圆的尺寸精度和台阶长度的要求，还要注意各外圆之间的同轴度、外圆和台阶平面的垂直度、台阶平面的平面

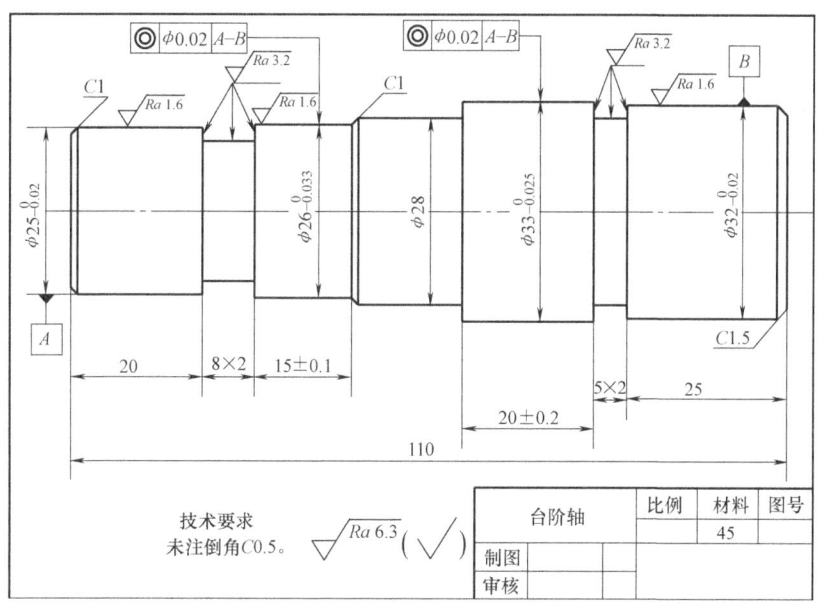

图 4-4 台阶轴

度,以及外圆和台阶平面相交处的清角等。

**知识点**:一夹一顶装夹、顶尖的相关知识,台阶轴工艺的制订方法。

**技能点**:一夹一顶装夹车削工件的方法,千分尺的使用,台阶轴的检测。

## 二、知识链接

**1. 一夹一顶装夹**

一夹一顶装夹是指将工件的一端用自定心卡盘夹紧,而另一端用顶尖支顶的装夹方法,如图 4-5 所示。

一夹一顶装夹的刚度好,能承受较大的切削力。为防止由于进给切削力的作用而使工件产生轴向位移,通常在主轴前端锥孔内安装一个限位支承,也可以利用工件的台阶进行限位,如图 4-6 所示。

一夹一顶装夹比较安全可靠,能承受较大的进给力,应用很广泛,适用于精度要求较高、长度较长且较笨重的工件。但对于位置精度要求较高的工件,这种方法在调头车削时找正较困难。

图 4-5 一夹一顶装夹

**2. 顶尖**

顶尖的作用是定中心,承受工件的质量和切削力。

(1) 前顶尖 装夹在主轴锥孔内或卡盘上的顶尖称为前顶尖,如图 4-7 所示。工作时,前顶尖随同工件一起旋转,其与中心孔无相对运动,不产生摩擦。

(2) 后顶尖 装夹在尾座套筒内的顶尖称为后顶尖,后顶尖有固定式和回转式两种,如图 4-8 所示。固定顶尖的刚度好,定心准确;但顶尖与工件中心孔间为滑动摩擦,容易产

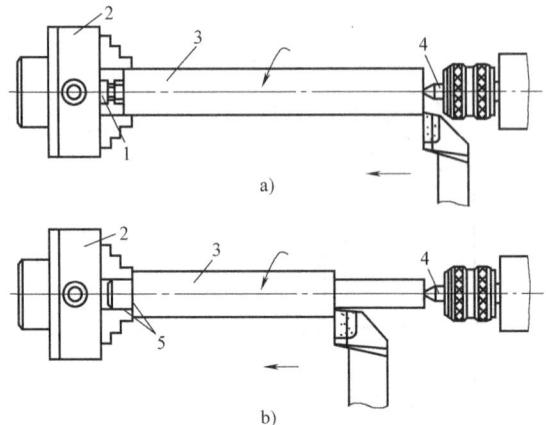

图 4-6 一夹一顶装夹工件时的轴向限位
a) 用限位支承限位 b) 利用工件的台阶限位
1—限位支承 2—卡盘 3—工件 4—后顶尖 5—台阶

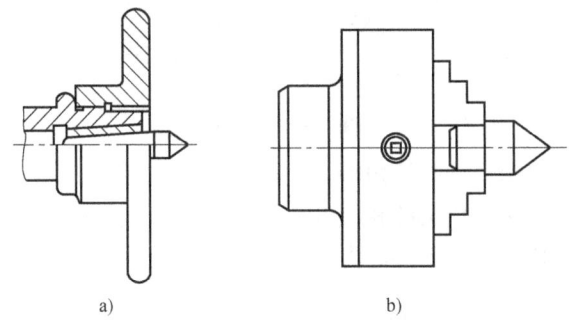

图 4-7 前顶尖
a) 主轴锥孔内的前顶尖 b) 卡盘上车成的前顶尖

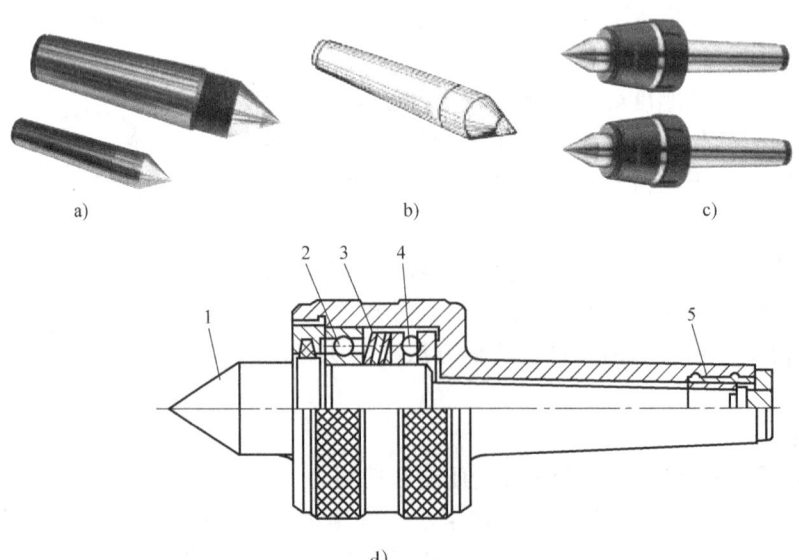

图 4-8 后顶尖
a) 普通固定顶尖 b) 镶硬质合金固定顶尖 c) 弹性回转顶尖的外形 d) 弹性回转顶尖的结构
1—顶尖 2—圆柱滚子轴承 3—碟形弹簧片 4—推力球轴承 5—滚针轴承

生过多的热量而将中心孔或顶尖"烧坏",尤其是普通固定顶尖更容易出现这类问题。因此,固定顶尖只适用于低速、加工精度要求较高的工件。目前,多使用镶硬质合金的固定顶尖。回转顶尖可使顶尖与中心孔之间的滑动摩擦变成顶尖内部轴承的滚动摩擦,能在很高的转速下正常工作,克服了固定顶尖的缺点,因此其应用非常广泛。但由于回转顶尖存在一定的装配累积误差,且滚动轴承磨损后会使顶尖产生径向圆跳动,从而降低了定心精度及工件的加工精度。

**3. 0.01mm 精度的千分尺的使用**

(1) 千分尺在测量前必须校正零位 如果零位不准,可用专用扳手转动固定套管。当零位偏离较多时,可松开紧定螺钉,使测微螺杆与微分筒松开,再转动微分筒来对准零位。直到微分筒的左边缘与固定套管上的"0"刻线重合,同时要使微分筒上的"0"刻线对准固定套管上的基准。

(2) 锁紧测微螺杆 测量时,为了防止尺寸变动,可转动手柄通过偏心锁紧测微螺杆。

(3) 千分尺的读数方法 千分尺的读数分三步:

1) 读出固定套管上露出刻线的整毫米数和半毫米数。

2) 看准微分筒上的哪一格与固定套管的基准对准,读出小数部分(百分之几毫米)。为精确确定小数部分的数值,读数时应从固定套管中线下侧刻线看起,如果微分筒的旋转位置超过半格,则读出的小数应加 0.5mm。

3) 将整数和小数部分相加,即为被测工件的尺寸。

图 4-9a 所示的读数为:7mm + 0.5mm + 0.24mm = 7.74mm;图 4-9b 所示的读数为:34mm + 0.11mm = 34.11mm。

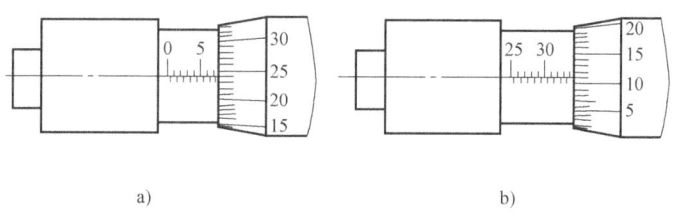

图 4-9 外径千分尺的读数方法

## 三、任务实施

**1. 准备工作**

(1) 毛坯 材料为 45 钢,尺寸为 $\phi$40mm × 110mm 的圆棒料。

(2) 工艺装备 90°粗车刀、90°精车刀、车槽刀、中心钻 B2.5、千分尺(25~50mm)、0.02mm/(0~150mm)的游标卡尺、百分表、弹性回转顶尖。

**2. 车削台阶轴时切削用量的选择**

(1) 粗车时切削用量的选择 车削台阶轴工件时,如果轴的毛坯尺寸余量较大且不均匀,或者精度要求较高,应将粗加工与精加工分开进行。

1) 粗车端面时的背吃刀量可根据毛坯余量合理确定,一般取 1~4mm,进给量可取 0.4~0.5mm/r;台阶长度应留有 0.5mm 的精车余量。

2）粗车外圆时的背吃刀量也要根据工件的加工余量合理确定，可取 3~5mm，进给量取 0.3~0.4mm/r。台阶轴经粗车后，直径尺寸应留有 0.8~1mm 的精车余量。

3）粗车时的切削速度一般取 75~100m/min。

（2）精车时切削用量的选择　背吃刀量选取 0.2~0.5mm，进给量选取 0.1~0.2mm/r；采用硬质合金车刀时，切削速度应大于 80m/min，高速钢车刀应选择较低的切削速度。

**3. 台阶轴的车削工艺分析和加工工艺过程卡**

根据零件的形状特点、技术要求、数量的多少和工件的安装方法，轴类零件的车削步骤应考虑以下几个方面：

1）在轴上车槽，一般安排在粗车和半精车之后，精车之前。如果工件的刚度好或精度要求不高，也可在精车之后车槽。

2）车削螺纹一般安排在半精车之后进行，待螺纹车好后再精车各级外圆，这样可避免车削螺纹时轴发生弯曲而影响轴的精度。若工件的精度要求不高，螺纹也可安排在最后车削。

3）通常选用中心孔为轴类零件的定位基准。加工中心孔时，应先车削端面，后钻中心孔，以保证中心孔的加工质量。

台阶轴的加工工艺过程卡见表 4-3。

表 4-3　台阶轴的加工工艺过程卡

| 工序号 | 工序名称 | 工序内容 | 工艺装备 |
|---|---|---|---|
| 1 | 下料 | $\phi 40\text{mm} \times 110\text{mm}$ 棒料 | 锯床 |
| 2 | 粗车端面 | 用自定心卡盘装夹一端，伸出 20mm 左右，找正夹紧<br>（1）车削端面，车平即可<br>（2）钻中心孔 B2.5 | 中心钻 B2.5、90°粗车刀、游标卡尺 |
| 3 | 粗车外圆 | 一夹一顶装夹工件<br>粗车 $\phi 25_{-0.02}^{0}\text{mm}$、$\phi 26_{-0.033}^{0}\text{mm}$、$\phi 28\text{mm}$、$\phi 33_{-0.025}^{0}\text{mm}$ 外圆，各处均留精加工余量 1mm | 顶尖、90°粗车刀、游标卡尺 |
| 4 | 粗车 $\phi 32_{-0.02}^{0}\text{mm}$ 外圆 | 调头，装夹 $\phi 33_{-0.025}^{0}\text{mm}$ 外圆<br>（1）车削端面，保证总长 110mm<br>（2）钻中心孔 B3.15<br>（3）粗车 $\phi 32_{-0.02}^{0}\text{mm}$ 外圆，各处均留精加工余量 1mm | 中心钻 B2.5、90°粗车刀 |
| 5 | 精车外圆 | 调头，一夹一顶装夹工件，精车 $\phi 25_{-0.02}^{0}\text{mm}$、$\phi 26_{-0.033}^{0}\text{mm}$、$\phi 28\text{mm}$、$\phi 33_{-0.025}^{0}\text{mm}$ 外圆至图样尺寸要求 | 弹性回转顶尖、90°精车刀、千分尺 |
| 6 | 车槽，倒角 | （1）车槽 5mm×2mm 和 8mm×2mm 至图样尺寸要求<br>（2）倒角 C1 和 C0.5 | 弹性回转顶尖、车槽刀 |
| 7 | 精车 $\phi 32_{-0.02}^{0}\text{mm}$ 外圆 | 调头，一夹一顶装夹工件<br>（1）精车 $\phi 32_{-0.02}^{0}\text{mm}$ 外圆至图样尺寸要求<br>（2）倒角 C1.5 | 弹性回转顶尖、90°精车刀、千分尺 |
| 8 | 检验 | 按图样检查各部分尺寸精度、表面粗糙度和几何公差要求 | 千分尺 |
| 9 | 入库 | 涂油入库 | |

## 一夹一顶装夹车削台阶轴时的注意事项

1) 因中心孔是工件的定位基准，故应保证中心孔的形状准确，其表面粗糙度值要小。装入顶尖前，应清除中心孔内的切屑等异物。

2) 在不影响车刀切削的前提下，尾座套筒应尽量伸出得短些，以增加刚度，减少振动。顶尖的中心线应与车床主轴的轴线重合，否则车出的工件会产生锥度。

3) 当后顶尖采用固定顶尖时，应在中心孔内加入润滑脂，以减少工件和顶尖之间的滑动摩擦。

4) 顶尖与中心孔的配合必须松紧合适。如果后顶尖顶得太紧，则细长的工件会产生弯曲变形。对于固定顶尖，会增加摩擦；对于回转顶尖，容易损坏顶尖内的滚动轴承。如果后顶尖顶得太松，则易发生事故。

5) 车削前，床鞍应左右移动全行程，观察有无碰撞现象。

6) 车削台阶轴时，台阶处要保持清角，不要出现小台阶和凹坑。

# 任务三  两顶尖装夹车削台阶轴

## 一、任务分析

车削如图 4-10 所示的输出轴，其直径尺寸较小，长度尺寸较大，结构较复杂，且尺寸精度和表面粗糙度要求较高，还有同轴度要求。用两顶尖装夹工件时，应注意工件的安装应正确，可利用百分表调整车床尾座顶尖孔与主轴中心的同轴度。

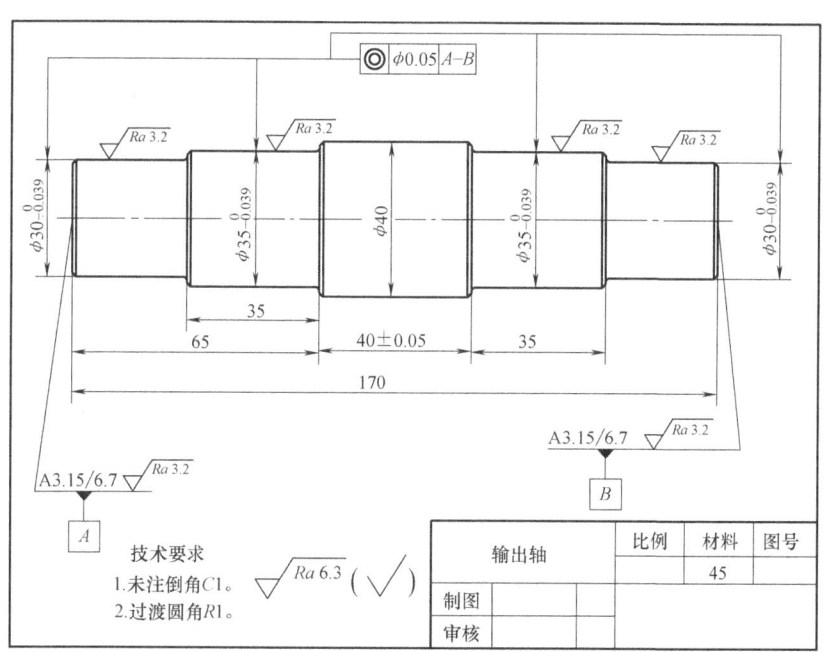

图 4-10  输出轴

**知识点**：百分表相关知识，两顶尖装夹工件的方法和步骤，台阶轴工艺的制订。
**技能点**：用两顶尖装夹车削台阶轴的方法，百分表的使用，台阶轴的检测及质量分析。

## 二、知识链接

### 1. 百分表

百分表主要用于测量工件的几何误差，测量内孔及找正工件在机床上的安装位置。百分表是一种指示式量仪，应固定在磁性表座上使用。测量前，必须转动罩壳使表和长指针对准"0"刻线。百分表有钟面式百分表、杠杆式百分表和数显百分表等类型，如图 4-11 所示。

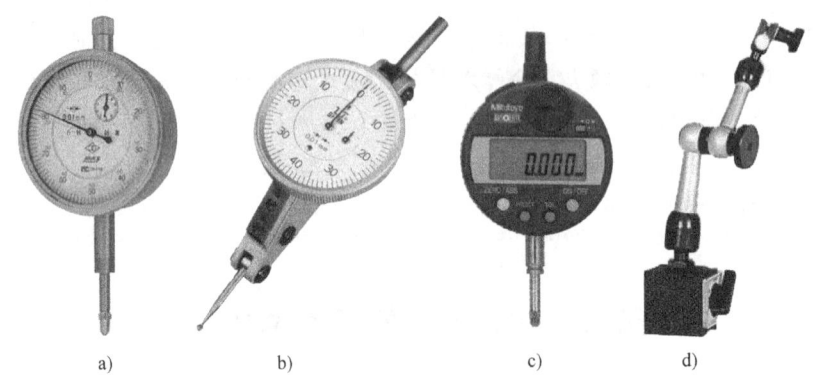

图 4-11　百分表和磁性表座
a）钟面式百分表　b）杠杆式百分表　c）数显百分表　d）磁性表座

（1）钟面式百分表　钟面式百分表由大分度盘、小分度盘、小指针、大指针和测量头等组成，其工作原理是将测杆的直线位移经齿轮齿条机构放大，转变为指针的摆动。大分度盘的分度值为 0.01mm，沿圆周共有 100 格。当大指针沿大分度盘转过一周时，小指针转 1 格，测量头移动 1mm，因此，小分度盘的分度值为 1mm。

钟面式百分表在测量时，其测杆必须垂直于被测工件的表面，百分表表面上的分度值为 0.01mm，测量范围有 0~3mm、0~5mm、0~10mm 等。测量时，测量头移动的距离等于小指针的读数加上大指针的读数。

（2）杠杆式百分表　杠杆式百分表是利用杠杆齿轮放大原理制成的。杠杆式百分表的体积较小，且球面测杆可以根据测量需要而改变位置，因此其使用灵活方便。

杠杆式百分表表面上的分度值为 0.01mm，测量范围为 0~0.8mm。

（3）数显百分表　新式的钟面式百分表采用数字计数器读数，又称为数显百分表。在数显百分表测量范围内的任意给定位置处，按动表体上的置零钮可使显示屏上的读数置零，然后直接读出被测工件尺寸的正、负偏差值；保持钮可以使其正、负偏差值保持不变。

数显百分表的测量范围是 0~30mm，分度值为 0.01mm。其特点是体积小、质量小、功耗小、测量速度快、结构简单，便于实现机电一体化，且对环境要求不高。

### 2. 两顶尖装夹工件

两顶尖装夹工件的形式如图 4-12 所示，工件由前顶尖和后顶尖定位。

采用两顶尖装夹工件的优点是装夹方便，不需找正，装夹精度高。但是，由于顶尖与顶尖孔的接触面积小，承受的切削力小，因此切削用量不宜过大，从而影响了切削效率。两顶尖装夹适用于长度较长、工序较多或经过多次装夹才能完成加工的轴类零件。

**3. 形状和位置精度的检验**

（1）形状精度的检验　台阶轴类工件一般仅测量轴的圆度和圆柱度两项形状误差。当孔的圆度要求不是很高时，在生产现场可用内径百分（千分）表在孔的圆周上的各个方向上进行测量，测量结果的最大值与最小值之差的一半即为圆度误差。

（2）圆跳动的检验　工件用两顶尖装夹时，可用百分表（或千分表）检验其圆跳动误差，如图4-13所示。把杠杆式百分表的圆测头靠在所需要测量的外圆柱表面上，转动工件，百分表在工件转一周中的读数差就是径向圆跳动误差。把杠杆式百分表的圆测头靠在所需要测量的端面上，转动工件，测得百分表的读数差就是轴向圆跳动误差。

图4-12　两顶尖装夹

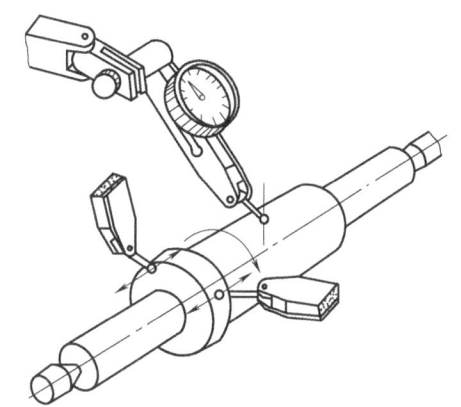

图4-13　用百分表测量径向圆跳动误差的方法

## 三、任务实施

**1. 准备工作**

（1）毛坯　材料为45钢，尺寸为φ45mm×175mm的圆棒料。

（2）工艺装备　90°粗车刀、90°精车刀、中心钻B3.15/8、千分尺（25～50mm）、0.02mm/（0～150mm）的游标卡尺、百分表、鸡心夹头、顶尖。

**2. 两顶尖装夹工件的方法**

两顶尖装夹工件的方法如下：

1）车平工件端面，钻中心孔。

2）在工件的左端安装卡箍，先用手稍微拧紧卡箍螺钉。

3）安装、找正顶尖。安装顶尖时，先将顶尖尾部锥面、主轴内锥孔和尾座套筒锥孔擦净，然后用力推入锥孔内。

前、后顶尖与主轴中心线应同轴，否则车出的工件会产生锥度。调整时使前、后顶尖将要接触，检查其是否对齐。装上工件车削一刀，测量工件两端直径差值后再调整尾座位置（图4-14）。工件右端的直径大，左端的直径小时，尾座应向操作者的方向偏移。调整时，可用百分表进行测量，尾座偏移量等于直径差的一半。

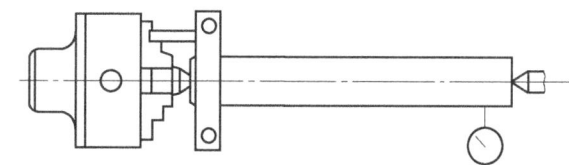

图4-14　用百分表调整前、后顶尖的位置

4）安装工件。根据工件的长短调整尾座位置，使刀架能够移至车削行程的最右端，同时应尽量使尾座套筒伸出最短，然后将尾座固定在床身上。

5）调节工件夹紧力。转动尾座手轮，调节工件在尾座间的松紧，使其能够自由旋转但不能轴向移动，然后锁紧尾座套筒。

6）将刀架移至车削行程的最左端，用手转动拨盘及卡箍，检查其是否会与刀架相碰撞。

7）拧紧卡箍螺钉。

**3. 输出轴的车削工艺分析和加工工艺过程卡**

输出轴上的两个 $\phi 35_{-0.039}^{0}$ mm 和两个 $\phi 30_{-0.039}^{0}$ mm 外圆对两端中心孔公共轴线的同轴度公差为 $\phi 0.05$ mm；表面质量要求较高的表面粗糙度 $Ra$ 值为 $3.2\mu m$。针对较高的几何公差要求，应采用两顶尖装夹工件。精车前，应注意中心孔的精度和表面粗糙度，重新调整尾座中心，使其与主轴中心重合。

输出轴的加工工艺过程卡见表4-4。

表4-4 输出轴的加工工艺过程卡

| 工序号 | 工序名称 | 工序内容 | 工艺装备 |
|---|---|---|---|
| 1 | 下料 | $\phi 45$mm×175mm 圆棒料 | 锯床 |
| 2 | 粗车一 | 用自定心卡盘装夹一端<br>（1）车削端面，车平即可<br>（2）钻中心孔 B3.15<br>（3）粗车 $\phi 40$mm、$\phi 35_{-0.039}^{0}$ mm、$\phi 30_{-0.039}^{0}$ mm 外圆，各处均留精加工余量1mm | 90°粗车刀、中心钻 B3.15/8、游标卡尺 |
| 3 | 粗车二 | 调头，装夹 $\phi 40$mm 外圆<br>（1）车削端面，保证总长 170mm<br>（2）钻中心孔 B3.15<br>（3）粗车 $\phi 35_{-0.039}^{0}$ mm、$\phi 30_{-0.039}^{0}$ mm 外圆，各处均留精加工余量1mm | 90°粗车刀、中心钻 B3.15/8、游标卡尺 |
| 4 | 精车 | 两顶尖装夹，精车各外圆至图样要求尺寸 | 顶尖、鸡心夹头、90°精车刀、千分尺 |
| 5 | 检验 | 按图样检查各部分的尺寸精度、表面粗糙度及几何精度要求 | |
| 6 | 入库 | 涂油入库 | |

**两顶尖装夹车削台阶轴时的注意事项**

1）采用两顶尖装夹工件时，注意防止鸡心夹头的拨杆与卡盘平面碰撞而破坏顶尖的定心作用。

2）在切削过程中，要随时注意工件在两顶尖间的松紧程度，并及时加以调整。

3）随时注意前顶尖是否发生移位，以防工件不同轴而造成废品。

4）鸡心夹头或对分夹头必须牢靠地夹住工件，以防切削时移动、打滑、损坏车刀。

5）注意安全，防止鸡心夹头勾住衣物伤人。应及时使用专用工具清除铁屑。

### 4. 质量分析

两顶尖装夹车削轴类工件时，产生废品的原因及预防方法见表4-5。

**表4-5　两顶尖装夹车削轴类工件时产生废品的原因及预防方法**

| 废品种类 | 产 生 原 因 | 预 防 方 法 |
|---|---|---|
| 产生锥度 | （1）后顶尖轴线与主轴轴线不重合<br>（2）床身导轨与车床主轴轴线不平行<br>（3）车削过程中车刀逐渐磨损 | （1）车削前，调整尾座轴线与主轴轴线重合<br>（2）调整车床主轴与床身导轨的平行度<br>（3）选用合适的刀具材料，或者适当降低切削速度 |
| 圆度超差 | （1）车床主轴间隙太大<br>（2）毛坯余量不均匀，切削过程中背吃刀量的变化太大<br>（3）中心孔与顶尖接触不良，或者后顶尖顶得不紧，或者前、后顶尖产生径向跳动 | （1）车削前，检查主轴间隙并进行调整。如果主轴轴承磨损严重，则需更换轴承<br>（2）背吃刀量小一些，多次进给<br>（3）中心孔与顶尖接触必须松紧适当，若回转顶尖产生径向圆跳动，须及时修理或更换 |
| 表面粗糙度达不到要求 | （1）车床刚度不够，如滑板镶条太松、传动零件（如带轮）不平衡或主轴太松引起振动<br>（2）车刀刚度不够或伸出太长而引起振动<br>（3）工件刚度不够而引起振动<br>（4）车刀的几何参数不合理，如选用过小的前角、后角和主偏角<br>（5）切削用量选用不当 | （1）消除或防止由车床刚度不足而引起的振动（如调整车床各部分的间隙）<br>（2）增加车刀刚度和正确装夹车刀<br>（3）增加工件的夹紧刚度<br>（4）选用合理的车刀几何参数（适当增大前角，选用合理的后角和主偏角）<br>（5）进给量不宜太大，精车余量和切削速度应适当 |

# 项目重点

1. 中心孔的种类及其作用。
2. 钻中心孔时，中心钻折断的原因和预防方法，钻中心钻的操作要领。
3. 顶尖的种类、作用及优缺点。
4. 一夹一顶装夹车削工件的方法。
5. 百分表和千分尺的使用方法。
6. 两顶尖装夹车削工件的方法。
7. 台阶轴的检测及质量分析。

# 实战强化

## 一、填空题

1. 国家标准规定，中心孔有_____、_____、_____和_____四种。
2. 当工件的精度要求较高或工序较多时，可选用_____型中心孔。
3. 粗车刀必须适应粗车时_____和_____的特点，主要要求车刀有_____，能一次进给车去较多的金属。
4. 装夹工件时，顶尖不能与中心孔的锥孔贴合是因为_____。

5. 固定顶尖只适用于_____加工精度,要求_____的工件。

## 二、判断题

1. 中心孔的公称尺寸为圆柱孔的直径 $D$,它是选取中心钻的依据。（　）
2. 一夹一顶装夹工件时,在车削过程中,工件从后顶尖上掉下来是由于切削力的作用而使工件发生轴向位移。（　）
3. 回转顶尖的定心精度比固定顶尖高。（　）
4. 一夹一顶装夹车削外圆时,前、后顶尖不对正就会出现锥度误差。（　）
5. 对需要经过多次装夹或工序较多的工件,采用两顶尖装夹比一夹一顶装夹容易保证加工精度。（　）
6. 由于切削热的影响,会使车出工件的尺寸发生变化。（　）

## 三、综合题

1. 车削轴类工件常使用哪几种车刀?它们各有什么用途?
2. 车削轴类工件时,常采用哪几种装夹方法?它们各有什么特点?适用于哪些场合?
3. 用一夹一顶和两顶尖装夹工件时,应注意哪些问题?
4. 钻中心孔时如何防止中心钻折断?
5. 车削轴类工件时产生锥度的原因是什么?
6. 车削轴类工件时,表面粗糙度达不到要求的原因是什么?
7. 减小工件的表面粗糙度值,从刀具几何参数和切削用量方面可采取哪些措施?
8. 车削如图 4-15 和图 4-16 所示的轴。

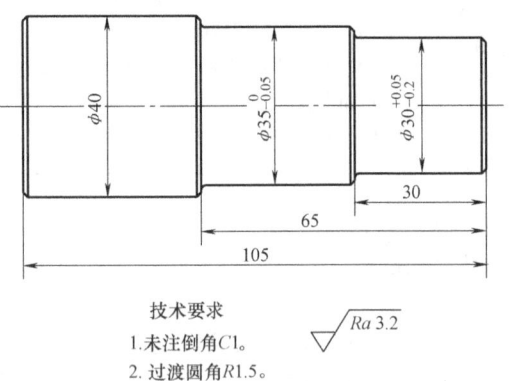

图 4-15　台阶轴

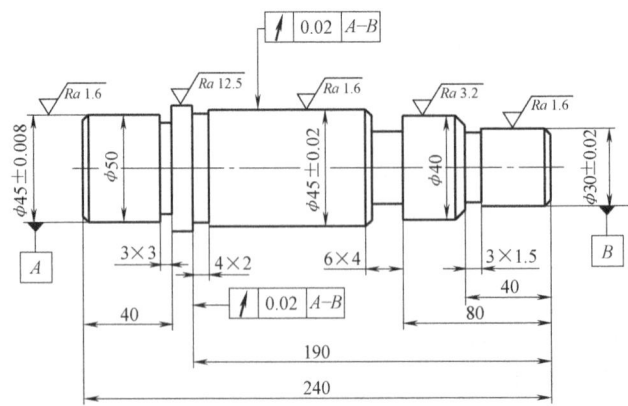

图 4-16　传动轴

# 项目五 加工内孔

## 【功能简述】

机器上的各种轴承套、齿轮、带轮等，因支承和连接配合的需要，一般都带有内孔，如图 5-1 所示。

图 5-1 带孔的零件

## 【项目分析】

作配合用的孔，一般要求具有较高的尺寸精度（IT7~IT8）、较小的表面粗糙度值（$Ra1.6$~$0.2\mu m$）和较高的几何精度。套类零件上孔的加工比车削外圆的难度大。孔的常用加工方法有钻孔、扩孔、铰孔、攻螺纹、锪孔、车孔等，如图 5-2 所示。

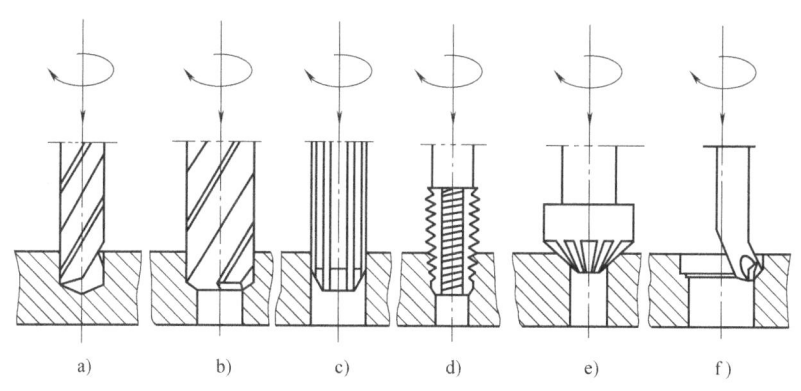

图 5-2 孔加工方法
a) 钻孔　b) 扩孔　c) 铰孔　d) 攻螺纹　e) 锪孔　f) 车孔

内孔加工具有如下特点。

(1) 刀具刚度差　受被加工孔径的限制,孔加工刀具横截面的尺寸较小,而悬伸较长,即刀具的长径比较大。

(2) 冷却和排屑困难　孔加工的容屑空间较小,很多情况下又为半封闭状态,排屑不畅。

(3) 直观性差　操作者难以观察切削过程的实际情况,往往只能根据切屑的形态、运动等来间接判断加工情况。

本项目主要通过麻花钻的刃磨、钻孔和扩孔、车孔、车削内沟槽四个任务来实施。

# 任务一　麻花钻的刃磨

## 一、任务分析

麻花钻的刃磨主要是将麻花钻的工作部分刃磨出合理的几何角度。

**知识点**：麻花钻的结构、麻花钻工作部分的几何角度。

**技能点**：麻花钻的刃磨及检查,麻花钻的修磨。

## 二、知识链接

用钻头在实体材料上加工孔的方法称为钻孔。钻孔属于粗加工,其尺寸公差等级一般可达 IT11~IT12,表面粗糙度 $Ra$ 值为 $12.5~25\mu m$。麻花钻是钻孔的常用刀具,其钻头一般由高速钢制成。由于高速切削技术的发展,镶硬质合金的钻头也得到了广泛应用。

**1. 麻花钻**

(1) 麻花钻的结构　麻花钻由柄部、颈部和工作部分组成,如图 5-3 所示。

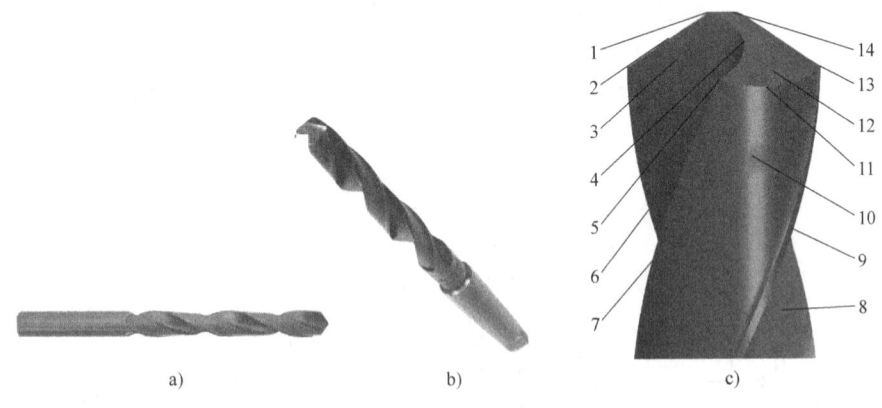

图 5-3　麻花钻

a) 直柄麻花钻　b) 锥柄麻花钻　c) 麻花钻的组成

1—横刃转点　2—主切削刃　3—前刀面　4—后沟棱　5—尾根转点　6—副切削刃
7—尾根棱　8—刃沟(螺旋槽)　9—刃带　10—刃背　11—后背棱
12—后刀面　13—外缘转点　14—横刃

1) 柄部。柄部是麻花钻的夹持部分，装夹时起定心作用，钻削时起传递转矩的作用。麻花钻的柄部有锥柄和直柄两种，直径较大的麻花钻采用锥柄，直径较小的麻花钻采用直柄。

2) 颈部。直径较大的麻花钻在颈部标有直径、材料牌号和商标等信息。直柄麻花钻没有明显的颈部，其技术规格打印在柄部。

3) 工作部分。工作部分是麻花钻的主要部分，有两条螺旋槽，其作用是构成切削刃、排出切屑和流通切削液。工作部分由切削部分和导向部分组成。切削部分有两条对称的主切削刃、两条副切削刃和一条横刃，主要起切削作用；导向部分在钻削过程中能起到保持钻削方向、修光孔壁的作用。在麻花钻的导向部分特地制出了两条略带倒锥形的刃带，即棱边，起保证钻头的直径和减少钻削时麻花钻与孔壁之间摩擦的作用。

(2) 麻花钻工作部分的几何形状

1) 螺旋角。位于螺旋槽内不同直径处的螺旋线展开成直线后与钻头轴线之间的夹角称为螺旋角，麻花钻切削刃上不同位置处的螺旋角是不同的，越靠近钻心处螺旋角越小，越靠近外缘处螺旋角越大。标准麻花钻的螺旋角为18°～30°，钻头上的名义螺旋角是指最外缘处的螺旋角β，如图5-4所示。

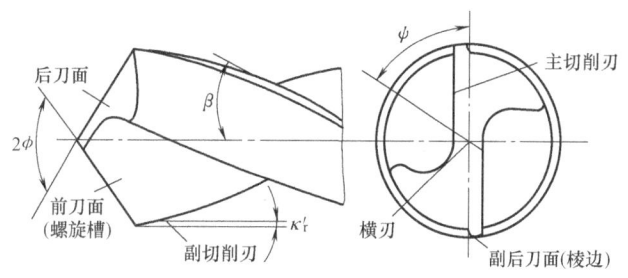

图5-4 麻花钻的最外缘处螺旋角

2) 顶角。在通过麻花轴线并与两主切削刃平行的平面上，两主切削刃投影间的夹角称为顶角，用2φ表示，如图5-4所示。一般标准麻花钻的顶角为118°，刃磨麻花钻时，可根据表5-1大致判断顶角的大小。

表5-1 麻花钻顶角对切削刃和加工的影响

| 顶角 | >118° | =118° | <118° |
|---|---|---|---|
| 图示 | >118° 凹形切削刃 | 118° 直线形切削刃 | <118° 凸形切削刃 |
| 两主切削刃的形状 | 凹曲线 | 直线 | 凸曲线 |
| 对加工的影响 | 顶角大，则切削刃短、定心差，钻出的孔容易扩大；同时前角增大，可使切削省力 | 正常 | 顶角小，则切削刃长、定心准，钻出的孔不容易扩大；同时前角减小，使切削阻力变大 |
| 适用的材料 | 适用于钻削较硬的材料 | 适用于钻削中等硬度的材料 | 适用于钻削较软的材料 |

3）横刃斜角。麻花钻两主切削刃的连线称为横刃,也就是两主后刀面的交线。横刃担负着钻心处的钻削任务。横刃太短会影响麻花钻钻尖的强度；横刃太长会使轴向的进给力增大,对钻削不利。

在垂直于麻花钻轴线的端面投影中,横刃与主切削刃之间所夹的锐角称为横刃斜角,如图5-4所示,横刃斜角一般为55°。横刃斜角的大小由后角决定,后角大时,横刃斜角减小,横刃变长；后角小时,情况相反。

4）前角。麻花钻切削部分的螺旋槽面称为前刀面,切屑从此面排出。主切削刃上任一点的前角是通过该点的基面与前刀面之间的夹角。麻花钻前角的大小与螺旋角、顶角和钻心直径等因素有关,其中影响最大的是螺旋角。由于螺旋角随直径的大小而改变,所以主切削刃上各点的前角也是变化的。如图5-5a所示,靠近外缘处的前角最大,自外缘向中心逐渐减小,大约在1/3钻头直径处开始为负前角,前角的变化范围 -30°~30°。

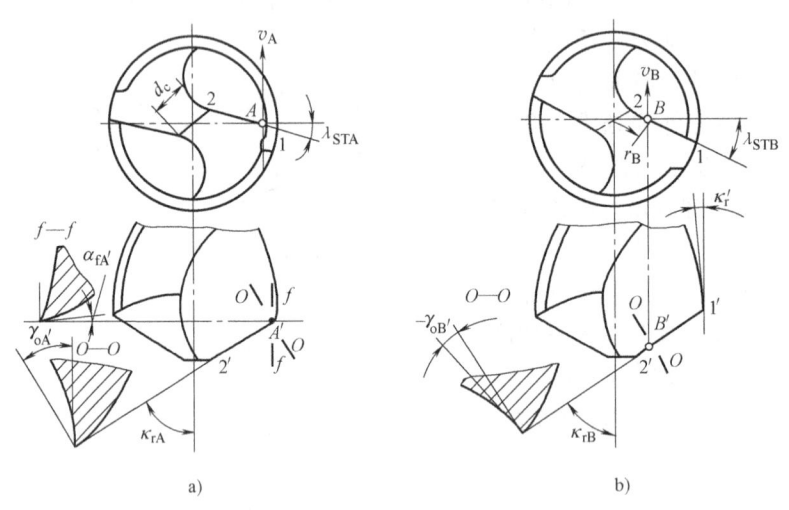

图5-5 麻花钻的前角和后角
a）前角 b）后角

5）后角。麻花钻钻顶的螺旋圆锥面称为主后刀面。如图5-5b所示,主切削刃上任一点的后角是指通过该点的切削平面与主后刀面之间的夹角。后角也是变化的,靠近外缘处的后角最小,接近中心处的后角最大,其变化范围为8°~12°。为了测量方便,实际后角在圆柱面内测量。

**2. 麻花钻的刃磨要求**

麻花钻的刃磨质量直接关系到钻孔的尺寸精度、表面粗糙度及钻削效率。刃磨麻花钻时,一般只磨两个主后刀面,但同时要保证后角、顶角、横刃斜角的正确性。所以麻花钻的刃磨比较困难,刃磨技术要求较高,麻花钻的刃磨要求主要有以下两点：

1）麻花钻的两主切削刃应对称,也就是两主切削刃与麻花钻的轴线应成相同的角度,且长度相等。用两主切削刃对称的麻花钻钻孔时,两条主切削刃同时切削,两边受力平衡,使钻头磨损均匀,钻出的孔不会扩大、倾斜和产生台阶等缺陷。否则,钻削时会出现单刃切削、孔径变大及产生台阶等弊端,见表5-2。

## 项目五  加工内孔

表 5-2  麻花钻刃磨情况对钻孔质量的影响

| 刃磨情况 | 麻花钻刃磨不正确 | | |
| --- | --- | --- | --- |
| | 顶角不对称 | 切削刃长度不相等 | 顶角不对称且切削刃长度不相等 |
| 图示 | | | |
| 钻削情况 | 钻削时,只有一条主切削刃在切削,而另一条切削刃不起作用,使钻头很快磨损 | 钻削时,麻花钻的工作中心发生偏移,切削不均匀,使钻头很快磨损 | 钻削时,两条切削刃受力不平衡,麻花钻的工作中心发生偏移,切削不均匀,使钻头很快磨损 |
| 对钻孔质量的影响 | 使钻出的孔扩大和倾斜 | 使钻出的孔径扩大 | 钻出的孔不仅孔径扩大,而且会产生台阶 |

2)横刃斜角为 55°。

### 三、任务实施

**1. 麻花钻的刃磨**

麻花钻的刃磨步骤如图 5-6 所示。

(1)钻头的摆放位置  麻花钻的中心应高于砂轮中心,主切削刃应保持水平位置。麻花钻中心线与砂轮外圆表面的夹角约为 59°,同时钻柄向下倾斜,如图 5-6a 所示。

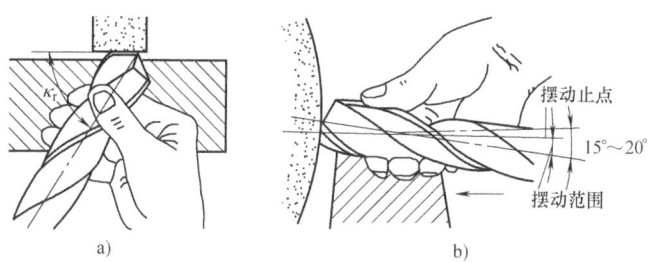

图 5-6  麻花钻刃磨方法

(2)刃磨方法  使切削刃轻微接触砂轮,稍加压力上下摆动(15°~20°)钻头;同时,顺时针轻微转动钻头,磨出后角,如图 5-6b 所示。放松压力,钻柄向上并逆时针转动复位,重复刃磨动作 4~5 次磨出一个切削刃;然后将钻头转过 180°,刃磨另一个切削刃。

> 小口诀:"刃口摆平轮面靠,钻轴斜放出锋角,由刃向背稍转动,上下摆动尾别翘。"
>
> 解释:"刃口"是指主切削刃,"摆平"是指被刃磨部分的主切削刃处于水平位置。"锋角"即顶角 118°±2′的一半,约为 60°。"稍转动"是指从钻头的切削刃开始,沿着整个后刀面缓慢刃磨,这样便于散热。"上下摆动尾别翘"是指钻头的尾部不能高于砂轮水平中心线,否则会将切削刃磨钝,无法进行切削。

## 2. 麻花钻刃磨质量的检查

（1）目测法　观察主切削刃是否平直，两刃的长短、高低及后角是否正确。如图5-7所示，将麻花钻垂直竖放在眼前等高的位置处目测检查，转动钻头，交替观察两切削刃的长短、高低及后角是否一致，如有偏差，应修磨一致。

（2）用角度尺检查　使用角度尺检查时，将尺的一边贴在麻花钻的棱边上，另一边放置在钻头的主切削刃上，测量其刃长和角度，如图5-8所示。然后转过120°，用同样的方法检查另一主切削刃。

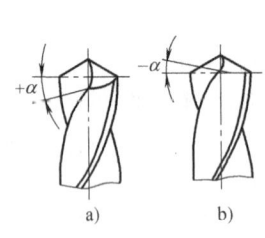

图5-7　目测法
a）正确　b）错误

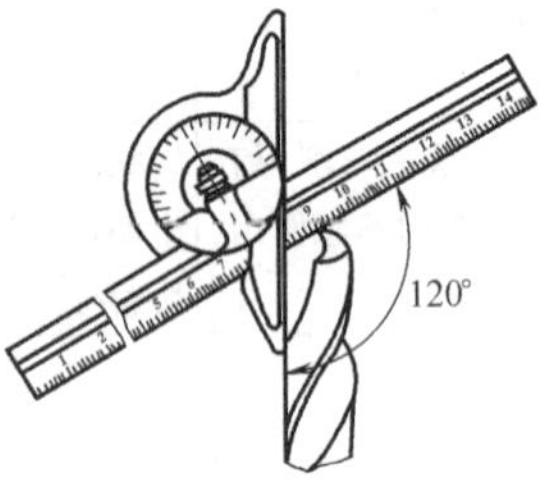

图5-8　用角度尺检查

---

### 刃磨麻花钻时的注意事项

1）砂轮机在正常旋转后方可使用，砂轮机出现跳动时应及时修整。
2）刃磨钻头时应站在砂轮机的侧面。
3）随时检查两主切削刃是否对称相等。
4）初次刃磨时，应注意外缘出现负后角的情况。
5）刃磨高速工具钢麻花钻时应随时进行冷却，以防钻头切削刃因发热退火而降低硬度。

---

# 知识扩展

### 麻花钻的修磨

麻花钻的缺点如下：
1）主切削刃上各点前角的变化大。
2）横刃过长，横刃处有很大的负前角，切削条件差。
3）钻孔时，参加切削的主切削刃过长，切屑宽；各点切屑的排出速度相差很大，排屑不顺利。
4）棱边处的后角为0°，棱边与孔壁的摩擦严重，其产生的热量使外缘处的磨损加快。

针对上述缺点，使用麻花钻时，可根据工件材料、加工要求，采取相应的补充刃磨措施，即对麻花钻进行修磨。

### 1. 修磨横刃

修磨横刃（图 5-9a）就是要缩短横刃的长度，增大横刃处的前角，减小轴向力。一般情况下，当工件材料较软时，横刃可修磨得短些；工件材料较硬时，横刃可少修磨些。修磨时，钻头轴线在水平面内与砂轮侧面左倾约 15°，在垂直平面内与刃磨点的砂轮半径方向约成 55°角。修磨后应使横刃的长度为原长的 1/5~1/3。

### 2. 修磨前刀面

包括修磨外缘处的前刀面和横刃处的前刀面。修磨外缘处的前刀面是为了减小外缘处的前角（图 5-9b），修磨横刃处的前刀面是为了增大横刃处的前角（图 5-9c）。一般情况下，当工件材料较软时，可修磨横刃处的前刀面，以加大前角，减小切削力，使切削轻快；当工件材料较硬时，可修磨外缘处的前刀面，以减小前角，增加钻头强度。

### 3. 刃磨双重顶角

钻头外缘处的切削速度最高，磨损最快，因此可磨出双重顶角（图 5-9d）。这样可以改善外缘转角处的散热条件，增加钻头的强度，并可减小孔的表面粗糙度值。

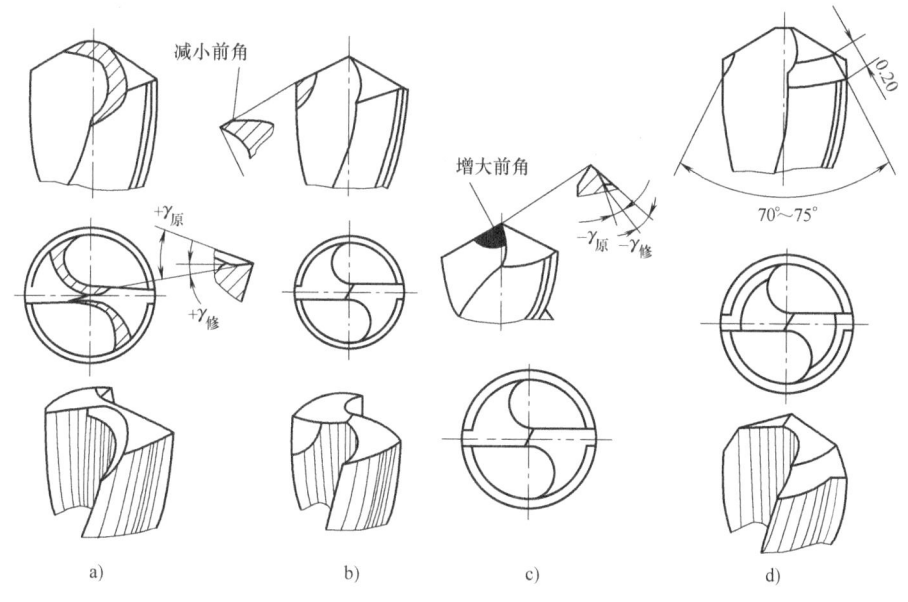

图 5-9 修磨麻花钻

a）修磨横刃 b）修磨外缘处的前刀面 c）修磨横刃处的前刀面 d）刃磨双重顶角

## 任务二 钻孔和扩孔

### 一、任务分析

对如图 5-10 所示的轴套一进行钻孔和扩孔练习。

钻孔时，应根据内孔的直径选择不同直径的麻花钻，然后根据麻花钻的直径选择相应的切削用量，合理地使用切削液，对内孔进行测量和质量分析。

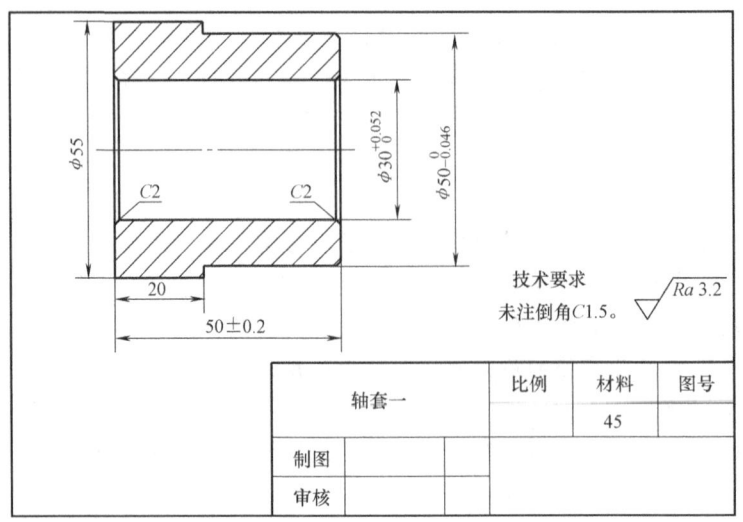

图 5-10 轴套一

**知识点**：麻花钻的相关知识，内孔加工工艺的制订，钻孔的方法和步骤，扩孔方法，切削液的选用，内径百分表的使用方法。

**技能点**：钻孔方法，扩孔方法，内孔的检测和质量分析。

## 二、知识链接

**1. 麻花钻的选用和装夹**

（1）麻花钻直径的选择　在实体材料上钻孔时，小直径的孔可以一次钻出；若孔径超过 30mm，则应分两次钻出，先用直径为 0.5～0.7 倍孔径的小钻头钻出底孔，再用大钻头钻出所要求的尺寸。

（2）麻花钻的装夹方法

1）直柄麻花钻的装夹。装夹时，用钻夹头夹住麻花钻的直柄，然后将钻夹头的锥柄用力装入尾座套筒内。

2）锥柄麻花钻的装夹。如果麻花钻的锥柄和尾座套筒锥孔的规格相同，可直接将麻花钻插入尾座套筒的锥孔内进行钻孔；如果钻头的锥柄和尾座套筒锥孔的规格不相同，可采用莫氏过渡锥套（图 5-11）将钻头插入尾座锥孔中。

**2. 钻削用量的选择**

（1）背吃刀量　钻孔时的背吃刀量是钻头直径的 1/2。

（2）切削速度　钻孔时的切削速度是指麻花钻主切削刃外缘处的线速度。使用高速钢麻花钻钻钢料时，$v_c = 20 \sim 40\text{m/min}$；钻铸铁件时，$v_c = 75 \sim 90\text{m/min}$。

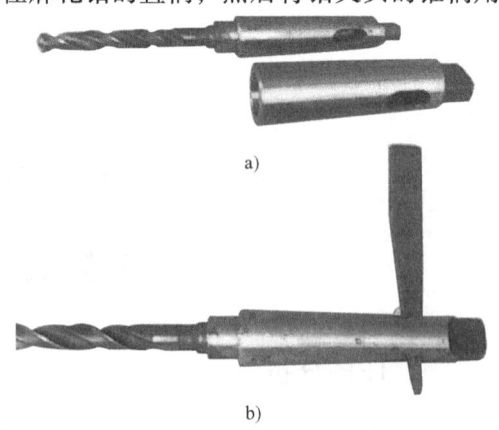

图 5-11 过渡锥套
a) 锥柄套筒　b) 使用楔铁拆卸锥柄套筒

(3) 进给量　在车床上钻孔时，是通过用手转动尾座手轮来实现进给运动的，进给量太大会使钻头折断。用直径为 12~25mm 的麻花钻钻钢材时，$f = 0.10~0.35$mm/r；钻铸铁件时，进给量应略大些，$f = 0.15~0.4$mm/r。

**3. 钻孔时切削液的选用**

在车床上钻孔时，切削液很难到达切削区域，属于半封闭加工。在加工过程中，浇注量和压力也要大一些，以利于排屑和冷却。切削液的选用与工件的材料有关，钻削铸铁、黄铜、青铜时，一般不用切削液；钻削镁合金时，切忌使用切削液；钻削钢材时的切削液可根据表 5-3 进行选取。

表 5-3　钻削钢材时切削液的选用

| 麻花钻的种类 | 被钻削的材料 | | |
|---|---|---|---|
| | 低碳钢 | 中碳钢 | 淬硬钢 |
| 高速钢麻花钻 | 低浓度（1%~2%）乳化液、电解质水溶液或矿物油 | 中等浓度（3%~5%）的乳化液或极压切削油 | 极压切削油 |
| 镶硬质合金麻花钻 | 一般不用切削液，如用可选中等浓度（3%~5%）的乳化液 | | 高浓度（10%~20%）乳化液或极压切削油 |

**4. 扩孔**

用扩孔刀具扩大工件孔径的方法称为扩孔。扩孔钻和扩孔示意图如图 5-12 所示，扩孔时的背吃刀量为

$$a_p = \frac{d_m - d_w}{2}$$

由于轴向切削阻力较小，钻削轻快，因此，扩孔时的切削速度可略高一些。常用的扩孔刀具有麻花钻和扩孔钻等，精度要求不高的孔可用麻花钻扩孔，精度要求较高的孔须用扩孔钻扩孔。

(1) 用麻花钻扩孔　用麻花钻扩孔时，由于横刃不参与工作，因此轴向切削力小，进给省力。但是，因钻头外缘处的前角较大，当进给量较大时容易将钻头拉出，使钻头在尾座套筒内打滑。因此，扩孔时应适当控制进给量，不要因为钻削轻松而盲目地加大进给量，也可将钻头外缘处的前角修磨得小些。

(2) 用扩孔钻扩孔　用扩孔钻对工件上已钻出、铸出或锻出的孔进行扩大加工的情形如图 5-12b 所示。扩孔钻扩孔常用作铰孔或磨孔前的预加工，在成批或大量生产时应用较广。

扩孔钻有高速钢扩孔钻和硬质合金扩孔钻两种。扩孔钻的主要特点是：

1) 扩孔钻的齿数较多（一般有 3~4 个齿），其导向性好，切削平稳。

2) 扩孔钻没有横刃，从而避免了横刃对切削的不利影响。

3) 扩孔钻的钻心粗，刚性好，可选较大的切削用量。

由于扩孔钻结构上的特点弥补了麻花钻的不足，所以用扩孔钻扩孔的生产率高，加工质量好。扩孔的公差等级一般可达 IT10~IT11，表面粗糙度 $Ra$ 值可达 6.3~12.5μm，可作为孔的半精加工。

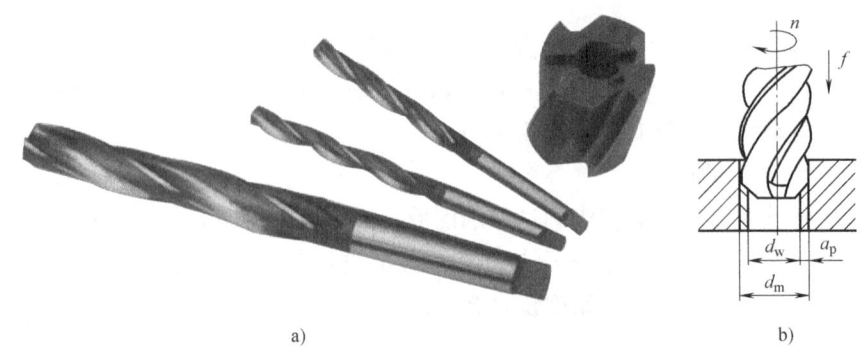

图 5-12 扩孔钻和扩孔示意图
a) 扩孔钻  b) 扩孔示意图

### 5. 内径的测量

当孔的尺寸精度要求较低时，可使用钢直尺、内卡钳（图 5-13）或游标卡尺进行测量。当孔的尺寸精度要求较高时，可以使用以下工具进行检测。

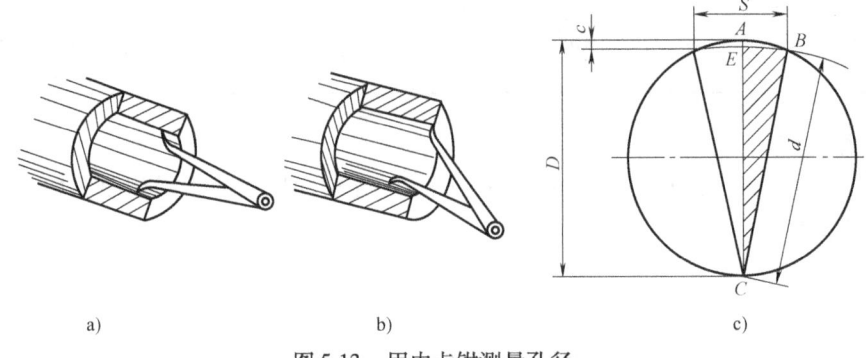

图 5-13 用内卡钳测量孔径
a) 正确  b) 不正确  c) 尺寸计算

（1）塞规 用塞规检验孔径的情况如图 5-14 所示。当塞规的过端进入孔内，而止端不进入孔内时，说明工件的孔径合格。

（2）内径百分尺 精度要求较高的孔径常用内径百分表测量。内径百分表及其使用如图 5-15 所示，它是将百分表和内径测量杆配合使用，采用对比法测量孔径的。

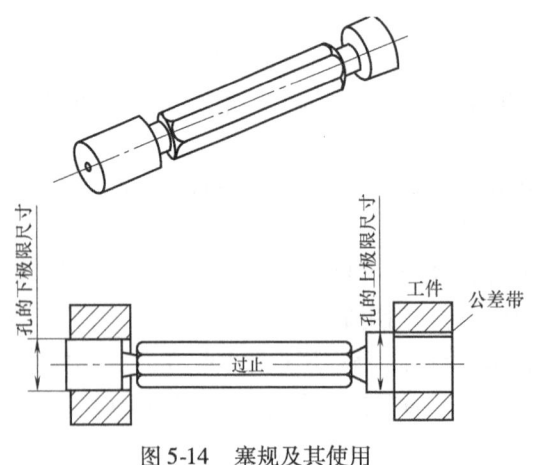

图 5-14 塞规及其使用

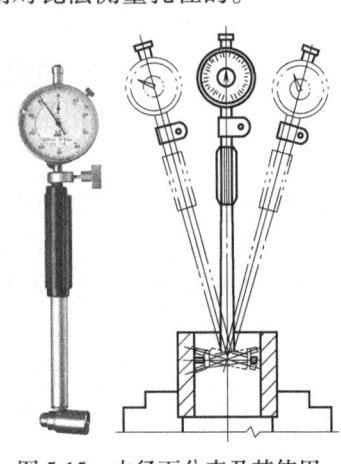

图 5-15 内径百分表及其使用

1）内径百分表的安装与校正。在内径测量杆上安装表头时，百分表的测头和测量杆的接触量一般为 0.5mm 左右；安装测量杆上的固定测头时，其伸出长度可以调节，一般比测量孔径大 0.2mm 左右（可以用卡尺测量）；安装完毕后校正零位。

2）内径百分表的使用方法。

① 测量时，先用卡尺控制孔径尺寸，当余量为 0.3～0.5mm 时，再使用内径百分表进行测量。否则，余量太大容易损坏内径百分表。

② 测量时，内径百分表应在孔内摆动，在直径方向应找出最大尺寸，轴向应找出最小尺寸，这两个重合尺寸就是孔的实际尺寸。要注意百分表的读法，长指针逆时针过零时为孔小，逆时针不过零时为孔大；应检查整个测量装置是否正常。

**6. 钻孔**

钻孔前工件的端面要平，中心部位不允许有凸台。钻孔时，双手均匀摇动尾座手轮，进给速度要适当，必要时应加切削液。钻深孔时，应经常退出钻头以利于排屑和冷却钻头。钻孔步骤如下：

1）车平工件平面。

2）找正尾座，使钻头中心对准工件的旋转中心。钻头定心的方法有以下几种：

① 当钻头直径小于 5mm 时，先用中心钻钻出中心孔，再用麻花钻钻孔。这样既便于定心，又易保证孔的同轴度。

② 小直径钻头的刚性差，横刃接触端面时钻头会产生摆动，容易使钻头折断。此时可用装在刀架上的挡铁支顶钻头头部以防止其摆动，然后缓慢进给钻削，如图 5-16 所示。当钻头已正确定心后，挡铁应立即退出。

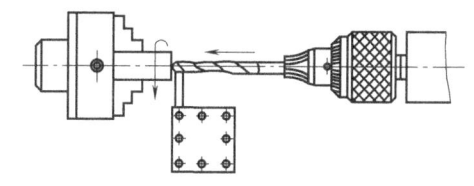

图 5-16　用挡铁支顶钻头

3）双手摇动尾座手轮均匀进给，如图 5-17 所示。在钻孔过程中，必须经常退出钻头清除切屑；快要钻透时，应减小进给量。否则，钻头容易被工件卡死，造成锥柄在尾座套筒内打滑而损坏锥柄或锥孔。

4）钻不通孔时，通过尾座套筒的伸出长度来控制钻孔的深度。如图 5-18 所示，当钻尖开始切入工件端面时，量出尾座套筒的伸出长度；钻孔深度等于尾座套筒最后伸出长度与开始测得的伸出长度之差。

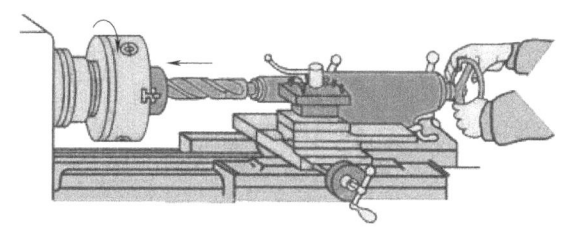

图 5-17　钻孔方法

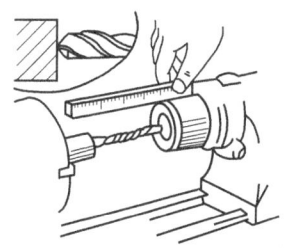

图 5-18　钻孔深度的控制

### 三、任务实施

**1. 准备工作**

(1) 毛坯　φ60mm×55mm 的棒料。

(2) 工艺装备　0.02mm/（0～150）mm的游标卡尺、千分尺、内径百分表、卡尺、自定心卡盘、钻夹头及钻套、$\phi$20mm和$\phi$30mm麻花钻、90°车刀。

## 2. 轴套一的加工工艺分析和加工工艺过程卡

1）内孔的尺寸为$\phi 30^{+0.052}_{\ \ 0}$mm，公差等级为IT9，应采用钻孔→扩孔的方法来加工。先用$\phi$20mm的麻花钻钻出底孔，再用$\phi$30mm的麻花钻扩孔。

2）外圆的尺寸为$\phi 50^{\ \ 0}_{-0.046}$mm，公差等级为IT8，应采用粗车→精车的方法来加工。

轴套一的加工工艺过程卡见表5-4。

表5-4　轴套一的加工工艺过程卡

| 工序号 | 工序名称 | 加工步骤及要求 | 工艺装备 |
| --- | --- | --- | --- |
| 1 | 车削 | 用自定心卡盘装夹$\phi$60mm外圆，伸出30mm左右，找正工件并夹紧<br>(1) 车削端面，中心处不允许留有凸台，车平即可<br>(2) 车削$\phi$55mm外圆至尺寸要求，表面粗糙度$Ra$值为3.2$\mu$m<br>(3) 倒角C1.5 | 游标卡尺、90°车刀 |
| 2 | 车削 | 调头，用自定心卡盘夹住$\phi$55mm外圆<br>(1) 车削端面，总长度至尺寸要求，表面粗糙度$Ra$值为3.2$\mu$m<br>(2) 车削$\phi 50^{\ \ 0}_{-0.046}$mm外圆至尺寸要求，表面粗糙度$Ra$值为3.2$\mu$m<br>(3) 倒角C1.5 | 游标卡尺、90°车刀、千分尺 |
| 3 | 钻孔 | (1) 确定主轴转速$n=360$r/min<br>(2) 用$\phi$20mm钻头钻孔 | $\phi$20mm麻花钻 |
| 4 | 扩孔 | (1) 确定主轴转速$n=400$r/min<br>(2) 用$\phi$30mm钻头扩孔 | $\phi$30mm麻花钻 |
| 5 | 倒角 | 孔口端面倒角C2 | 90°车刀 |
| 6 | 倒角 | 调头装夹，孔口端面倒角C2 | 90°车刀 |
| 7 | 检验 | 按图样要求检查工件质量，合格后卸下工件 | |

### 钻孔和扩孔时的注意事项

1）钻削前要检查钻头是否弯曲，钻头、钻夹头柄部及钻套是否干净，防止钻削时孔径扩大或钻柄在尾座套筒内打滑。

2）钻孔前应车削端面，防止钻头摆动而折断钻头。

3）尾座应和主轴同心，防止钻削时孔径扩大。

4）钻头钻进1～2mm时要停车测量孔径，以防孔径超差。

5）钻小孔或较深孔时，由于切屑不易排出，必须经常退出钻头排屑，并加注切削液进行冷却。否则，切屑容易堵塞而使钻头"咬死"或折断。

6）要根据孔径的大小选择合适的钻削用量。

7）钻孔应注意两头，即开始时要稳、慢，等横刃、主切削刃钻入工件后可按正常进给量钻孔；孔快要钻透时，要减小进给量，否则钻头容易被工件卡死，造成锥柄在尾座套筒内打滑而损坏锥柄或锥孔。

8）钻削钢料时必须浇注充分的切削液，以使钻头冷却；钻削铸件时可不使用切削液。

## 3. 钻孔和扩孔的质量分析

钻孔和扩孔时产生废品的原因及其预防措施见表 5-5。

表 5-5 钻孔和扩孔时产生废品的原因及其预防措施

| 废品种类 | 产 生 原 因 | 预 防 措 施 |
| --- | --- | --- |
| 孔歪斜 | （1）工件端面不平，或者工件端面与轴线不垂直<br>（2）尾座偏移<br>（3）麻花钻刚性差，初钻时进给量过大<br>（4）麻花钻顶角不对称<br>（5）横刃长度较长，起钻时轴向力太大，不易定心<br>（6）切削速度太低，轴向力太大 | （1）钻孔前车平端面，中心不能有凸台<br>（2）调整尾座轴线，使其与主轴轴线同轴<br>（3）选用较短的麻花钻或先用中心钻钻导向孔；初钻进给量要小，钻削时应经常退出麻花钻清除切屑<br>（4）正确刃磨麻花钻<br>（5）修磨横刃<br>（6）提高切削速度 |
| 孔直径扩大 | （1）麻花钻的主切削刃不对称<br>（2）麻花钻未对准工件中心 | （1）正确刃磨麻花钻<br>（2）检查钻夹头是否弯曲，钻夹头、钻套是否装夹正确 |

# 任务三 车 孔

## 一、任务分析

对如图 5-19 所示的轴套二进行车孔练习。

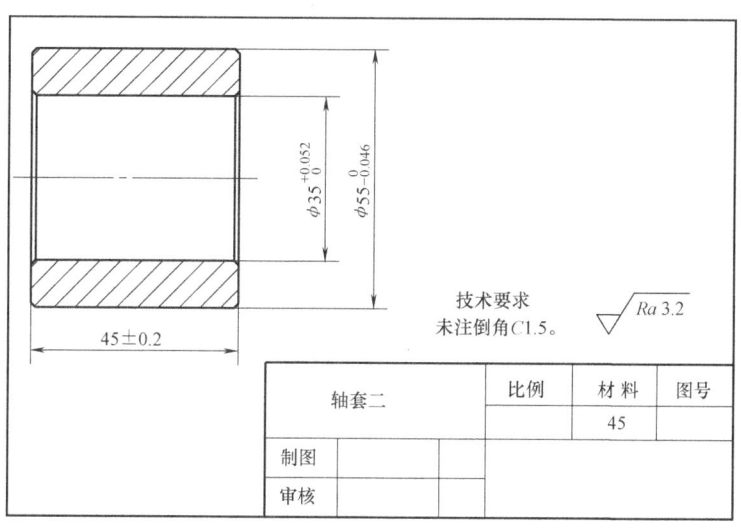

图 5-19 轴套二

铸造孔、锻造孔或用钻头钻出的孔，为达到所要求的尺寸精度、几何精度和表面粗糙度，可用车孔的方法进行加工。车孔是常用的孔加工方法之一，可以进行孔的粗加工、半精加工和精加工。车孔后的尺寸公差等级一般可达到 IT7 或 IT8，表面粗糙度 $Ra$ 可达 1.6 ~ 3.2μm；精车孔的表面粗糙度 $Ra$ 可达 0.8μm。

车孔时,受孔径的限制,内孔车刀刀柄的刚性较差,且内孔的车削属于半封闭状态加工,观察和测量都不方便,冷却和排屑也困难,孔的加工质量不容易保证。

**知识点**:内孔车刀相关知识,车孔的关键技术。

**技能点**:内孔车刀几何角度的选用,车孔方法,内孔的检测和质量分析。

## 二、知识链接

**1. 内孔车刀**

(1) 内孔车刀的几何角度  根据加工情况的不同,内孔车刀有通孔车刀和不通孔车刀两种类型,如图5-20a、b所示。为了防止内孔车刀的后刀面和孔壁产生摩擦且又不使后角磨得太大,一般将内孔车刀磨成双重后角,如图5-20c所示。

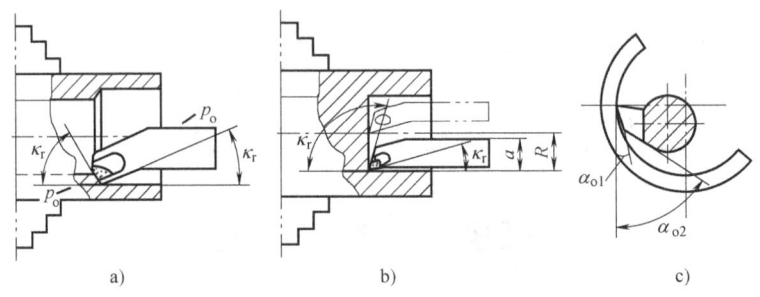

图 5-20  内孔车刀的类型
a) 通孔车刀   b) 不通孔车刀   c) 双重后角

1) 通孔车刀。通孔车刀切削部分的几何形状与外圆车刀相似,如图5-21所示。为了减小径向切削抗力并防止车孔时产生振动,其主偏角应取得大些,一般为60°~75°,副偏角一般为15°~30°。

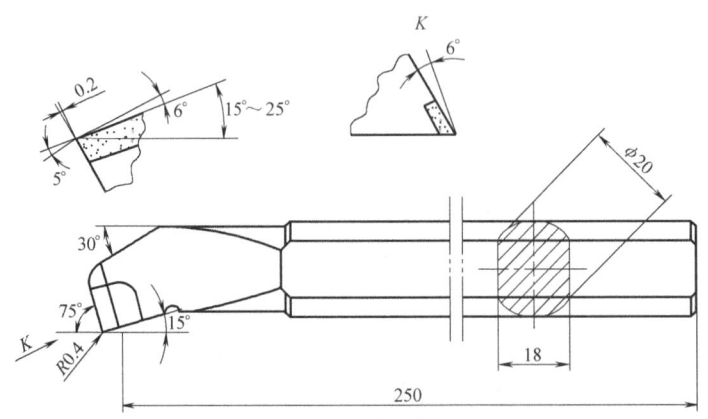

图 5-21  通孔车刀

2) 不通孔车刀。不通孔车刀用来车削不通孔或台阶孔,其切削部分的几何形状与偏刀相似。如图5-22所示,不通孔车刀的主偏角大于90°,一般为92°~95°;后角的要求和通孔车刀一样,不同之处是不通孔车刀的刀尖在刀体的最前端,刀尖到刀体外端的距离应小于孔的半径 $R$,以保证车平孔底面时横向有足够的退刀余地。

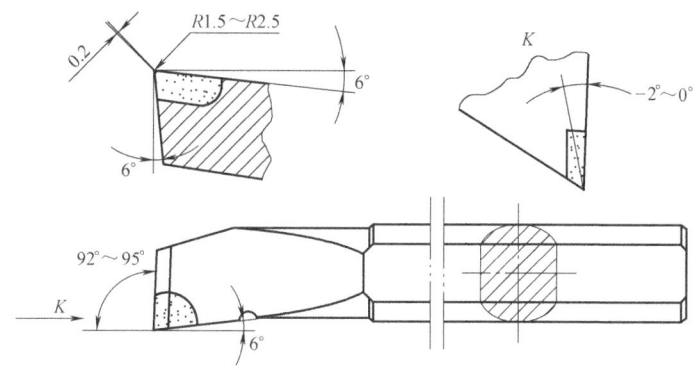

图 5-22 不通孔车刀

如图 5-23 所示，内孔车刀可制成机械夹固式结构，即用高速钢或硬质合金做成较小的刀体，将其安装在由碳钢或合金钢制成的刀柄前端的方孔或沟槽中，上方用螺钉固定。

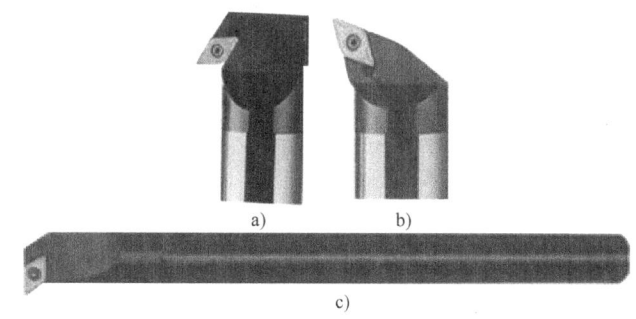

图 5-23 机械夹固式内孔车刀
a) 通孔车刀  b) 不通孔车刀  c) 可调节刀柄长度的内孔车刀

（2）内孔车刀的刃磨步骤  内孔车刀的刃磨方法与外圆车刀的刃磨方法相同，其刃磨步骤为：粗磨主后刀面；粗磨副后刀面；粗磨、精磨前刀面，控制前角和刃倾角；精磨主后刀面；精磨副后刀面；修磨刀尖圆弧。

（3）内孔车刀的安装  内孔车刀的安装直接影响车削情况及孔的加工质量，安装时应注意：

1）刀尖应与工件中心等高或比其稍高。如果刀尖装得低于工件中心，由于切削抗力的作用，容易将刀柄压低而产生"扎刀"现象，并可能造成孔径扩大。不通孔车刀的刀尖必须与工件的旋转中心等高，否则不能将孔底车平。检验刀尖中心高度的简便方法是：车削端面时进行对刀，若端面能车至中心，则不通孔底面也能车平。

2）刀体伸出刀架不宜过长，一般应比被加工孔长 5~6mm。刀体应与工件轴线平行，否则在车削到一定深度时刀柄的后半部容易碰到工件孔口。

3）安装不通孔车刀时，车刀的主切削刃应与孔底平面成 3°~5°的角度，并且在车平孔底时应有足够的退刀余地。

**2. 车孔的方法**

（1）车孔的关键技术  车孔的关键技术主要是解决内孔车刀的刚度和排屑问题。

1)提高内孔车刀刚度的措施。

① 尽量增加刀柄的横截面积。内孔车刀的刀尖通常位于刀柄的上面,这样刀柄的横截面积较小,还不到孔横截面积的1/4。若使内孔车刀的刀尖位于刀柄的中心平面上,那么,刀柄在孔中的横截面积可大大增加。

② 尽可能缩短刀柄的伸出长度。刀柄的伸出长度短,可以增加车刀刀柄的刚度,减小切削过程中的振动。可将刀柄上、下两个平面做成互相平行的平面,这样就能根据孔深调节刀柄的伸出长度。

2)解决排屑问题主要是控制切屑流出的方向。精车通孔时,要求切屑流向待加工表面,因此,应采用正刃倾角的内孔车刀;加工不通孔时,应采用负的刃倾角,以便于切屑从孔口排出。

(2)内孔长度及台阶孔深度的控制方法 粗车内孔时,可在刀柄上刻线痕做记号或安放限位铜片(图5-24),以及通过床鞍分度盘来控制车孔深度等;精车内孔时,需要用小滑板分度盘或游标深度卡尺等来控制车孔深度,最终须用量具进行测量。

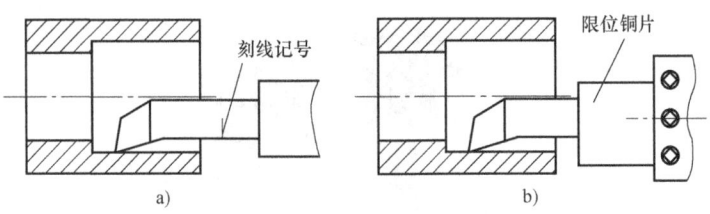

图5-24 控制车孔深度的方法
a)刻线记号控制孔深 b)安放限位铜片控制孔深

### 3. 切削液及切削用量的选用

用硬质合金车刀车孔时,一般不需要加切削液。车削铝合金孔时,也不加切削液,因为水和铝容易发生化学作用,会使加工表面产生小孔;精加工铝合金时,一般使用煤油进行冷却。

车孔时,由于工作条件不利,加上刀柄的刚性差,容易引起振动。因此,车孔的切削用量应比车削外圆时小些,特别是车削小孔和深孔时,其切削用量应更小。

## 三、任务实施

### 1. 准备工作

(1)毛坯 $\phi 60\text{mm} \times 200\text{mm}$ 的棒料,每料加工四件。

(2)工艺装备 0.02mm/(0~150)mm 的游标卡尺、千分尺、内径千分尺、90°车刀、切断刀、内孔车刀、划针盘等。

### 2. 轴套二的加工工艺分析和加工工艺过程卡

1)工件外圆的直径为 $\phi 55_{-0.046}^{0}$ mm,尺寸公差等级为IT8,选择粗车→半精车→精车的加工顺序。

2)工件内孔的直径为 $\phi 35_{0}^{+0.052}$ mm,尺寸公差等级低于IT8,选择钻孔→半精车→精车的加工顺序。

3）因内孔为通孔，故选择整体式前排屑通孔车刀。

轴套二的加工工艺过程卡见表5-6。

表5-6 轴套二的加工工艺过程卡

| 工序号 | 工序名称 | 工序内容 | 工艺装备 |
|---|---|---|---|
| 1 | 车削 | 用自定心卡盘装夹 $\phi60$mm 外圆，伸出长度为55mm，找正工件<br>（1）车削端面，车平即可<br>（2）粗车、半精车、精车 $\phi55_{-0.046}^{\ 0}$mm 外圆至尺寸要求，长度为50mm，表面粗糙度 $Ra$ 值为 $3.2\mu m$<br>（3）外圆倒角 $C1.5$<br>（4）切断，长度为47mm | 90°车刀、游标卡尺、千分尺 |
| 2 | 车削 | 调头，用自定心卡盘装夹 $\phi55_{-0.046}^{\ 0}$mm 外圆，用划针盘找正工件<br>（1）车削端面，长度至尺寸要求，表面粗糙度 $Ra$ 值为 $3.2\mu m$<br>（2）外圆倒角 $C1.5$ | 90°车刀、游标卡尺 |
| 3 | 钻孔 | （1）确定主轴转速 $n=360$r/min<br>（2）用 $\phi20$mm 钻头钻孔 | $\phi20$mm 麻花钻 |
| 4 | 粗车内孔 | （1）切削速度取 $n=400$r/min，进给量约为 $0.4$mm/r<br>（2）留精车余量 $0.3\sim0.5$mm<br>（3）粗车内孔 | 通孔车刀、游标卡尺 |
| 5 | 精车内孔 | （1）切削速度约为 $n=530$r/min，进给量为 $0.08\sim0.15$mm/r<br>（2）精车内孔至 $\phi35_{\ 0}^{+0.052}$mm，表面粗糙度 $Ra$ 值为 $3.2\mu m$ | 通孔车刀、内径千分尺 |
| 6 | 倒角 | 孔口端面倒角 $C1.5$ | 90°车刀 |
| 7 | 倒角 | 调头装夹，孔口端面倒角 $C1.5$ | 90°车刀 |
| 8 | 检验 | 检查工件质量，合格后卸下工件 | |

### 车孔时的注意事项

1）车孔时，注意中滑板进、退刀方向与车削外圆时相反。

2）车削台阶孔时，先车小孔，再车大孔；车削内台阶面时，车刀作横向进给，刀柄不能与孔壁相碰，车刀主偏角 $\kappa_r>90°$。车刀纵向切削至接近台阶面时，应停止机动进给，采用手动进给，以防车刀碰撞台阶面，出现凹坑和小台阶。

3）车不通孔时，要特别注意当车刀快到孔深尺寸时，应将机动进给改为手动进给，横向车至工件中心位置后使车刀纵向退出工件。

4）试车测量孔径时，应防止孔径出现喇叭口或试车刀痕。

5）精车内孔时，应保持切削刃锋利，不然会产生"让刀"，而把孔车成锥形。

6）车削内孔时，应注意排屑问题。

7）用内径百分表测量前，应检查测量表是否正常；测头有无松动，百分表是否灵活，指针转动后是否能回到原位；用千分尺校正指针，观察对准的"零位"是否变化等。

### 3. 车孔的质量分析

车孔时可能产生的废品种类、产生原因及预防方法见表 5-7。

**表 5-7　车孔时产生废品的原因及预防方法**

| 废品种类 | 产生原因 | 预防方法 |
|---|---|---|
| 尺寸不正确 | (1) 车刀装夹不正确，刀柄与孔壁相碰<br>(2) 产生积屑瘤，增加刀尖长度，将孔车大<br>(3) 工件的热胀冷缩 | (1) 起动车床前，应控制车刀在孔内走一遍，检查是否会相碰，从而确定合理的刀柄直径<br>(2) 研磨车刀的前刀面，使用切削液，增大前角，选择合理的切削速度<br>(3) 应使工件冷却后再精车，加切削液 |
| 内孔有锥度 | (1) 刀具磨损<br>(2) 刀柄的刚性差，产生"让刀"<br>(3) 刀柄与孔壁相碰<br>(4) 车头轴线歪斜<br>(5) 床身不水平，使床身导轨与主轴轴线不平行<br>(6) 床身导轨磨损。由于磨损不均匀，使进给轨迹与工件轴线不平行 | (1) 提高刀具寿命，采用耐磨的硬质合金车刀<br>(2) 尽量采用大尺寸的刀柄，减小切削用量<br>(3) 正确装夹车刀<br>(4) 检查车床精度，找正主轴线与床身导轨的平行度<br>(5) 找正车床水平<br>(6) 大修车床 |
| 内孔不圆 | (1) 孔壁薄，装夹时产生变形<br>(2) 轴承间隙太大，主轴轴颈磨损后圆度超差<br>(3) 工件加工余量和材料组织不均匀 | (1) 选择合理的装夹方法<br>(2) 大修车床，检查主轴的圆度<br>(3) 增加半精车工序，把不均匀的余量车去，使精车余量尽量减小和均匀；对工件毛坯进行回火处理 |
| 内孔不光 | (1) 车刀磨损<br>(2) 车刀刃磨不良，表面粗糙度值大<br>(3) 车刀的几何角度不合理，装刀时刀尖低于的中心<br>(4) 切削用量选择不当<br>(5) 刀柄细长，产生振动 | (1) 重新刃磨车刀<br>(2) 研磨车刀前刀面和后刀面，保证切削刃锋利<br>(3) 合理选择刀具角度，精车装刀时可略高于工件中心<br>(4) 适当降低切削速度，减小进给量<br>(5) 加粗刀柄，降低切削速度 |

# 任务四　车削内沟槽

## 一、任务分析

对如图 5-25 所示的内沟槽进行车削练习。

车削内沟槽的方法和车削内孔的方法相同，只是车削内沟槽时的工作条件比车削内孔时更差。车削内沟槽刀具的刀柄直径或刀体直径比车削内孔时所用刀具的尺寸要小，刚性更

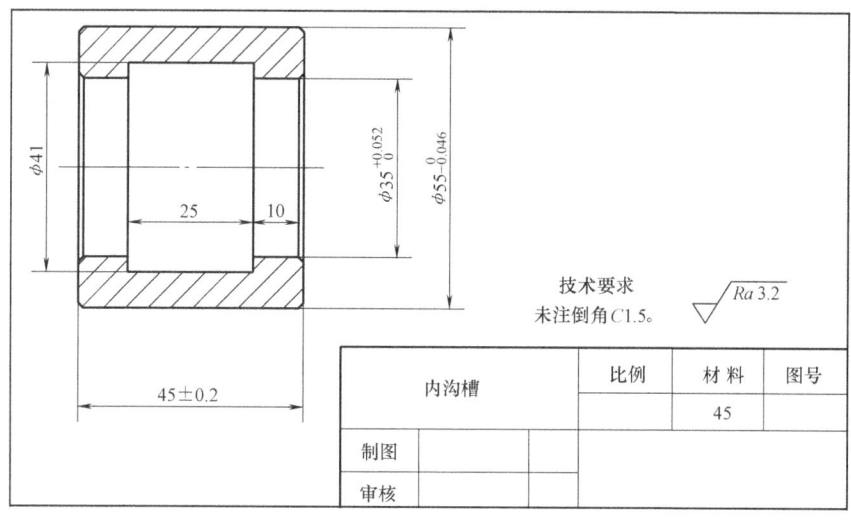

图 5-25　内沟槽

差，切削刃更长，排屑更困难。因此，车削内沟槽时，更要注意内沟槽车刀几何角度的选择和刃磨，注意保证内沟槽的尺寸精度和几何精度。

知识点：内沟槽车刀相关知识，内沟槽的车削方法。

技能点：内沟槽车刀的刃磨，车削内沟槽的方法，内沟槽的检测。

## 二、知识链接

**1. 内沟槽车刀的刃磨方法**

内沟槽车刀的刀体部分与切断刀刀体的几何形状相似，车刀的外形与内孔车刀相似。车削小孔中内沟槽的车刀做成整体式结构（图 5-26a）；车削大孔中的内沟槽的车刀可做成机夹式结构（图 5-26b），将刀体装夹在刀柄上。

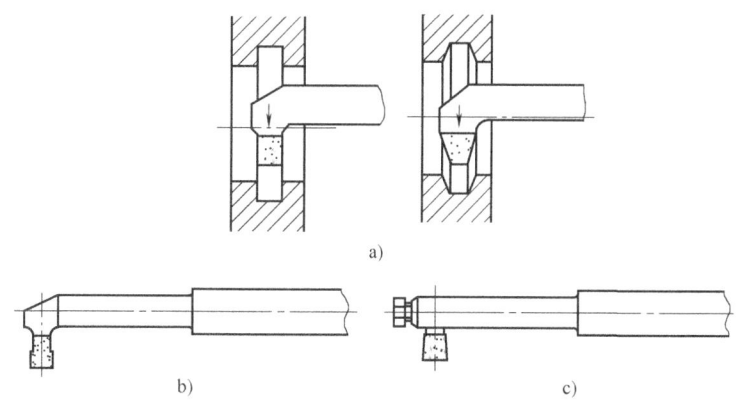

图 5-26　车削内沟槽和内沟槽车刀

a）车削内沟槽　b）整体式内沟槽车刀　c）机夹式内沟槽车刀

内沟槽车刀的刃磨步骤如下：

1）粗磨两侧副后刀面、主后刀面和前刀面，使刀体基本成形。

2）精磨两侧副后刀面、主后刀面和前刀面，车刀的几何角度分别是：$\kappa_r = 90°$，$\kappa_r' = 1° \sim 1.5°$，$\gamma_o = 0°$，$\alpha_o = 6° \sim 12°$，$\alpha_o' = 1° \sim 2°$，$\lambda_s = 0°$。

3）修磨刀尖圆弧。

**2. 车削内沟槽的进给方法**

车削内沟槽与车削外沟槽的方法类似。对于宽度较小和要求不高的内沟槽，可用主切削刃宽度等于槽宽的内沟槽车刀采用直进法一次车出，如图 5-27a 所示；对于要求较高或较宽的内沟槽，可采用直进法分几次车出，粗车时，槽两侧和槽底均留精车余量，然后根据槽宽、槽深进行精车，如图 5-27b 所示；若内沟槽的深度较浅，宽度很大，可用内孔粗车刀先车出凹槽，再用内沟槽车刀车削沟槽两侧面，如图 5-27c 所示。

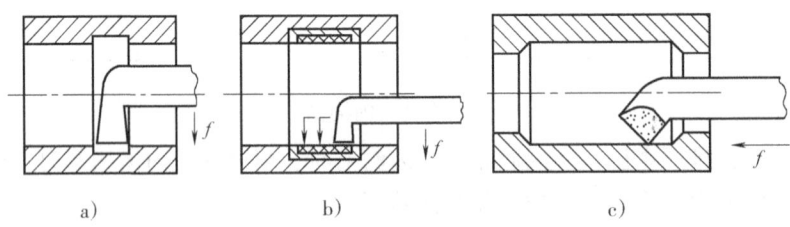

图 5-27　车削内沟槽的方法

**3. 内沟槽的尺寸控制**

（1）槽深的尺寸控制

1）摇动床鞍和中滑板，使车刀的主切削刃轻轻地与孔壁接触，将中滑板刻度调至零位。

2）根据内沟槽的深度计算出中滑板刻度的进给格数，并在终止刻度指示位置上做记号或记下刻度值。

3）使内沟槽车刀的主切削刃离开孔壁 0.2～0.3mm，在中滑板分度盘上做退刀记号。

（2）槽宽的尺寸控制　如图 5-28 所示，将内沟槽的轴向位置尺寸 L 加上内沟槽车刀主切削刃的宽度，可计算出床鞍刻度的进给格数，在终止刻度指示位置上用记号笔标记或记下刻度值。

**4. 内沟槽的测量**

1）内沟槽的深度一般用弹簧内卡钳和游标卡尺或游标

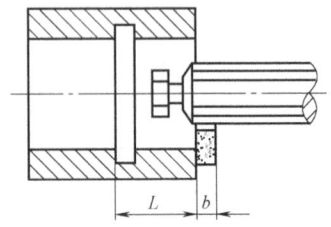

图 5-28　内沟槽长度尺寸的定位

卡尺测量，如图 5-29a、b 所示。测量时，将弹簧内卡钳收缩后放入内沟槽，调整卡钳螺母，使卡脚与槽底面接触；然后将内卡钳收缩取出，让内卡钳恢复到原来的尺寸后，用游标卡尺或外径千分尺测出内卡钳的张开尺寸。当内沟槽的直径较大时，可用弯脚游标卡尺进行测量。

2）内沟槽的轴向尺寸可用钩形游标深度卡尺测量，如图 5-29c 所示。

3）当孔径较大时，内沟槽的宽度可用样板或游标卡尺测量，如图 5-29d 所示。

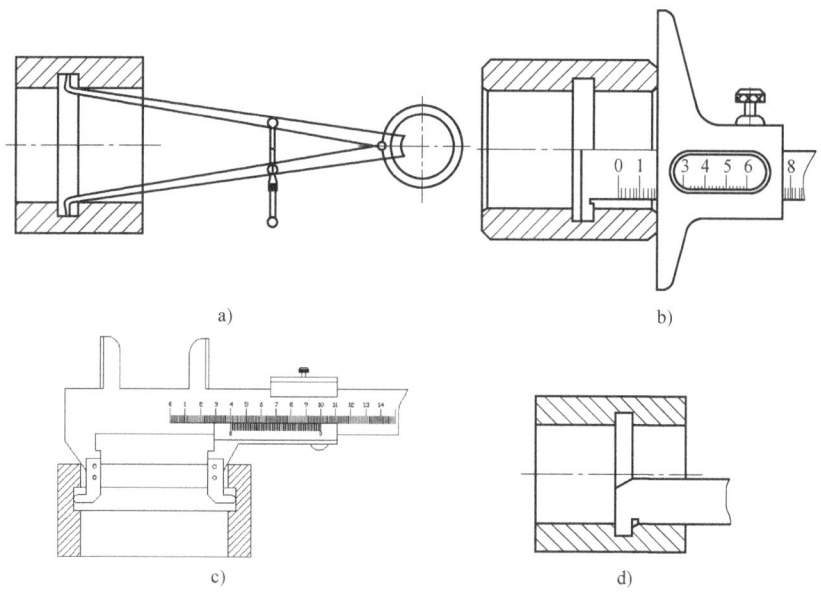

图 5-29 内沟槽的测量
a）内卡钳的应用　b）内沟槽深度的测量
c）内沟槽径向尺寸的测量　d）用样板测量内沟槽的宽度

### 三、任务实施

**1. 准备工作**

(1) 毛坯　本项目任务三的加工件。

(2) 工艺装备　0.02mm/（0~150）mm 的游标卡尺、0.02mm/（0~200）mm 的游标卡尺、内沟槽车刀、弹簧内卡钳等。

**2. 车削内沟槽的方法**

起动车床，转动中滑板手柄，使内沟槽车刀横向进给，其进给量不宜过大，约为0.1~0.2mm/r。当中滑板刻度标示已进给到槽深尺寸时，车刀不要马上退出，应稍加停留，这样可使槽底经主切削刃修整后减小其表面粗糙度值。横向退刀时，在确认内沟槽车刀的主切削刃已到达预先设定的退刀位置后，才能纵向退出车刀。否则，会因横向退刀不足就纵向退刀而将已车好的槽碰坏；若横向退刀过多，则可能使刀柄与孔壁擦碰而伤及内孔。

**3. 内沟槽的车削工艺分析和加工工艺过程卡**

1）φ35mm 的内孔属于小孔，加工小孔中的内沟槽时，应选择整体式内沟槽车刀。由于内沟槽与孔的轴线垂直，因此，要求内沟槽车刀的刀体与刀柄轴线垂直。在方刀架上装夹内沟槽车刀时，应使刀柄平行于工件轴线，且其伸出刀架不宜过长，刀尖应与工件中心等高或比其略高。

2）车削内沟槽时，切削速度约为 30m/min（$n$ = 400r/min），进给量约为 0.1mm/r，通过粗加工和精加工至内槽尺寸要求。

内沟槽车削加工工艺过程卡见表 5-8。

表 5-8　内沟槽车削加工工艺过程卡

| 工序号 | 工序名称 | 工序内容 | 工艺装备 |
|---|---|---|---|
| 1 | 车削内沟槽 | 夹紧工件，起动车床，确定内沟槽车刀的位置<br>(1) 粗车内沟槽<br>(2) 精车内沟槽至尺寸要求 | 内沟槽车刀、游标卡尺、弹簧内卡钳 |
| 2 | 检验 | 检验内沟槽的槽宽 25mm、槽底直径 $\phi$41mm、轴向尺寸 10mm 是否达到要求 | 游标卡尺、弹簧内卡钳 |

**车削内沟槽时的注意事项**

1) 保持内沟槽车刀切削刃的平直和车刀几何角度、形状的正确性。
2) 应注意对沟槽深度和宽度尺寸的控制。
3) 应利用中滑板分度盘控制好退刀的位置。

## 项目重点

1. 麻花钻切削部分的几何参数，麻花钻的刃磨方法和步骤，刃磨麻花钻时的注意事项。
2. 钻孔和扩孔时，切削用量的选择和切削液的选用，钻孔和扩孔的方法和步骤，钻孔和扩孔时产生废品的原因及其预防方法。
3. 内径百分表的使用方法。
4. 内孔车刀几何角度的选择，内孔车刀的刃磨及车孔方法，内孔的检测方法及质量分析。
5. 内沟槽的种类，内沟槽车刀几何参数的选择及内沟槽车刀的刃磨方法，内沟槽的车削方法和检测。

## 实战强化

### 一、填空题

1. 麻花钻一般用_____制成，由于高速切削的发展，_____的钻头也得到了广泛应用。
2. 麻花钻由_____、_____和_____组成，麻花钻的工作部分由_____部分和_____部分组成。
3. 内孔车刀可分为_____和_____两种，不通孔车刀用来车削_____或_____。

4. 车孔的尺寸公差等级可达_____，表面粗糙度可达_____，车孔可以修整孔的_____。

5. 车平底不通孔时，刀尖在刀柄的_____，刀尖与刀柄外端的距离应_____内孔的半径，否则孔底平面将无法车平。

## 二、选择题

1. 一般麻花钻的顶角为（    ）。
   A. 118°　　　　B. 100°　　　　C. 150°　　　　D. 132°
2. 标准麻花钻的螺旋角应为（    ）。
   A. 15°~20°　　B. 18°~30°　　C. 40°~50°　　D. −30°~30°
3. 钻孔时的背吃刀量是麻花钻的（    ）。
   A. 直径尺寸　　B. 半径尺寸　　C. 直径的1倍　　D. 半径的1/2
4. 钻出的孔扩大且倾斜，是因为麻花钻的（    ）。
   A. 顶角不对称　　B. 切削刃长度不相等　　C. 顶角不对称且切削刃长度不相等
5. 通孔车刀的主偏角一般取（    ），不通孔车刀的主偏角一般取（    ）。
   A. 35°~45°　　B. 60°~75°　　C. 90°~95°
6. 前排屑通孔车刀应选择（    ）刃倾角。
   A. 正值　　　　B. 负值　　　　C. 0°

## 三、判断题

1. 麻花钻的后角变小时，横刃斜角也随之变小，横刃变长。（    ）
2. 钻孔时不宜选用较高的机床转速。（    ）
3. 棱边是为了减少麻花钻与孔壁之间的摩擦。（    ）
4. 扩孔时的背吃刀量是扩孔钻直径的1/2。（    ）
5. 扩孔时的进给量可比钻孔时大1倍。（    ）
6. 车孔时的进给量要比车削外圆时小，切削速度要比车削外圆时低。（    ）
7. 前排屑通孔车刀的刃倾角为正值，后排屑不通孔车刀的刃倾角为负值。（    ）
8. 车孔时，若内孔车刀的刀尖高于工件中心，则前角增大，后角减小。（    ）
9. 不通孔车刀的主偏角应大于90°，副偏角应比通孔车刀大些。（    ）

## 四、综合题

1. 麻花钻的前角是如何变化的？其取值范围如何？
2. 麻花钻的顶角一般为多少度？如果不是标准顶角，麻花钻的切削刃会发生什么变化？
3. 麻花钻的横刃斜角一般为多少度？横刃斜角的大小与后角有什么关系？
4. 麻花钻的刃磨有什么要求？
5. 车孔的关键技术有哪些？如何提高内孔车刀的刚度？
6. 利用内径百分表检测内孔时，应注意什么问题？
7. 分别加工如图5-30所示的工件。

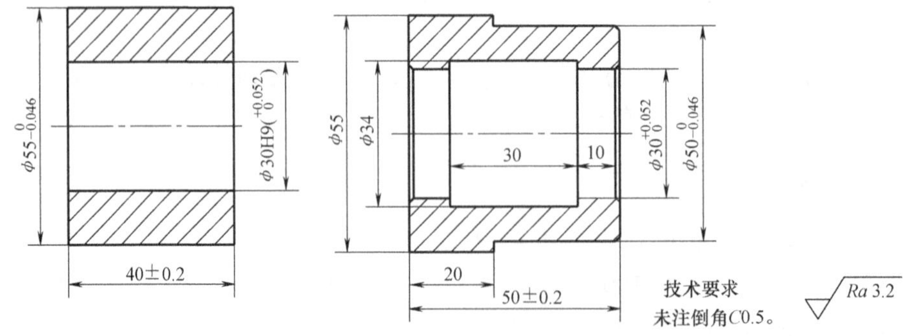

图 5-30 内孔加工练习

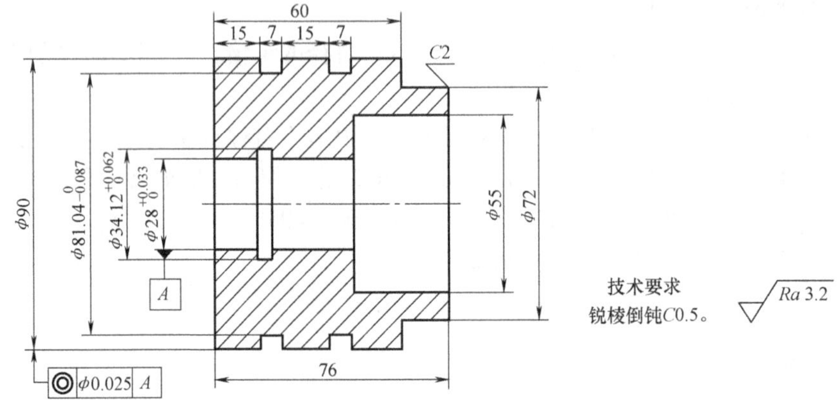

# 项目六 车削圆锥面

## 【功能简述】

由圆锥面和一定的轴向尺寸、径向尺寸所限定的几何体称为圆锥,圆锥可分为外圆锥和内圆锥两种。当圆锥角(在通过圆锥轴线的截面内,两条素线间的夹角)较小(≤3°)时,圆锥配合可以传递很大的转矩,其同轴度较高,可以做到无间隙配合。因此,在机床和一些工具的零件配合中,使用圆锥配合的场合较多,如车床主轴锥孔与顶尖的配合、车床尾座锥孔与麻花钻锥柄的配合等。常见的圆锥零件如图6-1所示。

图 6-1 圆锥零件

## 【项目分析】

圆锥面的车削方法主要有转动小滑板法、偏移尾座法、仿形法、宽刃刀法,最常用的是转动小滑板法。本项目主要通过采用转动小滑板法车削外圆锥和车削内圆锥两个任务来实施。

## 任务一 车削外圆锥

### 一、任务分析

车削如图6-2所示的小锥轴,其圆锥角为60°,大端直径为 $\phi 55_{-0.074}^{0}$ mm,圆锥长度为

$30\pm0.1$mm。圆锥面的长度较短，可采用转动小滑板法进行车削。

**知识点**：圆锥各部分的名称及尺寸计算，转动小滑板车削圆锥法，游标万能角度尺相关知识，其他车削圆锥法。

**技能点**：车削外圆锥的方法，游标万能角度尺的使用，外圆锥的检验和质量分析。

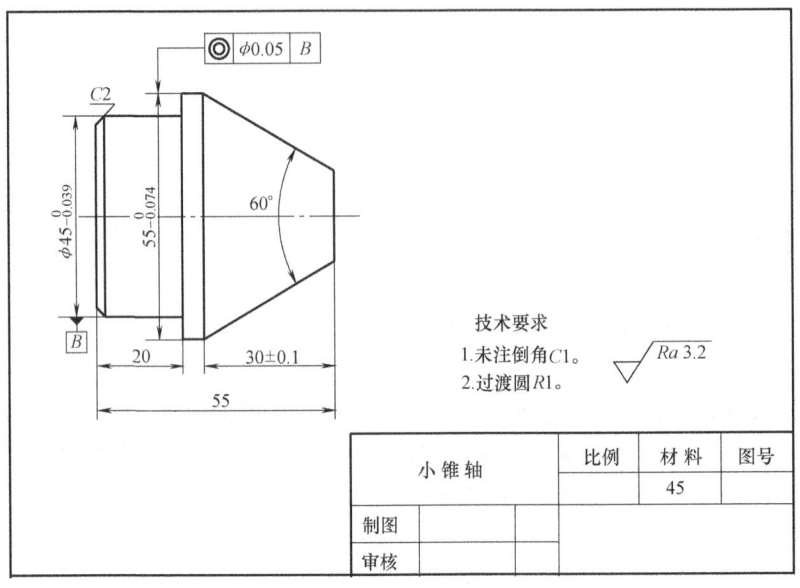

图 6-2 小锥轴

## 二、知识链接

**1. 圆锥**

（1）圆锥各部分的名称及尺寸计算

1）圆锥表面。如图 6-3 所示，圆锥表面是由与轴线相交且成一定角度的一条直线段（母线）绕该轴线旋转一周所形成的表面。由圆锥表面和一定的轴向尺寸、径向尺寸所限定的几何体称为圆锥，圆锥可分为外圆锥和内圆锥两种。

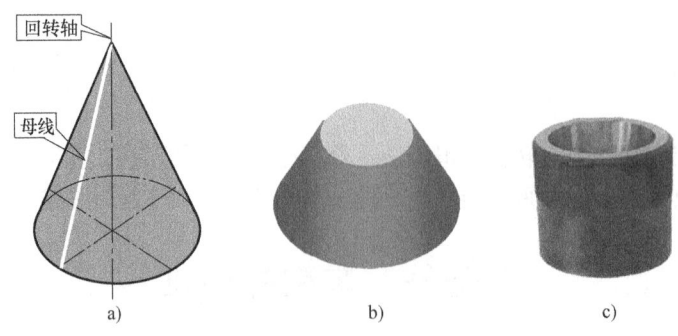

图 6-3 圆锥
a）圆锥的形成 b）外圆锥 c）内圆锥

2）圆锥的基本参数。圆锥的基本参数有大端直径 $D$、小端直径 $d$、圆锥长度 $L$ 和圆锥角 $\alpha$ 等。圆锥角 $\alpha$ 是在通过圆锥轴线的截面内，两条素线间的夹角。车削时经常用到的是圆锥角 $\alpha$ 的一半，即圆锥半角 $\alpha/2$，如图 6-4 所示。

锥度 $C$ 是指圆锥大端直径与小端直径之差和圆锥长度之比，即

$$C = \frac{D-d}{L}$$

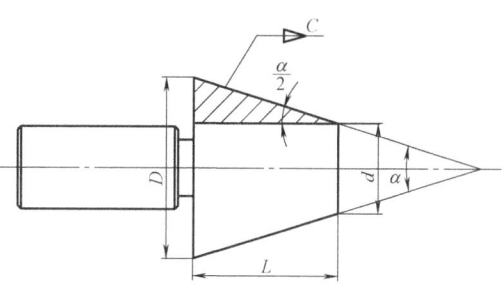

图 6-4　圆锥的基本参数

锥度 $C$ 确定后，即可计算出圆锥半角 $\alpha/2$。因此，圆锥半角 $\alpha/2$ 与锥度 $C$ 属于同一基本参数。

3）圆锥各部分尺寸的计算（表 6-1）。

表 6-1　圆锥各部分尺寸的计算

| 圆锥的基本参数 | 计 算 公 式 |
| --- | --- |
| 圆锥半角（$\alpha/2$） | $\tan\dfrac{\alpha}{2} = \dfrac{D-d}{2L}$<br>当圆锥半角 $\alpha/2 < 6°$ 时，可以用下列近似公式计算<br>$\dfrac{\alpha}{2} = 28.7° \times \dfrac{D-d}{L} \approx 28.7° \times C$ |
| 大端直径（$D$） | $D = d + 2L\tan\dfrac{\alpha}{2}$ |
| 小端直径（$d$） | $d = D - 2L\tan\dfrac{\alpha}{2}$ |
| 圆锥长度（$L$） | $L = \dfrac{D-d}{2\tan\dfrac{\alpha}{2}}$ |

**例**　有一外圆锥，已知 $D = 22\text{mm}$，$d = 18\text{mm}$，$L = 64\text{mm}$，试计算其圆锥半角。

解：$\dfrac{\alpha}{2} = 28.7° \times \dfrac{22-18}{64} = 28.7° \times \dfrac{1}{16} = 1.79° \approx 1°47'$

采用近似公式计算圆锥半角 $\alpha/2$ 时应注意：圆锥半角应在 6° 以内；计算结果单位为"°"，度以后的小数部分是十进制的，而角度为 60 进制，因此，应将小数部分的计算结果转化成度、分、秒。例如，2.25° 并不等于 2°25'，而应用小数部分乘以 60'，即 60' × 0.25 = 15'，所以 2.25° 应为 2°15'。

（2）标准工具圆锥　为了制造和使用方便，降低生产成本，常用工具、刀具上的圆锥都已标准化。常用标准工具圆锥有以下两种。

1）莫氏圆锥。莫氏圆锥是机器制造业中应用最为广泛的一种圆锥，如车床主轴锥孔、顶尖、钻头柄、铰刀柄等都是莫氏圆锥。莫氏圆锥分为 No.0、No.1、No.2、No.3、No.4、No.5 和 No.6 七种。其中，锥度最小的是 No.0，锥度最大的是 No.6。莫氏圆锥的号码不同，圆锥的尺寸和圆锥半角也不同，具体参数可查阅有关资料。莫氏圆锥的锥度见表 6-2。

表 6-2 莫氏圆锥的锥度

| 号　数 | 锥　度 | 圆　锥　角 | 圆锥半角 | $\tan\frac{\alpha}{2}$ |
|---|---|---|---|---|
| No. 0 | 1:19.212 = 0.05204 | 2°58′54″ | 1°29′27″ | 0.026 |
| No. 1 | 1:20.047 = 0.04987 | 2°51′27″ | 1°25′43″ | 0.0249 |
| No. 2 | 1:20.020 = 0.04994 | 2°51′41″ | 1°25′50″ | 0.025 |
| No. 3 | 1:19.922 = 0.05019 | 2°52′31″ | 1°26′15″ | 0.0251 |
| No. 4 | 1:19.254 = 0.05193 | 2°58′30″ | 1°29′15″ | 0.026 |
| No. 5 | 1:19.002 = 0.05261 | 3°0′52″ | 1°30′26″ | 0.0263 |
| No. 6 | 1:19.180 = 0.05213 | 2°59′12″ | 1°29′36″ | 0.0261 |

2）米制圆锥。米制圆锥分为 4 号、6 号、80 号、100 号、120 号、140 号、160 号和 200 号八种。它们的号码表示的是大端直径，其锥度固定不变，即 $C=1:20$。米制圆锥的优点是锥度不变，记忆方便。

生产中除了常用标准工具圆锥外，还会经常遇到各种专用标准圆锥。常用标准圆锥的锥度及应用见表 6-3。

表 6-3 常用标准圆锥的锥度及应用

| 锥　度 | 圆锥角 | 圆锥半角 | 应用举例 |
|---|---|---|---|
| 1:4 | 14°15′ | 7°7′30″ | 车床主轴法兰及轴头 |
| 1:5 | 11°25′16″ | 5°42′38″ | 易于拆卸的连接、砂轮主轴与砂轮法兰的结合、锥形摩擦离合器 |
| 1:7 | 8°10′16″ | 4°5′8″ | 管件的开关塞、阀 |
| 1:12 | 4°46′19″ | 2°23′9″ | 部分滚动轴承内环锥孔 |
| 1:15 | 3°49′6″ | 1°54′33″ | 主轴与轴承的配合部分 |
| 1:20 | 2°51′51″ | 1°25′55″ | 米制工具圆锥，锥形主轴颈 |
| 1:30 | 1°54′35″ | 0°57′17″ | 锥柄的铰刀和扩孔钻与柄的配合 |
| 1:50 | 1°8′45″ | 0°34′22″ | 圆柱定位销及锥铰刀 |
| 7:24 | 16°35′39″ | 8°17′49″ | 铣床主轴孔及刀柄的锥体 |

**2. 转动小滑板车削圆锥法**

转动小滑板车削圆锥法是指把小滑板按工件的圆锥半角 α/2 转动一个相应角度，如图 6-5 所示，使车刀的运动轨迹与所要加工的圆锥素线平行；然后用双手交替转动小滑板手柄，使车刀沿圆锥素线作斜向进给运动，完成圆锥面的车削。

转动小滑板法车削圆锥的特点和应用如下：
1）操作简便，应用范围广，适合加工各种角度的内、外圆锥。
2）只能手动进给，劳动强度大，表面粗糙度值较难控制。
3）因受小滑板行程的限制，只能加工圆锥长度较短的工件。

**3. 游标万能角度尺**

（1）游标万能角度尺的结构　游标万能角度尺的结构如图 6-6 所示，它可以测量 0°～

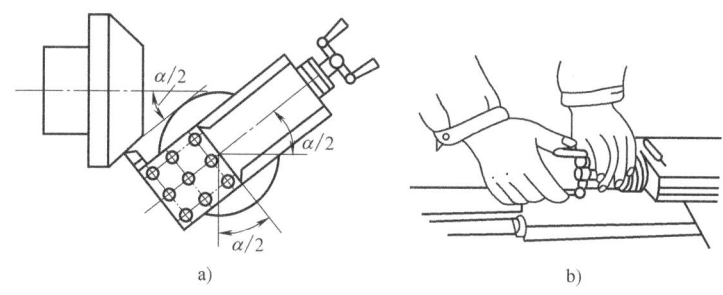

图 6-5 转动小滑板法
a) 小滑板转动角度  b) 双手交替转动小滑板手柄

320°范围内的任意角度。游标万能角度尺由主尺 1、角尺 2、游标 3、制动器 4、基尺 5、直尺 6、卡块 7 等组成。基尺可以带动主尺沿着游标转动,当转到所需角度时,可用制动器锁紧。卡块将角尺和直尺固定在所需位置上。测量时,转动后面的捏手 8,可通过小齿轮 9 转动扇形齿轮 10,使基尺改变角度。

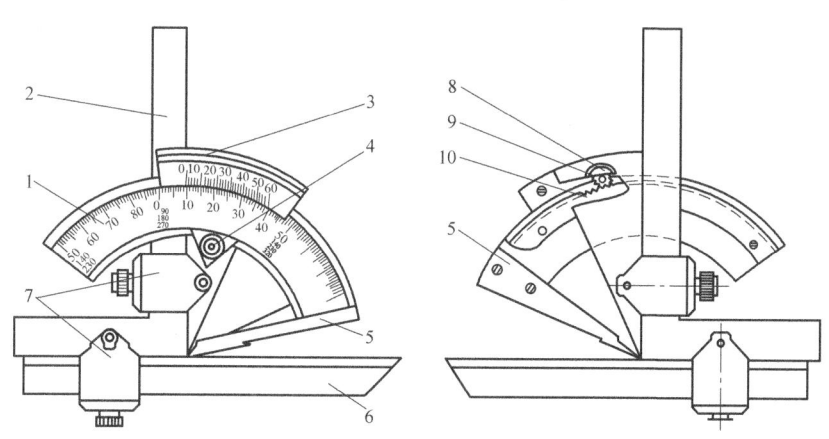

图 6-6 游标万能角度尺
1—主尺  2—角尺  3—游标  4—制动器  5—基尺  6—直尺
7—卡块  8—捏手  9—小齿轮  10—扇形齿轮

(2) 游标万能角度尺的读数原理  如图 6-7a 所示的游标万能角度尺的主尺刻度每格为 1°,游标上总角度为 29°,等分为 30 格,则每格所对应的角度为

$$\frac{29°}{30} = \frac{60' \times 29}{30} = 58'$$

因此,主尺一格与游标一格相差

$$1° - \frac{29°}{30} = 60' - 58' = 2'$$

即此游标万能角度尺的分度值为 2′。

游标万能角度尺的读数方法是:先从主尺上读出游标零线前面的整度数,然后在游标上读出分的数值,两者相加即为被测件的角度数值。图 6-7b 所示的读数为 10°50′。

用游标万能角度尺测量工件角度时,应根据角度大小选择不同的测量方法,如图 6-8 所示。

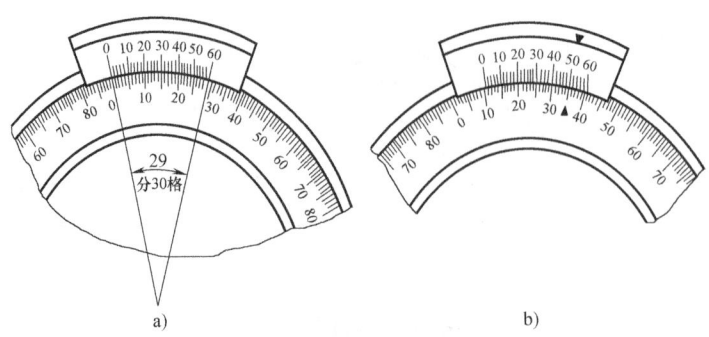

图 6-7 游标万能角度尺的读数原理和读数示例
a）读数原理 b）读数示例

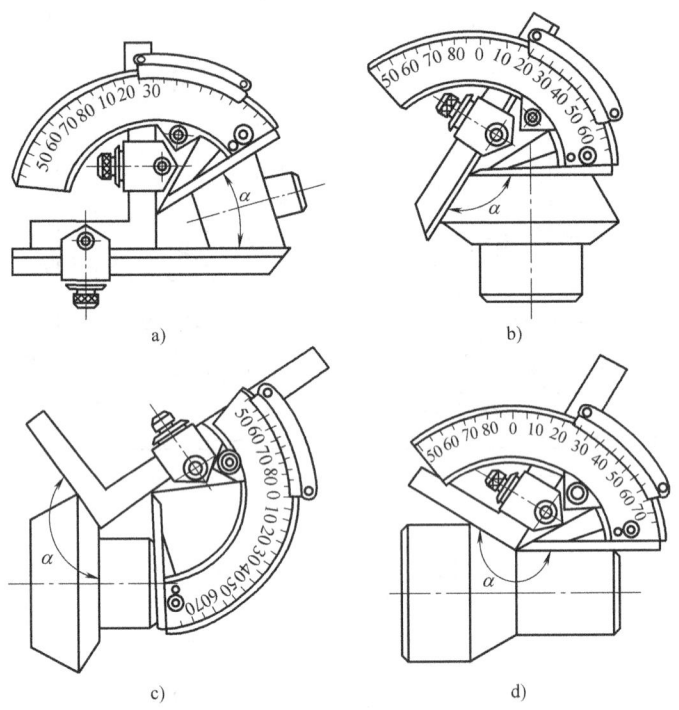

图 6-8 用游标万能角度尺测量工件角度的方法
a）测量 0°～50°之间的角度 b）测量 50°～140°之间的角度
c）测量 140°～230°之间的角度 d）测量 230°～320°之间的角度

## 三、任务实施

### 1. 准备工作

（1）毛坯 ϕ60mm×60mm 的棒料，材料为 45 钢。

（2）工艺装备 90°外圆车刀、0.02mm/（0～150）mm 的游标卡尺、千分尺、游标万能角度尺。

**2. 转动小滑板车削圆锥的步骤**

（1）装夹工件和车刀　工件的旋转中心必须与主轴的旋转中心重合；车刀刀尖必须严格对准工件的旋转中心，否则车出的圆锥素线将不是直线，而是双曲线。

（2）调整好小滑板导轨与镶条的配合间隙　如果调得过紧，则手动进给时费力，移动不均匀；调得过松，则会造成小滑板的间隙太大。两者均会使车出圆锥面的表面粗糙度值较大和工件的素线不平直。另外，车削前还应根据工件圆锥面的长度确定小滑板的行程。

（3）调节小滑板偏转角度

1）用扳手将小滑板下面转盘上的两个螺母松开。

2）按工件上外圆锥的倒、顺方向确定小滑板的转动方向。

3）根据确定的转动角度 $\alpha/2$ 和转动方向转动小滑板至所需位置，使小滑板基准零线与圆锥半角 $\alpha/2$ 刻线对齐，然后锁紧转盘上的螺母。

（4）找正小滑板角度　当圆锥半角 $\alpha/2$ 不是整数值时，其小数部分可用目测法估计，大致对准后再通过车削逐步找正。如果待加工的工件已有样件或标准塞规，可以采用百分表直接找正小滑板的转动角度。如图6-9所示，先将样件或塞规装夹在两顶尖之间，把小滑板转动一个所需的圆锥半角 $\alpha/2$；然后在刀架上安装一只百分表，使百分表的测头垂直接触样件（必须对准工件中心）。若摆动为零，则锥度正确。

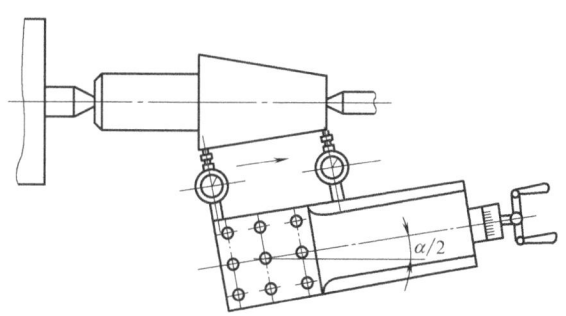

图6-9　用样件或标准塞规找正小滑板的转动角度

（5）粗车外圆锥　粗车时留 0.5~1mm 的精车余量。

（6）精车外圆锥　精车外圆锥时，可以利用移动床鞍法确定切削深度。如图6-10a所示，量出圆锥小端与圆锥套锥端面之间的距离 $a$；使车刀刀尖接触工件小端端面，移动小滑板，使车刀沿轴向离开工件端面一个 $a$ 值的距离，如图6-10b所示；移动床鞍，使车刀同工件的小端端面接触，如图6-10c所示，此时虽然没有移动中滑板，但车刀已经切入了一个所需的深度。

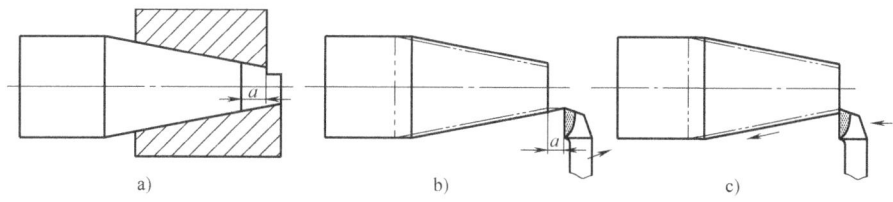

图6-10　用移动床鞍法控制锥体尺寸

(7) 检测外圆锥的尺寸　当圆锥的精度要求较低及加工中粗测圆锥尺寸时，可以使用卡钳和千分尺进行测量。测量时，必须注意卡钳脚或千分尺测量杆应与工件的轴线垂直，测量位置必须在锥体的最大端处或最小端处。

**3. 小锥轴车削工艺分析和加工工艺过程卡**

车削圆锥面时，将小滑板逆时针转动30°，双手控制小滑板斜向进给车削。为了保证同轴度要求，精车 $\phi 55_{-0.074}^{0}$ mm 外圆时应以 $\phi 45_{-0.039}^{0}$ mm 外圆柱面为装夹面。

小锥轴的加工工艺过程卡见表6-4。

表6-4　小锥轴的加工工艺过程卡

| 工序号 | 工序名称 | 工 艺 内 容 | 工 艺 装 备 |
|---|---|---|---|
| 1 | 车削 $\phi 45$mm 外圆及端面 | 用自定心卡盘装夹毛坯外圆，伸出长度为35mm左右，找正夹紧<br>(1) 车削端面，车平即可<br>(2) 车削台阶面 $\phi 45_{-0.039}^{0}$ mm，长 20mm<br>(3) 倒角 C2 | 90°外圆车刀、千分尺、游标卡尺 |
| 2 | 车削 $\phi 55$mm 外圆及端面 | 调头，装夹 $\phi 45_{-0.039}^{0}$ mm 外圆，伸出长度为15mm左右<br>(1) 车削端面，保证总长 55mm<br>(2) 粗车、精车 $\phi 55_{-0.074}^{0}$ mm 外圆至图样尺寸要求 | 90°外圆车刀、千分尺、游标卡尺 |
| 3 | 车削圆锥面 | (1) 逆时针转动小滑板30°，粗车、精车外圆锥面至图样尺寸要求<br>(2) 倒角 C0.5 | 90°外圆车刀、游标万能角度尺 |
| 4 | 检验 | 按图样要求检验工件 | |

**4. 外圆锥的质量分析**

加工外圆锥时会产生很多缺陷，如锥度（角度）或尺寸不正确、双曲线误差、表面粗糙度值过大等，见表6-5。

表6-5　车削外圆锥时产生废品的原因及预防措施

| 废品种类 | 产 生 原 因 | 预 防 措 施 |
|---|---|---|
| 锥度或角度不正确 | (1) 小滑板转动角度计算错误或小滑板角度调整不当<br>(2) 车刀没有紧固<br>(3) 小滑板移动时松紧不均 | (1) 仔细计算小滑板应转动的角度、方向，反复试车找正<br>(2) 紧固车刀<br>(3) 调整镶条间隙，使小滑板移动均匀 |
| 大、小端尺寸不正确 | (1) 未经常测量大、小端直径<br>(2) 刀具进给存在误差 | (1) 经常测量大、小端直径<br>(2) 及时测量，用计算法或移动床鞍法控制切削深度 |
| 双曲线误差 | 车刀刀尖没有对准工件轴线 | 车刀刀尖必须严格对准工件轴线 |
| 表面粗糙度达不到要求 | (1) 切削用量选择不当<br>(2) 手动进给忽快忽慢<br>(3) 车刀角度不正确，刀尖不锋利<br>(4) 小滑板镶条间隙不当<br>(5) 未留足精车余量 | (1) 正确选择切削用量<br>(2) 手动进给要均匀，快慢应一致<br>(3) 刃磨车刀角度要正确，刀尖要锋利<br>(4) 调整小滑板镶条间隙<br>(5) 要留有适当的精车余量 |

车削外圆锥时,如果多次调整小滑板的转角,仍不能找准,用圆锥套规检测锥体时发现两端的显示剂擦去,而中间不接触,这是因车刀刀尖没有严格对准工件轴线而形成了双曲线误差。因此,车削外圆锥时,一定要使车刀刀尖严格对准工件中心。当车刀在中途刃磨后重新装刀时,必须重新调整垫片的厚度,使车刀刀尖严格对准工件的中心。

---

**车削外圆锥时的注意事项**

1)车刀必须对准工件的旋转中心,避免产生双曲线(素线不直)误差。

2)车削圆锥体前对圆柱直径的要求,一般应按圆锥体大端直径留余量1mm左右。

3)车刀切削刃要始终保持锋利,工件表面应一刀车出。

4)应双手握小滑板手柄,并匀速转动小滑板手柄。

5)粗车时,进给量不宜过大,应先找正锥度,以防工件因车小而报废,一般留精车余量0.5~1mm。

6)用游标万能角度尺检查锥度时,测量边应通过工件中心。

7)转动小滑板时,其转过应稍大于圆锥半角($\alpha/2$),然后逐步找正。当小滑板角度调整到相差不多时,只需把紧固螺母稍松一些,将左手大拇指紧贴在小滑板转盘与中滑板底盘上,用铜棒轻轻敲小滑板所需找正的方向,凭手指的感觉决定微调量,这样可较快地找正锥度。注意要消除中滑板间隙。

8)小滑板不宜过松,以防工件表面的车削痕迹粗细不一。

9)当车刀在中途刃磨以后装夹时,必须重新调整,使刀尖严格对准工件中心。

10)防止扳手在扳动小滑板紧固螺母时打滑而撞伤手。

---

# 知识扩展

## 圆锥的其他车削方法

除了转动小滑板法之外,还可用以下几种方法车削圆锥。

### 1. 偏移尾座法

偏移尾座法适合加工锥度小、锥形部分较长的外圆锥工件。采用偏移尾座法车削外圆锥时,应将工件装夹在两顶尖间,把尾座上的滑板向里(用于车正外圆锥)或向外(用于车削倒外圆锥)横向移动一段距离$S$,使工件的回转轴线与车床主轴相交成一个角度,并使其大小等于圆锥半角$\alpha/2$。由于床鞍是沿平行于主轴轴线的方向移动,因此,当尾座横向移动一段距离$S$后,工件就车成了一个圆锥体,如图6-11所示。由于尾座偏移,使前后两顶尖的轴线不在同一直线上,则顶尖和中心孔接触不良,会因尾座偏移而造成的工件转动受阻或干涉。如果两端采用球头顶尖,如$A$放大视图所示,则顶尖和中心孔接触不良的情况会有所改善,但对加工精度仍有一定影响。因而,此方法不适用于精度要求较高的锥体的加工。

(1)计算尾座偏移量$S$ 用偏移尾座法车削圆锥时,尾座的偏移量不仅与圆锥的长度有关，而且与两个顶尖之间的距离有关，这段距离一般可近似看作工件全长 $L_0$。

尾座偏移量 $S$ 可以根据下列近似公式计算

$$S = L_0 \tan\frac{\alpha}{2} = L_0 \times \frac{D-d}{2L} \text{ 或 } S = \frac{C}{2}L_0$$

式中　$S$——尾座偏移量（mm）；
　　　$D$——大端直径（mm）；
　　　$d$——小端直径（mm）；
　　　$L$——圆锥长度（mm）；
　　　$L_0$——工件全长（mm）；
　　　$C$——锥度。

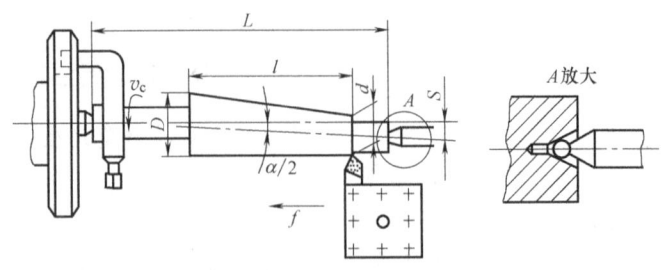

图 6-11　偏移尾座法车削圆锥

（2）装夹工件　用两顶尖装夹工件时，应使前后顶尖对齐（尾座上、下层零线对齐），在工件两中心孔内加润滑脂，将两顶尖的距离调整至工件总长 $L_0$（尾座套筒在尾座内的伸出长度应小于套筒总长的 1/2）。工件在两顶尖间的松紧程度，以手不用力能拨动工件而工件无轴向窜动为宜。

（3）偏移尾座的方法

1）利用尾座的刻度偏移尾座。偏移时，首先松开尾座紧固螺母，然后用六角扳手转动尾座两侧的螺钉（图 6-12a，根据正、倒锥确定向里或向外偏移），按尾座刻度把尾座上层移动一个 $S$ 的距离（图 6-12b）；最后拧紧尾座紧固螺母。这种方法比较方便，一般尾座上有刻度的车床都可以采用。

2）利用百分表偏移尾座。采用这种方法时，先将百分表固定在刀架上，使百分表的测头与尾座套筒接触（百分表应位于通过尾座套筒轴线的水平面内，且百分表的测量杆应垂直于套筒表面），然后偏移尾座。当百分表指针转动至一个 $S$ 值时，把尾座固定，如图 6-13 所示。利用百分表偏移尾座比较准确。

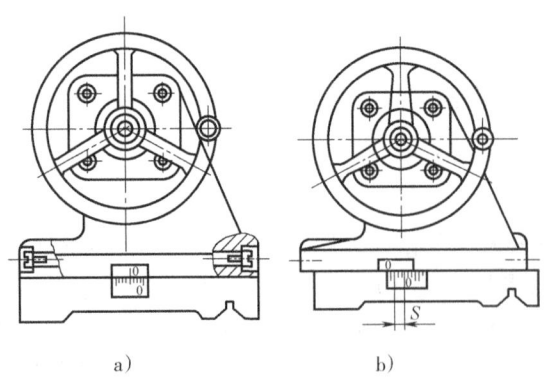

图 6-12　利用尾座刻度偏移尾座

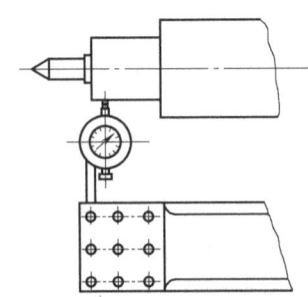

图 6-13　利用百分表偏移尾座

（4）偏移尾座法车削外圆锥的特点

1）适合加工锥度小、精度不高、锥体较长的工件，因受尾座偏移量的限制，不能加工锥度大的工件。

2）可以采用纵向自动进给，使表面粗糙度值减小，工件的表面质量较好。

3) 因顶尖在中心孔中是歪斜的,接触不良,所以顶尖和中心孔磨损不均匀。
4) 不能加工整锥体或内圆锥。

**2. 仿形法**

仿形法是刀具按照仿形装置(靠模)进给对工件进行加工的方法。如图 6-14 所示,在车床的床身后面装一块固定靠模板,其斜角可以根据工件的圆锥半角进行调整。刀架通过中滑板与滑块刚性连接。当床鞍纵向进给时,滑块沿着固定靠模板中的斜面移动,并带动车刀作平行于靠模板的斜面移动。

仿形法车削圆锥的优点是:调整锥度方便且准确;因中心孔接触良好,所以锥面质量高;可机动进给车削外圆锥和内圆锥。但靠模装置的角度调节范围较小,一般在 12°以下,适合车削长度较长、精度要求较高的圆锥。

**3. 宽刃刀法**

车削较短的圆锥时,可以用宽刃刀直接车出,如图 6-15 所示。宽刃刀车削法实质上属于成形法。宽刃刀的切削刃必须平直,切削刃与主轴轴线间的夹角应等于工件的圆锥半角。使用宽刃刀车削圆锥时,车床必须具有良好的刚性,否则容易引起振动。当工件圆锥面的长度大于切削刃的长度时,也可以采用多次接刀的方法进行加工,但接刀处必须平整。

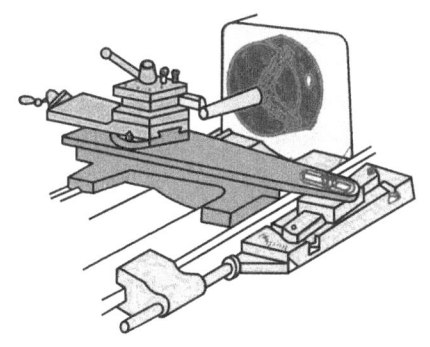
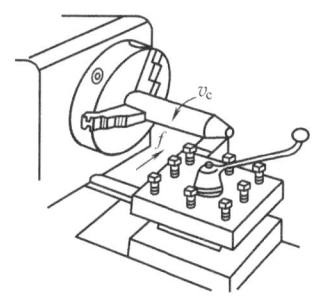

图 6-14 仿形法车削圆锥的基本原理　　图 6-15 用宽刃刀车削圆锥

## 任务二　车削内圆锥

### 一、任务分析

车削内圆锥比车削外圆锥要困难,因为车削锥孔时不易观察和测量。内圆锥的车削方法、切削用量的选择和检测与车削外圆锥时有所不同。本任务采用转动小滑板法加工如图 6-16 所示的锥齿轮坯。

**知识点**:车削内圆锥时切削用量的选择,涂色法,角度样板、正弦规相关知识。

**技能点**:转动小滑板车削内圆锥的方法,圆锥量规的使用,角度样板和正弦规的使用,内圆锥的检测和质量分析。

### 二、知识链接

对于标准圆锥或配合精度要求较高的圆锥工件,一般可以采用涂色法使用圆锥量规进行

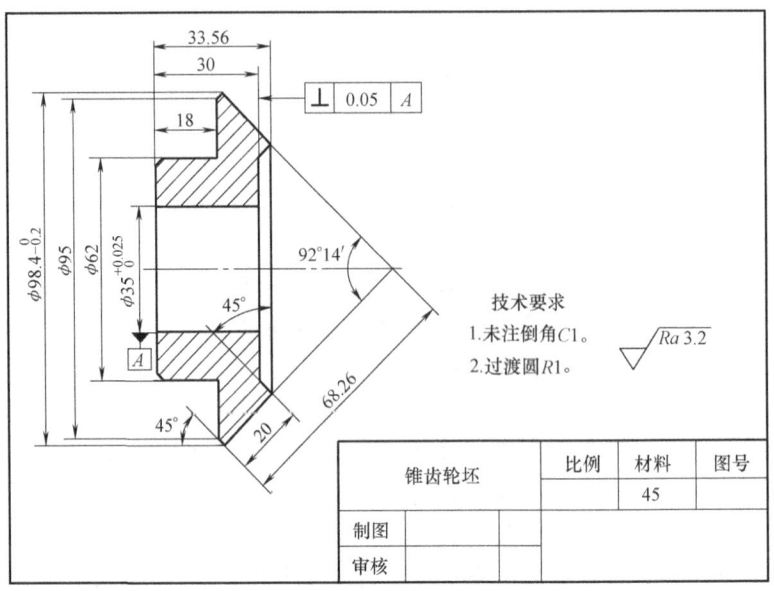

图 6-16 锥齿轮坯

检测。圆锥量规是一种无刻度的定值专用量具,用它来检验工件时,只能判断工件是否合格,而不能测出工件的具体尺寸。圆锥量规有圆锥套规和圆锥塞规两种,如图 6-17 所示。圆锥套规用于检测外圆锥,圆锥塞规用于检测内圆锥。

**1. 用圆锥套规检测外圆锥**

用圆锥量规检测工件时,要求工件和量规的表面清洁,工件圆锥的表面粗糙度 $Ra$ 值小于 3.2μm,且无毛刺。

(1) 用圆锥套规检测圆锥角

1) 首先在工件表面顺着圆锥素线薄而均匀地涂上周向均布的三条显示剂(印油、红丹粉、全损耗系统用油的调和物等),如图 6-18 所示。

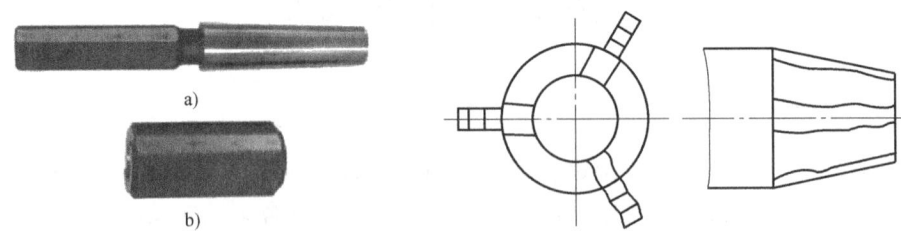

图 6-17 圆锥塞规和圆锥套规
a) 圆锥塞规 b) 圆锥套规

图 6-18 涂色法

2) 手握套规轻轻地套在工件上,稍加轴向推力,使套规转动半圈,如图 6-19 所示。

3) 取下套规,观察工件表面显示剂擦去的情况。若三条显示剂全长擦痕均匀,说明圆锥表面接触良好,锥度正确,如图 6-20 所示;若小端擦着,大端未擦去,说明圆锥角小;若大端擦着,小端未擦去,说明圆锥角大。

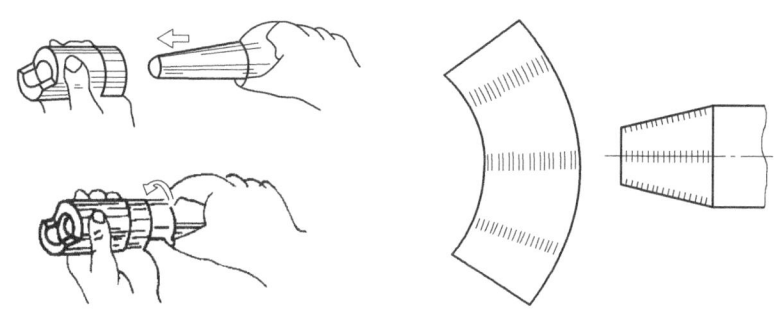

图 6-19 用圆锥套规检测圆锥　　　图 6-20 合格的圆锥面展开图

（2）用圆锥套规检测工件的直径尺寸　根据工件的直径尺寸和公差，在圆锥套规小端处开有轴向距离为 $m$ 的缺口，如图 6-21 所示，用来表示过端和止端。检测外圆锥时，如果锥体的小端平面在缺口之间，说明其小端直径尺寸合格，如图 6-22a 所示；若锥体未能进入缺口，说明其小端直径大，如图 6-22b 所示；若锥体小端平面超过了止端缺口，说明其小端直径小，如图 6-22c 所示。

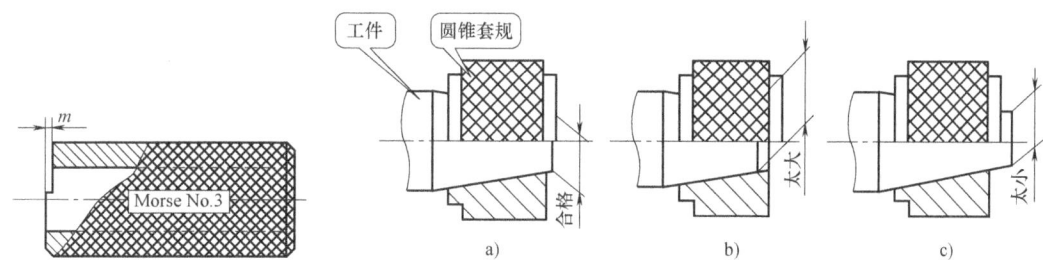

图 6-21 圆锥套规的尺寸控制线　　　图 6-22 用圆锥套规检测外圆锥尺寸

**2. 用圆锥塞规检测内圆锥**

（1）角度或锥度的检测　图 6-23 所示为圆锥塞规。用圆锥塞规检测内圆锥时，其具体要求与用圆锥套规检测外圆锥时相同，只要将显示剂涂在塞规表面，判断圆锥角大小的方法正好相反。若小端擦着，大端未擦着，说明圆锥角大；若大端擦着，小端未擦着，说明圆锥角小。

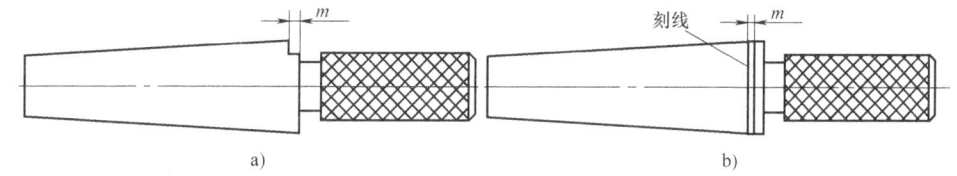

图 6-23 圆锥塞规

（2）圆锥尺寸的检测　圆锥尺寸的检测主要也是使用圆锥塞规。根据工件的直径尺寸及公差，在圆锥塞规大端开有一个轴向距离为 $m$ 的台阶（刻线），分别表示过端和止端。测量锥孔时，若锥孔的大端平面在台阶的两端面之间，说明锥孔尺寸合格，如图 6-24a 所示；若锥孔的大端平面超过了止端刻线，说明锥孔尺寸太大，如图 6-24b 所示；若两刻线都没有进入锥孔，说明锥孔尺寸太小，如图6-24c所示。

### 三、任务实施

**1. 准备工作**

（1）毛坯  φ105mm×200mm的棒料，每料加工四件，材料为45钢。

（2）工艺装备  90°外圆车刀、内孔车刀、切断刀、0.02mm/（0~150）mm的游标卡尺、千分尺、圆锥塞规、圆锥套规。

**2. 转动小滑板法车削内圆锥的步骤**

车削内圆锥时，为了便于加工和测量，装夹工件时应使锥孔大端直径的位置在外端（靠近尾座方向）。

（1）内圆锥车刀的选择及装夹  由于内圆锥车刀的刀柄尺寸受圆锥孔小端直径的限制，为了增大刀柄刚度，宜选用圆锥形刀柄，且应使刀尖与刀柄的对称中心平面等高。装刀时，可以用车削平面的方法调整车刀，使刀尖严格对准工件中心，刀柄的伸出长度应保证其切削行程，刀柄与工件锥孔周围应留有一定空隙。车刀装夹好后，须停车在孔内摇动床鞍至终点，检查刀柄是否会与内孔发生碰撞。

（2）转动小滑板  转动小滑板的方法与车削外圆锥时相同，但方向相反，应顺时针转过圆锥半角，如图6-25所示。

（3）粗车内圆锥  调整好小滑板导轨与镶条的配合间隙，并确定小滑板的行程。

（4）找正圆锥角度

（5）精车内圆锥  与精车外圆锥时控制尺寸的方法相同，也可以采用计算法或移动床鞍法确定背吃刀量，如图6-26和图6-27所示。

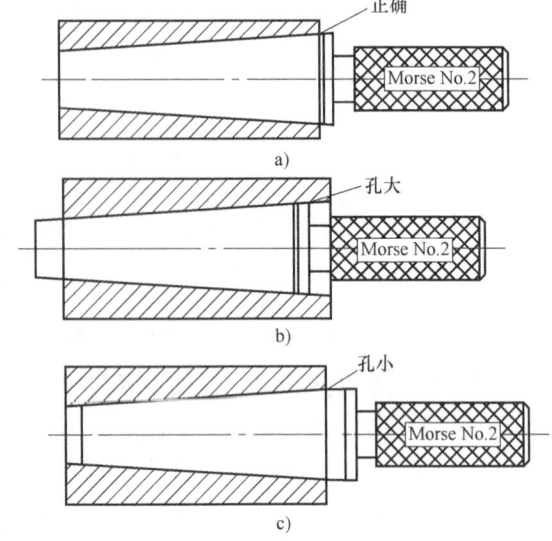

图6-24  用圆锥塞规检测内圆锥尺寸

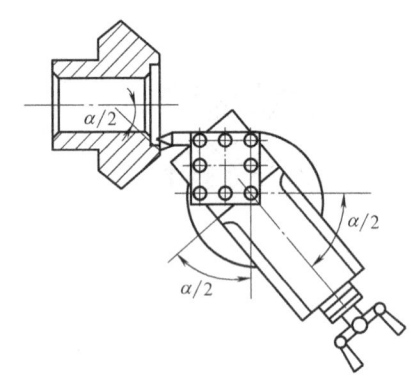

图6-25  车削内圆锥时小滑板的转动方向

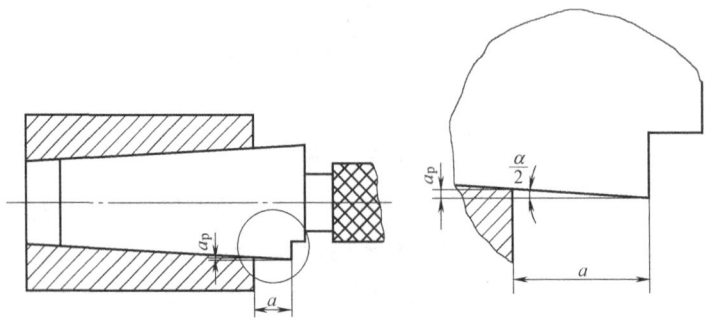

图6-26  用计算法控制圆锥孔尺寸

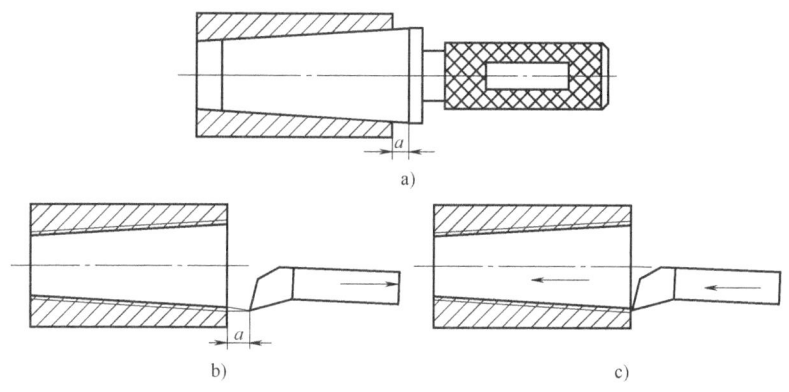

图 6-27 用移动床鞍法控制圆锥孔尺寸

如果要加工内、外圆锥配合表面,可以先转动小滑板将外圆锥车好,然后保持小滑板的角度不变,将内圆锥车刀反装,使切削刃向下,主轴仍正转,便可以加工出与圆锥体相配合的圆锥孔,如图 6-28 所示。这种方法适合车削数量较少的配合圆锥,可以获得比较理想的配合精度。

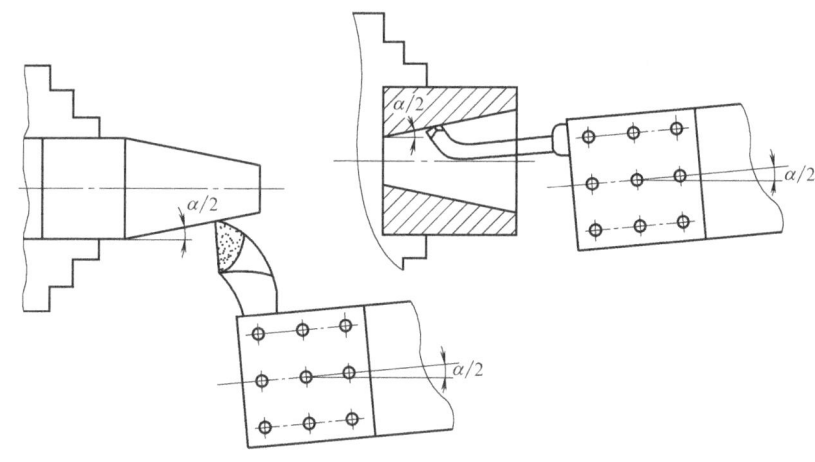

图 6-28 配合圆锥的车削方法

配合的圆锥表面也可以用左镗孔刀进行车削,但应注意用左镗孔刀进行车削时,车床主轴应反转。

**3. 车削内圆锥时切削用量的选择**

1)切削速度比车削外圆锥时低 10%~20%。

2)手动进给要始终保持均匀,不能有停顿与快慢不均匀等现象,最后一刀的背吃刀量一般取 0.1~0.2mm。

3)精车钢件时,可以加切削液或全损耗系统用油,以减小表面粗糙度值,提高表面质量。

**4. 锥齿轮坯的车削工艺分析和加工工艺过程卡**

车削圆锥面时,小滑板偏转角度的确定方法如下:

1)逆时针转动小滑板 46°7′,车削圆锥角为 92°14′的外圆锥面。

2）顺时针转动小滑板45°，车削圆锥角为90°的外圆锥面。

3）顺时针转动小滑板45°，车削圆锥角为90°的内圆锥面。

为了保证垂直度要求，精车$\phi 35^{+0.025}_{0}$mm内孔和内圆锥底面时，应以$\phi 62$mm外圆柱面为装夹面，一次车削而成。

锥齿轮坯的加工工艺过程卡见表6-6。

表6-6 锥齿轮坯的加工工艺过程卡

| 序号 | 工 序 | 工艺内容 | 工艺装备 |
| --- | --- | --- | --- |
| 1 | 粗车 | 用自定心卡盘装夹毛坯外圆，伸出长度为50mm左右，找正夹紧<br>（1）车削端面，车平即可<br>（2）车削$\phi 98.4^{~0}_{-0.2}$mm外圆，留精加工余量1mm<br>（3）车削$\phi 62$mm外圆，长18mm<br>（4）倒角C2和倒圆角R5mm<br>（5）粗车$\phi 35^{+0.025}_{0}$mm内孔，留精加工余量1mm | 90°外圆车刀、游标卡尺 |
| 2 | 切断 | 切断，取总长38mm | 切断刀、游标卡尺 |
| 3 | 精车 | 装夹$\phi 62$mm外圆，伸出长度为15mm左右<br>（1）车削端面，保证总长<br>（2）精车$\phi 98.4^{~0}_{-0.2}$mm外圆至图样尺寸要求<br>（3）精车$\phi 35^{+0.025}_{0}$mm内孔至图样尺寸要求 | 90°外圆车刀、游标卡尺、千分尺 |
| 4 | 车削圆锥面 | （1）逆时针转动小滑板46°7′，粗车、精车圆锥角为92°14′的外圆锥面至图样尺寸要求<br>（2）顺时针转动小滑板45°，粗车、精车圆锥角为90°的外圆锥面至图样尺寸要求<br>（3）顺时针转动小滑板45°，粗车、精车圆锥角为90°的内圆锥面及内圆锥底面至图样尺寸要求<br>（4）倒角C0.5 | 90°外圆车刀、内孔车刀 |
| 5 | 检验 | 按图样要求检验工件 | 圆锥塞规、圆锥套规 |

### 车削内圆锥时的注意事项

1）尽量选用刚度大的内圆锥车刀，车刀刀尖必须严格对准工件中心。

2）粗车时不宜进刀过深，应大致找正锥度（检查工件与圆锥塞规的配合是否有间隙）。

3）用圆锥塞规涂色检查时，必须注意内孔的清洁，显示剂必须涂在圆锥塞规表面，转动量在半圈之内，且只可沿一个方向转动。

4）取出圆锥塞规时，要注意安全，不能敲击，以防工件移位。

5）精车锥孔时，要以圆锥塞规上的刻线来控制锥孔尺寸。

**5. 质量分析**

加工内圆锥时会产生很多缺陷，如锥度（或角度）或尺寸不正确、双曲线误差、表面粗糙度过大等，基本与加工外圆锥时相同。

# 知识扩展

## 圆锥的其他检测工具

圆锥除了可以用游标万能角度尺和涂色法检测外，还可采用以下两种测量工具。

### 1. 角度样板

角度样板属于专用量具，常用在成批和大量生产中，以减少辅助时间。图 6-29 所示为用角度样板测量锥齿轮坯角度的情况。

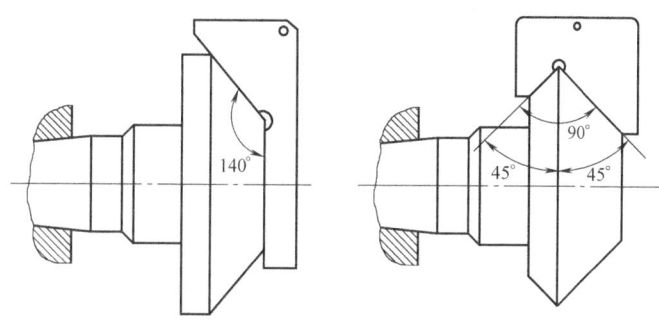

图 6-29 用角度样板测量锥齿轮坯的角度

### 2. 正弦规

正弦规是利用三角函数中的正弦（sin）关系，间接测量角度的一种精密量具。它由一块准确的钢质长方体和两个相同的精密圆柱体组成；两个圆柱体之间的中心距要求很精确，其中心线应与长方体的工作平面严格平行。

测量时，将正弦规放置在平板上，圆柱的一端用量块垫高，将被测工件放在正弦规的工作平面上，如图 6-30 所示。量块组的高度可以根据被测工件的圆锥半角进行精确计算获得。然后用百分表检测工件圆锥面两端的高度，若读数相同，则说明圆锥半角正确。用正弦规测量 3°以下的角度时，可以达到很高的测量精度。

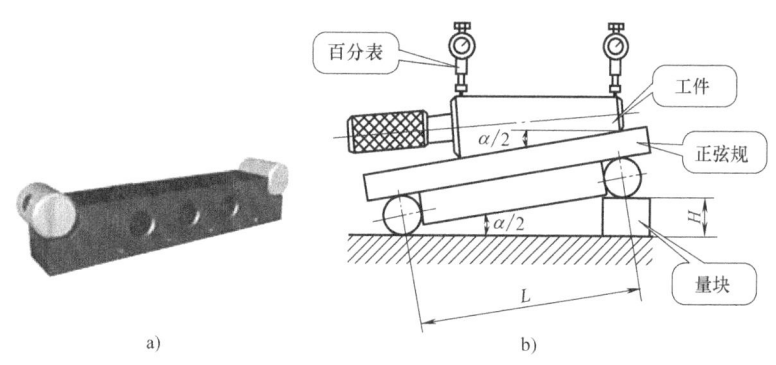

图 6-30 正弦规及其使用方法
a）正弦规　b）正弦规的使用方法

已知圆锥半角 α/2，需垫进量块组的高度为

$$H = L\sin\frac{\alpha}{2}$$

已知量块组的高度 H，圆锥半角 α/2 为

$$\sin\frac{\alpha}{2} = \frac{H}{L}$$

## 项目重点

1. 圆锥的术语、定义、尺寸计算。
2. 转动小滑板法、偏移尾座法、仿形法、宽刃刀法车削圆锥体的方法。
3. 转动小滑板车削内圆锥的方法。
4. 车削圆锥时切削用量的选择。
5. 游标万能角度尺、圆锥量规、角度样板和正弦规的使用。
6. 车削圆锥时的注意事项，圆锥的检验和质量分析。

## 实战强化

### 一、填空题

1. 转动小滑板法适合加工圆锥半角_____且锥面_____的工件。
2. 用偏移尾座法车削外圆锥时，尾座的偏移量不仅与_____有关，而且与_____有关，这段距离可近似看作_____。

### 二、选择题

1. 游标万能角度尺可以测量（　　）范围内的任意角度。
   A. 0°~180°　　　　B. 0°~360°　　　　C. 0°~90°　　　　D. 0°~320°
2. 对于标准圆锥或配合精度要求较高的圆锥工件，一般可以使用（　　）检测。
   A. 游标万能角度尺　　B. 角度样板　　　　C. 正弦规　　　　D. 涂色法
3. 用圆锥套规检测外圆锥时，若工件小端的显示剂被擦去，说明圆锥角（　　）。
   A. 过大　　　　　　B. 过小　　　　　　C. 具有双曲线误差
4. 车削圆锥时，若车刀刀尖没有对准工件轴线，圆锥会出现（　　）。
   A. 锥度不正确　　　B. 直线度误差　　　C. 尺寸不准确
5. 用转动小滑板法车削圆锥时，若最大圆锥直径靠近主轴，则小滑板应（　　）。
   A. 逆时针转动 α/2　B. 顺时针转动 α/2　C. 逆时针转动 α　D. 顺时针转动 α
6. 用偏移尾座法车削 $D=80mm$，$d=75mm$，$L=100mm$，$L_0=120mm$ 的外圆锥面时，计算出的尾座偏移量为（　　）mm。
   A. 2　　　　　　　B. 3　　　　　　　C. 3.5　　　　　　D. 4
7. 用锥度塞规检验内圆锥时，若塞规大端的显示剂被擦去，小端未被擦去，说明圆锥

角（　　）。
A. 过大　　　　　B. 过小　　　　　C. 合格

8. 对于标准圆锥或配合要求较高的圆锥工件，一般用（　　）来检测其角度。
A. 样板　　　　B. 游标万能角度尺　　C. 千分尺　　　　D. 涂色法

### 三、判断题

1. 当工件的圆锥角为20°时，车削时小滑板也应转20°。（　　）
2. 转动小滑板法车削圆锥的调整范围小。（　　）
3. 采用偏移尾座法车削外圆锥时，必须将工件用两顶尖装夹。（　　）
4. 偏移尾座法车削圆锥，就是把尾座横向偏移一段距离 $S$，使工件的轴线与车刀的纵向进给方向相交成一个圆锥角。（　　）
5. 车削圆锥工件时，只要圆锥的尺寸精度、几何精度、表面粗糙度符合要求，该工件合格。（　　）
6. 用涂色法检验内圆锥时，若圆锥塞规上的三条显示剂全长擦痕均匀，则说明内圆锥的尺寸合格。（　　）

### 四、综合题

1. 转动小滑板法车削圆锥有什么优缺点？怎样确定小滑板的转动角度和转动方向？
2. 根据以下条件，用近似公式计算出圆锥半角 $\alpha/2$。
（1）$D=24$mm，$d=23$mm，$L=82$mm；（2）$C=1:50$。
3. 有一带锥度的轴类工件，最大圆锥直径 $D=50$mm，最小圆锥直径 $d=43$mm，圆锥部分的长度 $L=140$mm，工件总长 $L_0=200$mm。求锥度 $C$、圆锥半角 $\alpha/2$（近似计算）及尾座偏移量 $S$。
4. 用偏移尾座法车削圆锥有什么优缺点？偏移尾座主要有哪几种方法？
5. 用圆锥套规检验外圆锥时，如果外圆锥小端的显示剂被擦去，而大端的显示剂未被擦去，说明工件的圆锥角是大还是小？
6. 车削圆锥时，若车刀刀尖没有对准工件轴线，对工件质量有什么影响？应如何解决？
7. 车削如图6-31和图6-32所示的工件。

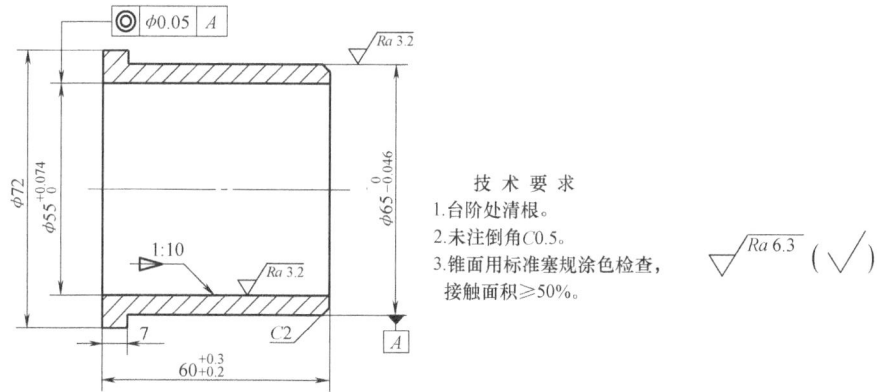

图6-31　内圆锥工件

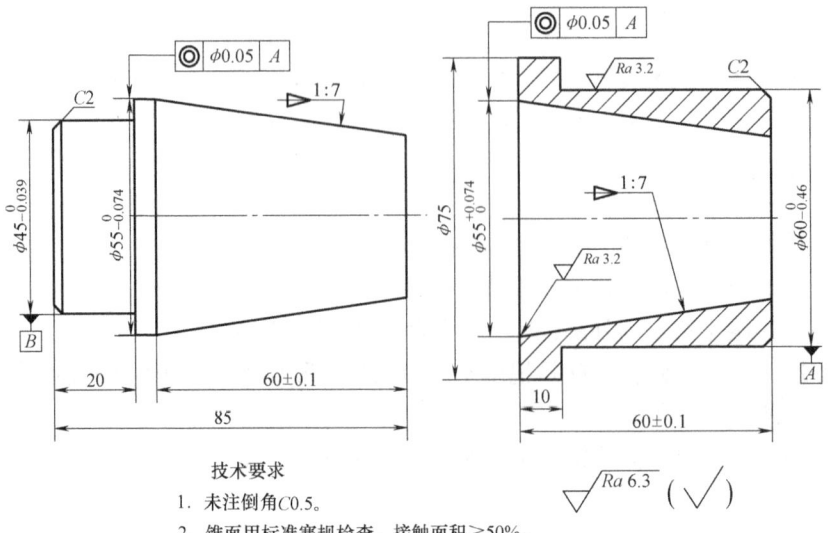

技术要求
1. 未注倒角C0.5。
2. 锥面用标准塞规检查，接触面积≥50%。

图 6-32 内、外圆锥配合件

# 项目七　车削成形面和滚花

## 【功能简述】

有些零件表面的轴向剖面呈曲线形状，如单球手柄、三球手柄、橄榄手柄（图 7-1）等，具有这些特征的表面称为成形面。某些工具和机器零件的捏手部位，如游标卡尺的紧定螺钉、千分尺的微分筒、机床中滑板分度盘表面等，为了增强表面摩擦、便于使用和使零件表面美观，常在零件表面滚压出各种不同的花纹，图 7-2 所示为螺纹环规表面的网格花纹。这些花纹是在车床上用滚花工具在工件表上经滚压而形成的。

图 7-1　橄榄手柄

图 7-2　花纹

## 【项目分析】

本项目通过车削单球手柄和滚花两个任务来实施。

## 任务一　车削单球手柄

### 一、任务分析

成形面的车削涉及成形面有关尺寸的计算、成形刀具的选择、车削成形面的方法和步骤，以及对成形面进行测量和检查等内容。车削如图 7-3 所示的单球手柄，它由圆柱面和球面组成。

**知识点**：圆弧刃车刀相关知识，圆球长度的计算方法，双手控制车削球面的方法，成形

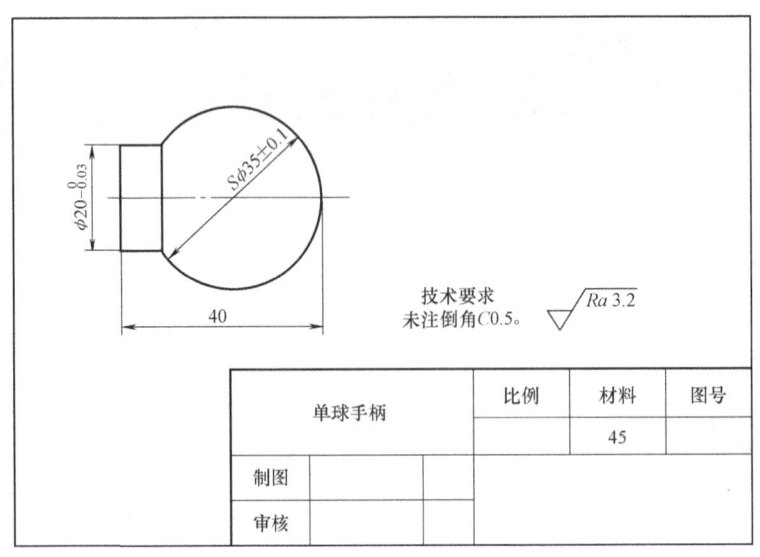

图 7-3 单球手柄

法,仿形法。

**技能点:** 双手控制法车削球面,成形面的检测和质量分析。

## 二、知识链接

**1. 圆弧刃车刀**

成形面的车削一般采用主切削刃为 $R2 \sim R5\text{mm}$ 的圆弧刃车刀,如图 7-4 所示,$\gamma_o = 15° \sim 20°$,$\alpha_o = 6° \sim 15°$。圆弧刃车刀应修磨锋利、圆滑。

**2. 双手控制法车削成形面的特点和方法**

如图 7-5 所示,双手控制法是车削成形面的基本方法,即用双手控制中、小滑板或中滑板与床鞍的合成运动,使刀尖的运动轨迹与工件所要求的成形面曲线重合,以实现车削成形面的方法。

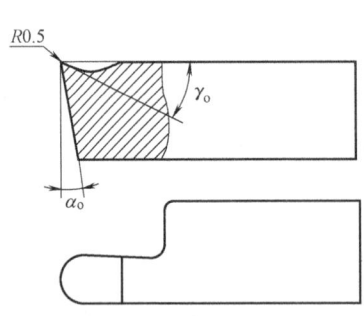

图 7-4 圆弧刃车刀

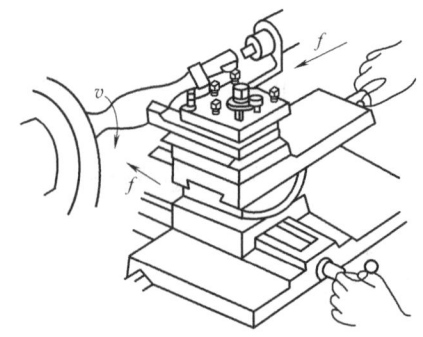

图 7-5 双手控制法车削成形面

双手控制法车削成形面的特点是:操作灵活、方便,不需要其他辅助工具,但需要较高的技术水平;由于双手动作较难以控制,所以其加工精度一般不太高。双手控制法主要用于单件或数量较少的成形面工件的加工。

为了保证成形面的表面粗糙度值达到图样要求,车削后可进行表面修光或抛光。先用锉刀进行修光(先用粗锉刀修整,再用细锉刀修光,如图7-6所示),再用砂布抛光来达到表面粗糙度要求。用砂布抛光时,工件的转速应选得较高,并使砂布在工件上慢慢来回移动,最后在细砂布上加少量全损耗系统用油,以降低表面粗糙度值。应当注意的是,无论是修光还是抛光,都应在车床导轨上铺垫木板,以防锉屑和砂粒研坏车床导轨;不允许把砂布缠绕在手指上进行抛光,以防发生事故,如图7-7所示。

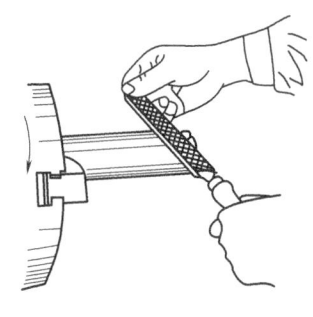

图7-6 在车床上锉削的姿势

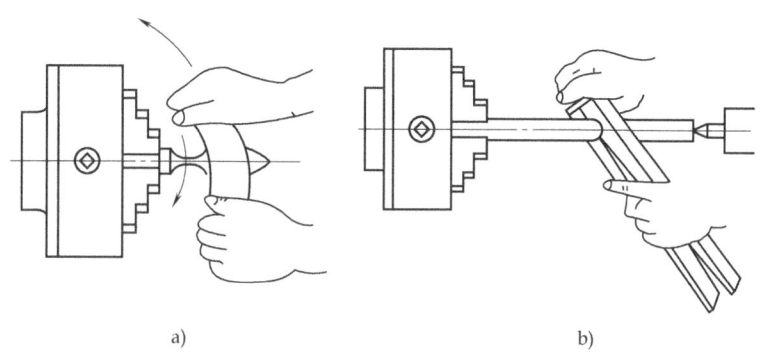

图7-7 抛光工件
a) 用砂布抛光　b) 用抛光夹抛光

**3. 圆球长度的计算**

根据圆球直径 $D$ 和圆球柄部直径 $d$ 计算圆球长度 $L$,如图7-8所示。$L$ 的计算公式为

$$L = \frac{D + \sqrt{D^2 - d^2}}{2}$$

**4. 成形面的检测方法**

为保证成形面的外形正确,车削过程中应边车削边检测。

(1) 用样板检查　用样板检查时,样板应对准工件中心,观察样板与工件之间间隙的大小,根据间隙情况进行修整,如图7-9所示。

(2) 用千分尺检测　用千分尺检测时,千分尺测微螺杆的轴线应通过工件球面的中心,并应多次变换测量方向,如图7-10所示,根据测量结果进行修整。合格的球面在各测量方向上所测得的数值应在图样规定的范围内。

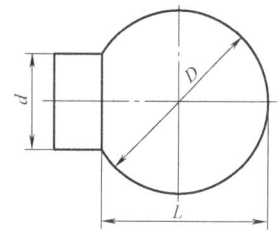

图7-8 圆球长度的计算

## 三、任务实施

**1. 准备工作**

(1) 毛坯　φ40mm×230mm 的棒料,每条棒料加工五件,材料为45钢。

(2) 工艺装备　90°外圆车刀、圆弧刃刀、45°车刀、切断刀、0.02mm/(0~150) mm

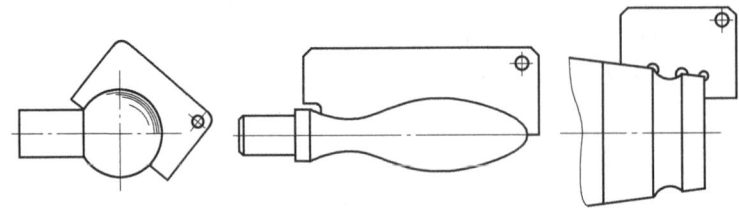

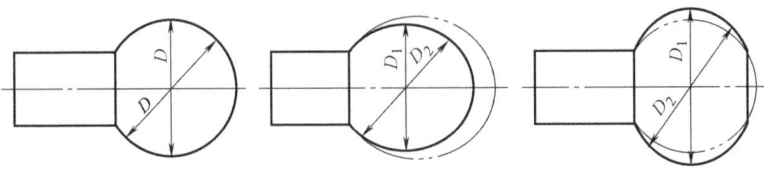

图 7-9 用样板检查成形面

图 7-10 用千分尺检测球面的圆度误差

的游标卡尺、千分尺、钢直尺、圆弧样板等。

**2. 圆球的车削方法**

按球部和柄部尺寸粗车出圆柱尺寸（留精车余量 0.2~0.3mm），并车准长度 L。车削圆球时，应用双手同时移动中、小滑板或同时移动中滑板和床鞍。为了避免由中滑板丝杠与螺母间隙形成的空行程影响，一般采用由工件曲面的高处进行车削的方法。

用双手控制法车削圆球时，车刀刀尖在圆球各个位置的纵向、横向进给速度是不同的，如图 7-11 所示。车刀从 a 点出发至 d 点，纵向进给速度为快→中→慢；横向进给速度则为慢→中→快，即车削 a 点至 b 点时，中滑板的横向进给速度比床鞍（或小滑板）的纵向进给速度慢；车削 b 点至 c 点时，横向与纵向进给速度基本相同；车削 c 点至 d 点时，横向进给速度比纵向进给速度快。

由于依靠双手的协调工作加工圆球时，最初车出的圆球表面较为粗糙，所以应采用圆弧刃刀进行车削。这样不易留下太深的刀痕，便于精加工。

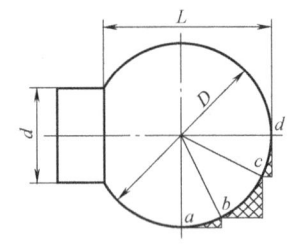

图 7-11 车刀刀尖轨迹分析

**3. 单球手柄车削工艺分析和加工工艺过程卡**

（1）圆球长度计算

$$L = \frac{D + \sqrt{D^2 - d^2}}{2} = \frac{35 + \sqrt{35^2 - 20^2}}{2}\text{mm} = 28.25\text{mm}$$

(2) 圆球部分的车削步骤

1) 用钢直尺量出圆球的中心,并用车刀刻线痕。

2) 用45°车刀先在圆球的两侧倒角,以减少车削圆球时的加工余量。

3) 粗车右半球。将车刀进给至离右半球面中心线痕4~5mm处接触外圆后,用双手同时移动中滑板和小滑板。开始时,中滑板的进给速度要慢,以后逐渐加快;小滑板与其相反,开始时的进给速度要快些,以后逐渐减慢。离球心中心线痕约1.5mm时停止进给,以保证有足够的余量。

4) 粗车左半球。车削左半球的方法与车削右半球相似,不同的是球柄与球面连接处要用切断刀清根。清根时,注意不要碰伤球面。

5) 精车球面。提高主轴转速,适当减慢手动进给速度。车削时,仍由球的中心向两半球进行,最后一刀的起始点应从中心线痕处开始进给。车削过程中要勤检查,防止把圆球车废。

单球手柄的加工工艺过程卡见表7-1。

表7-1 单球手柄的加工工艺过程卡

| 工序号 | 工序名称 | 工序内容 | 工艺装备 |
| --- | --- | --- | --- |
| 1 | 粗车外圆 | 夹持工件外圆,伸出长度不少于60mm,找正并夹紧<br>(1) 车削端面,见平即可<br>(2) 车削外圆至$\phi$37mm,长45mm<br>(3) 车削外圆$\phi$20mm至$\phi$20.5mm,长11.75mm,并保证$L$的长度28.25mm | 90°外圆车刀、游标卡尺 |
| 2 | 粗车球面 | 粗车球面,留精车余量0.5mm | 圆弧刃刀、45°车刀、钢直尺、圆弧样板 |
| 3 | 精车 | 精车球面至$S\phi$(35±0.1)mm至图样要求 | 圆弧刃刀、千分尺、圆弧样板 |
| 4 | 钳工 | 清角、修整 | 切断刀、圆弧刃刀 |
| 5 | 切断 | 倒角,取总长40mm切断 | 90°外圆车刀、切断刀 |
| 6 | 检验 | 检查各项尺寸精度、形状精度及表面粗糙度是否达到技术要求 | 千分尺、圆弧样板 |

**4. 成形面的质量分析**

车削成形面时,可能产生废品的种类、原因及预防措施见表7-2。

表7-2 车削成形面时产生废品的原因及预防措施

| 废品种类 | 产生原因 | 预防措施 |
| --- | --- | --- |
| 工件轮廓不正确 | 用双手控制法车削时,纵向、横向进给不协调 | 加强车削练习,使纵向、横向进给协调 |
| 工件表面粗糙不符合要求 | (1) 刀具几何角度不合理<br>(2) 进给量太大<br>(3) 工件刚性差或刀体伸出过长,切削时产生振动<br>(4) 材料切削性能差或未经过预备热处理,难以加工,如产生积屑瘤<br>(5) 切削液选择不当 | (1) 合理选择刀具几何角度<br>(2) 减小进给量<br>(3) 加强工件和刀具的安装刚度<br>(4) 对材料进行预备热处理,改善其切削性能;合理选择切削速度,避免产生积屑瘤<br>(5) 合理选择切削液 |

> **车削成形面时的注意事项**
>
> 1) 用双手控制法车削成形面时，双手配合应协调、熟练。车刀切入的深度应控制准确，防止将工件局部车小。
> 2) 车削球面时，要培养目测球形的能力，防止把球形车得不规则。
> 3) 车削成形面时，车刀一般应从曲面高处向低处进给，为了增加工件强度，应先车削离卡盘远的半球，后车削离卡盘近的半球。

# 知识扩展

## 成形法和仿形法车削成形面

成形面的车削除了可采用双手控制法外，还可采用成形法、仿形法等。

1. 成形法

车削数量较多的成形面工件时可采用成形法，即用成形车刀对工件进行加工，如图7-12所示。成形车刀是把切削刃磨得与工件表面形状相同的车刀，成形车刀有以下几种。

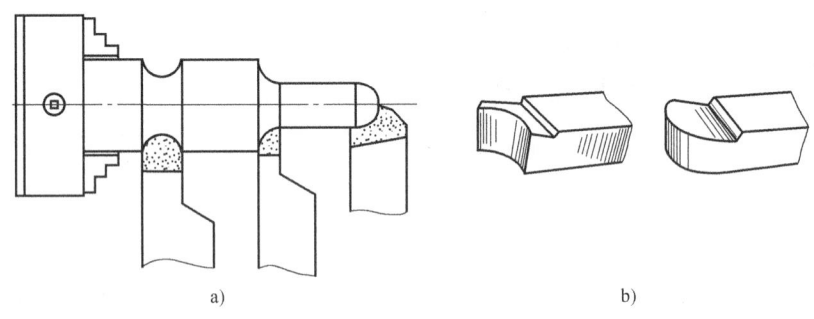

图7-12 成形法及普通成形车刀
a) 成形法　b) 普通成形车刀

（1）普通成形车刀　这种成形车刀与普通车刀相似。当精度要求较低时，可用手工刃磨；当精度要求较高时，应在工具磨床上刃磨。

（2）棱形成形车刀　这种成形车刀由刀体和刀柄两部分组成，如图7-13所示。刀体的切削刃按工件形状在工具磨床上用成形砂轮磨削。棱形成形车刀磨损后，只需要刃磨前刀面，并将刀体稍向上升起，刀体可使用至无法夹住为止。这种成形车刀的精度高，使用寿命较长，但制造比较复杂。

2. 仿形法

仿形法是刀具按照仿形装置进给，对工件进行加工的方法。仿形法车削成形面是一种比较先进的加工方法。这种方法的生产率高，质量稳定，适用于成批、大量生产。仿形法车削成形面的方法很多，下面主要介绍靠模板仿形法。

用靠模板仿形法车削成形面的情形如图7-14所示，它实际上与靠模板车削圆锥的方法相同，只需把锥度靠模板换成一个带有曲面槽的靠模板，并将滑块改为滚柱即可。

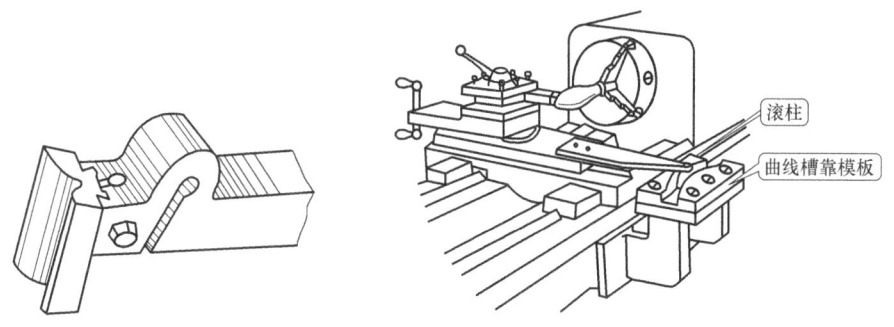

图 7-13　棱形成形车刀　　　　图 7-14　靠模板仿形法

如果没有现成的靠模车床，可将卧式车床进行改装，即在床身的前面装上支架和靠模板，将滚柱通过拉杆与中滑板连接，并把中滑板丝杠抽去。当床鞍作纵向运动时，滚柱沿着靠模板的曲槽移动，使车刀刀尖作相应的曲线运动，这样就车出了工件的成形面。使用这种方法时，应将小滑板转过 90°，以代替中滑板进给。

这种方法操作方便，生产率高，成形面正确，质量稳定，但只能加工成形表面变化不太大的工件。

# 任务二　滚　　花

## 一、任务分析

如图 7-15 所示的花纹手柄由圆柱面、槽、圆球面和网纹表面组成，网纹表面是用滚花刀在车床上滚压加工而成的。

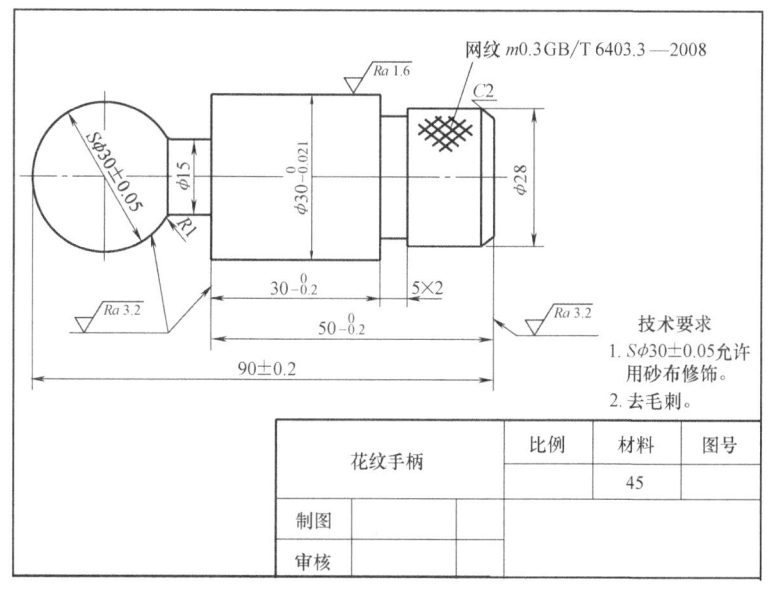

图 7-15　花纹手柄

知识点：滚花花纹的种类，滚花刀的种类及组成。
技能点：滚花刀的安装，滚花操作，滚花花纹的检验和质量分析。

## 二、知识链接

**1. 滚花花纹的种类**

滚花是指利用滚花刀的滚轮滚压工件表面的金属层，使其产生一定的塑性变形而形成花纹。滚花的花纹有直纹和网纹两种，花纹有粗细之分，并用模数 $m$ 区分。模数越大，花纹越粗。花纹的形状如图 7-16 所示。

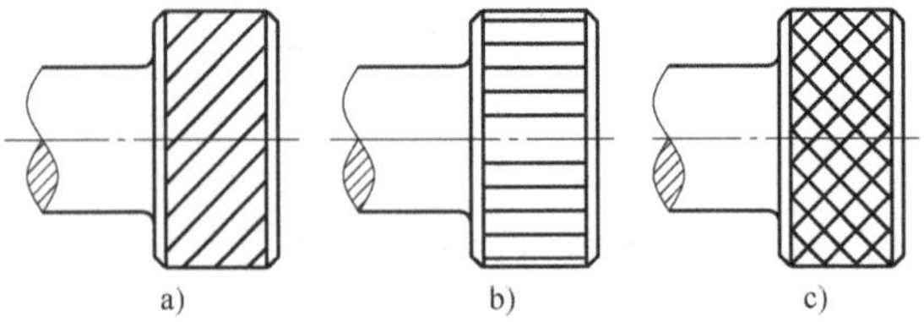

滚花的花纹粗细应根据工件滚花表面的直径进行选择，直径大时选用大模数花纹，直径小时选用小模数的花纹。

图 7-16 花纹的形状
a）斜纹 b）直纹 c）网纹

**2. 滚花刀的种类及组成**

在车床上滚花时使用的工具称为滚花刀。滚花刀一般有单轮、双轮和六轮三种，如图 7-17 所示。单轮滚花刀由直纹滚轮和刀柄组成，用来滚直纹；双轮滚花刀由两只旋向不同的滚轮、浮动连接头及刀柄组成，用来滚网纹；六轮滚花刀由三对不同模数的滚轮通过浮动连接头与刀柄组成一体，可以根据需要滚压出三种不同模数的网纹。

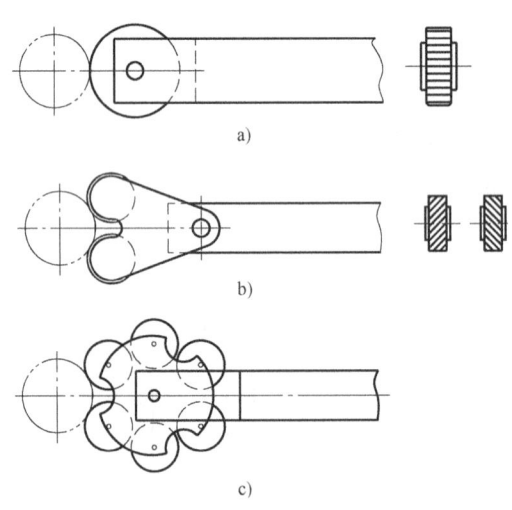

图 7-17 滚花刀的种类
a）单轮滚花刀 b）双轮滚花刀 c）六轮滚花刀

**3. 滚花刀的安装方法**

滚花刀装夹在车床的方刀架上，其装刀（或滚轮）中心应与工件的回转中心等高。滚压非铁金属或对滚花表面要求较高的工件时，滚花刀的滚轮轴线应与工件的轴线平行，如图 7-18a 所示。滚压碳素钢或对滚花表面要求一般的工件时，可使滚花刀刀柄尾部向左偏斜 3°～5°装夹，如图 7-18b 所示，以便于切入工件表面且不易产生乱纹。

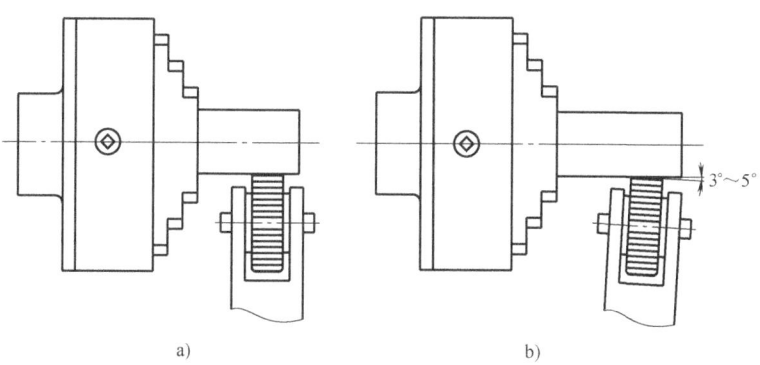

图 7-18 滚花刀的安装

a）平行安装  b）倾斜安装

### 三、任务实施

**1. 准备工作**

（1）毛坯　材料为 45 钢，尺寸为 $\phi40\text{mm} \times 100\text{mm}$ 的圆棒料。

（2）工艺装备　90°外圆车刀、普通成形车刀、车槽刀、滚花刀、0.02mm/（0～150mm）的游标卡尺、千分尺（25～50mm）、半径样板、砂布等。

**2. 滚花的步骤**

1）滚花时，随着花纹的形成，滚花后工件的直径会增大。因此，滚花前应将滚花表面的直径相应地车小（0.8～1.6）$m$（$m$ 为模数）。

2）将滚花刀正确地装夹在刀架上，使滚花刀的表面与工件表面平行接触。当滚花刀接触工件开始滚压时，挤压力要大而猛，使工件圆周上一开始就形成较深的花纹，这样就不易产生乱纹，如图 7-19 所示。

3）为了减小滚花开始时的径向压力，可以使滚轮表面宽度的 1/3～1/2 与工件接触，使滚花刀容易切入工件表面，如图 7-20 所示。在停机检查花纹符合要求后，即可纵向机动进给，反复滚压 1～3 次，直至花纹凸出达到要求为止。

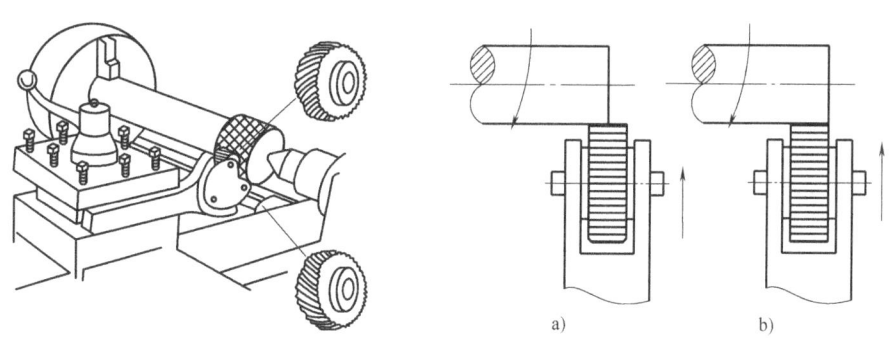

图 7-19 滚花的方法

图 7-20 滚花刀的横向进给位置

a）正确  b）错误

4）滚花时，应取较慢的切削速度（一般为 7～15m/min），并应充分浇注切削液，以防滚轮发热损坏。

**3. 花纹手柄的车削工艺分析和加工工艺过程卡**

（1）滚花前工件直径确定　滚花前，滚花表面的直径应相应地车小（0.8～1.6）$m$（$m$

为模数)，滚花前工件的直径为 $\phi$（27.52～27.76）mm。

(2) 圆球部分的尺寸计算  圆球部分的尺寸为

$$L = \frac{D + \sqrt{D^2 - d^2}}{2} = \frac{30 + \sqrt{30^2 - 15^2}}{2} \text{mm} \approx 28\text{mm}$$

则直径为 $\phi$15mm 槽的长度为 12mm。

(3) 工序安排  由于滚花时的径向压力较大，所以工件的装夹必须牢靠。尽管如此，滚花时出现工件移位的现象仍是难以避免的。因此，车削带有滚花表面的工件时，滚花应安排在粗车之后、精车之前进行。

花纹手柄的加工工艺过程卡见表 7-3。

表 7-3  花纹手柄的加工工艺过程卡

| 工序号 | 工序名称 | 工序内容 | 工艺装备 |
| --- | --- | --- | --- |
| 1 | 下料 | 棒料 $\phi$40mm×100mm | 锯床 |
| 2 | 车削端面，钻中心孔 | 用自定心卡盘装夹一端<br>(1) 车削端面，车平即可<br>(2) 钻中心孔 A2.5/5.3 | 中心钻 A2.5/5.3 |
| 3 | 粗车一端 | 用一夹一顶的方式装夹工件<br>(1) 车削 $\phi$30mm 外圆至图样要求尺寸，长度大于 90mm<br>(2) 车削 $\phi$28mm 外径尺寸至 $\phi$27.70mm<br>(3) 车槽 5mm×2mm 至尺寸 | 90°外圆车刀、车槽刀、游标卡尺、千分尺 |
| 4 | 滚花 | 滚压 m0.3 网纹 | m0.4 网纹滚花刀 |
| 5 | 粗车另一端 | 调头，用软卡爪装夹 $\phi$30mm 外圆<br>(1) 车削另一端，取长度 90～90.5mm<br>(2) 车削 $\phi$15mm 外径至图样要求尺寸，长度为 12mm<br>(3) 粗车 $S\phi$（30±0.05）mm 球面至 $S\phi$30.5mm | 90°外圆车刀、车槽刀、游标卡尺、半径样板 |
| 6 | 精车 | (1) 精车 $S\phi$（30±0.05）mm 球面至上极限尺寸<br>(2) 用砂布打光球面至图样要求 | 圆头车刀、砂布、半径样板 |
| 7 | 检验 | 按图样检查各部分尺寸精度及表面粗糙度 | |

**4. 滚花质量分析**

滚花时，若操作方法不当，则很容易产生乱纹。乱纹的原因及预防措施见表 7-4。

表 7-4  滚花时产生乱纹的原因及预防措施

| 废品种类 | 产生原因 | 预防措施 |
| --- | --- | --- |
| 乱纹 | (1) 工件外径周长不能被滚花刀的模数 m 整除<br>(2) 滚花开始时切深压力太小，或者滚花刀与工件表面的接触面积过大<br>(3) 滚花刀转动不灵活，或者滚花刀与刀柄小轴的配合间隙过大<br>(4) 工件转速太高，滚花刀与工件表面产生振动<br>(5) 滚花前没有清除滚花刀齿中的细屑或滚花刀齿部磨损 | (1) 可将外圆略微车小一些，使工件外径周长被滚花刀模数整除<br>(2) 滚花开始时就要使用较大的压力或把滚花刀相对于工件表面偏一个较小的角度<br>(3) 检查原因或调换小轴<br>(4) 降低转速<br>(5) 清除滚花刀齿中的细屑或更换滚花刀 |

> **滚花时的注意事项**
>
> 1) 滚花时,应选择较低的切削速度。
> 2) 滚花时,应经常加润滑油或浇注充分的切削液以润滑、冷却滚轮,防止滚轮发热损坏,并经常清除滚压产生的切屑。
> 3) 滚花时的径向力很大,所以设备应有较高的刚度,工件必须装夹牢靠。
> 4) 在滚花过程中,不允许用手摸或用棉纱擦拭滚花表面。

# 项目重点

1. 圆弧刃车刀的几何角度。
2. 圆球长度的计算方法。
3. 双手控制法车削成形面的方法,车削成形面时的注意事项,成形面的检测方法和质量分析。
4. 花纹的种类及作用,滚花刀的选择和安装方法,滚花的方法及滚花时的注意事项,滚花时产生乱纹的原因及预防措施。

# 实战强化

## 一、填空题

1. 带有曲线的零件表面称为_____。
2. 用双手控制法车削成形面时,一般采用由工件的_____向_____车削的方法。
3. 用滚花工具在工件表面上滚压出花纹的过程称为_____。

## 二、选择题

1. 对于单件或数量较少的成形面工件,可采用(　　)进行车削。
   A. 成形法　　B. 专用工具法　　C. 仿形法　　D. 双手控制法
2. 双手控制法是通过双手操纵的(　　)运动,车削出所要求的成形面。
   A. 纵向进给　　B. 横向进给　　C. 间断进给　　D. 合成进给
3. 六轮滚花刀可以根据需要滚出(　　)种不同模数的网纹。
   A. 1　　B. 2　　C. 3　　D. 6
4. 滚花刀装夹在车床的方刀架上,滚花刀的装刀中心应与工件的回转中心(　　)。
   A. 高　　B. 低　　C. 等高　　D. 无要求

## 三、判断题

1. 双手控制法适用于数量较少、精度要求不高的成形面的加工。　　(　　)

2. 用双手控制法车削成形面时，一般由工件曲面的高处向低处进行车削。（  ）

3. 滚花时应选择较低的切削速度。（  ）

## 四、综合题

1. 用成形法车削成形面时，为了减少成形刀具的磨损和振动，应采取哪些措施？

2. 如何用双手控制法车削成形面？

3. 如何检测成形面的加工质量？

4. 用锉刀、砂布抛光工件时，应注意哪些安全操作事项？

5. 滚花时产生乱纹的原因是什么？怎样预防？

6. 用双手控制法车削成形面（图7-21、图7-22）和滚花（图7-23、图7-24）。

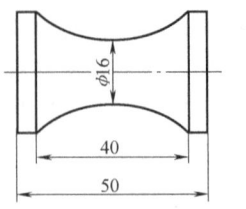

图 7-21　成形面一

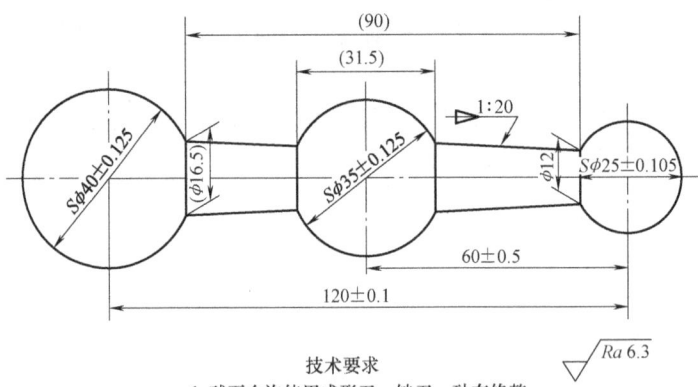

技术要求
1. 球面允许使用成形刀、锉刀、砂布修整。
2. 球面在任意方向都应符合尺寸要求。
3. 球面与锥面相交处应清根。

图 7-22　成形面二

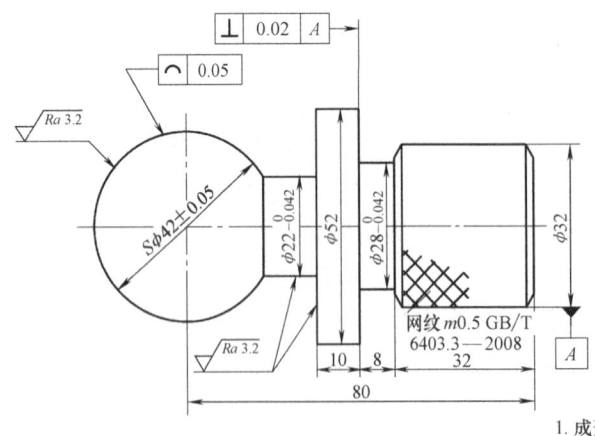

技术要求
1. 成形面不允许使用锉刀、砂布修整。
2. 未注锐边倒角C1。

图 7-23　滚花

# 项目七 车削成形面和滚花

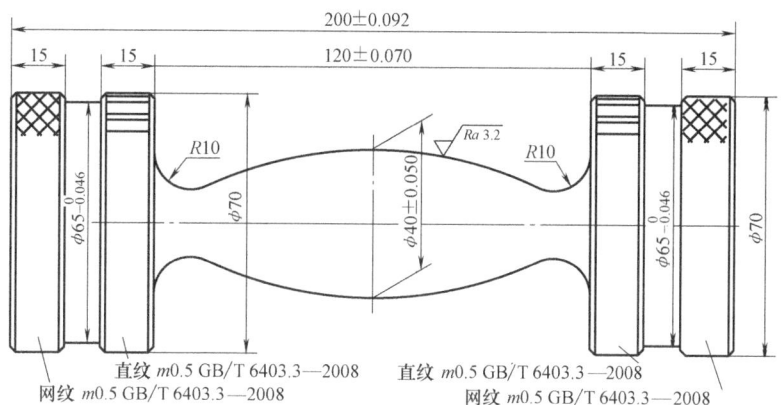

技术要求
1. 曲面允许使用锉刀、砂布抛光，用样板检测。
2. 未注倒角C1.5。
3. 两端允许保留中心孔。

$\sqrt{Ra\ 6.3}$ ( $\sqrt{\phantom{x}}$ )

图 7-24　综合练习

# 项目八 加工普通螺纹

## 【功能简述】

由于螺纹的结构简单、装拆方便、性能可靠且便于制造,因此其应用非常广泛。普通螺纹(螺纹牙型为三角形)作为联接螺纹,是各种机电产品中普遍采用的形式。螺纹的加工方法很多,其中车削是最常用的方法之一,也是车工的基本技能之一。

## 【项目分析】

普通螺纹的特点是牙型小、螺旋槽浅、螺纹长度较短。要保证普通螺纹的车削质量,一是要严格控制车刀的几何角度,二是要保证操作者有熟练操控车床的技巧。结合普通螺纹有内、外螺纹之分,本项目主要通过普通螺纹车刀的选择和刃磨、低速车削普通外螺纹、低速车削普通内螺纹三个任务来实施。

## 任务一 普通螺纹车刀的选择和刃磨

### 一、任务分析

对如图 8-1~图 8-3 所示的螺纹车刀进行刃磨。

常用的螺纹车刀材料有高速钢和硬质合金两类。高速钢车刀于适用于螺纹的低速车削,硬质合金车刀适用于螺纹的高速车削。

图 8-1 所示为高速钢外螺纹车刀,其中,图 8-1a 所示为外螺纹粗车刀,图 8-1b 所示为外螺纹精车刀。

高速钢内螺纹车刀如图 8-2 所示,其中,图 8-2a 所示为内螺纹粗车刀,图 8-2b 所示为内螺纹精车刀。

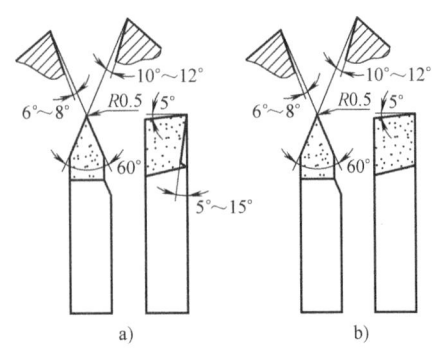

图 8-1 高速钢外螺纹车刀
a) 外螺纹粗车刀 b) 外螺纹精车刀

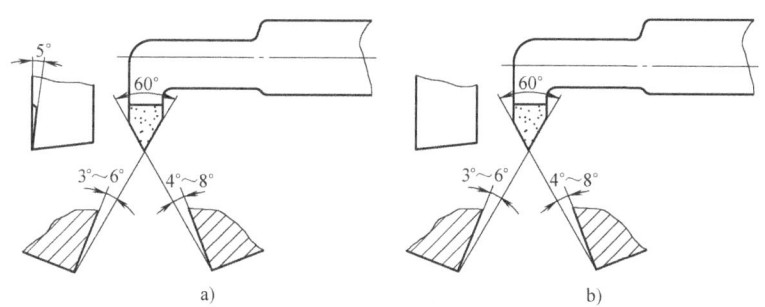

图 8-2　高速钢内螺纹车刀

硬质合金普通外螺纹车刀如图 8-3 所示。

**知识点**：螺纹术语，普通螺纹车刀相关知识，普通螺纹车刀的刃磨要求。

**技能点**：普通螺纹车刀的选择和刃磨。

## 二、知识链接

### 1. 普通螺纹要素及各部分的名称

如图 8-4 所示，将直角三角形 ABC 绕到直径为 d 的圆柱上，并使其底边 AC 与圆柱底面的圆周线重合，则斜边 AB 在圆柱体表面就形成了一条螺旋线。螺纹是在该圆柱面上沿螺旋线所形成的，具有相同剖面的凸起和沟槽。

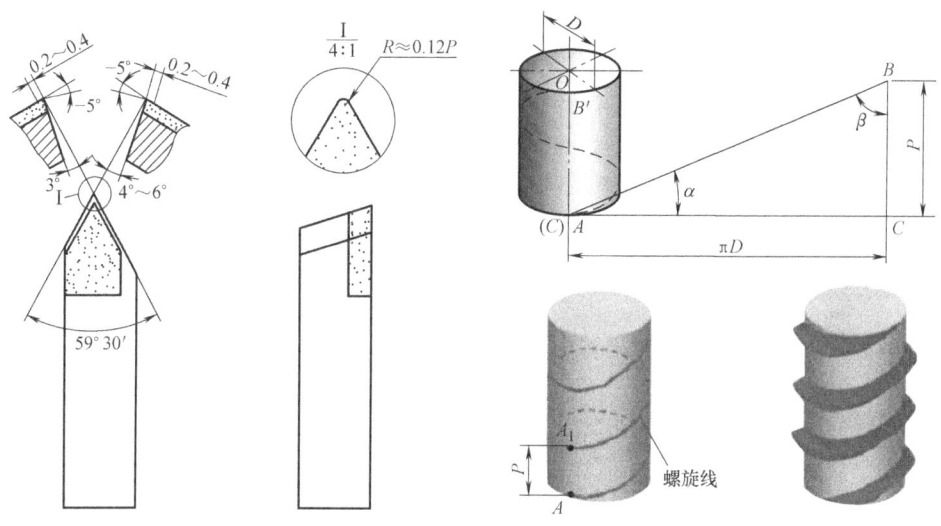

图 8-3　硬质合金普通外螺纹车刀　　　　图 8-4　螺纹的形成

螺纹要素由牙型角、公称直径、螺距（或导程）、线数、旋向和精度等组成。螺纹的形成、尺寸和配合性能取决于螺纹要素，只有内、外螺纹的各要素都相同时，它们才能互相配合。普通螺纹各要素的表示方法如图 8-5 所示。

螺纹各要素的含义见表 8-1。

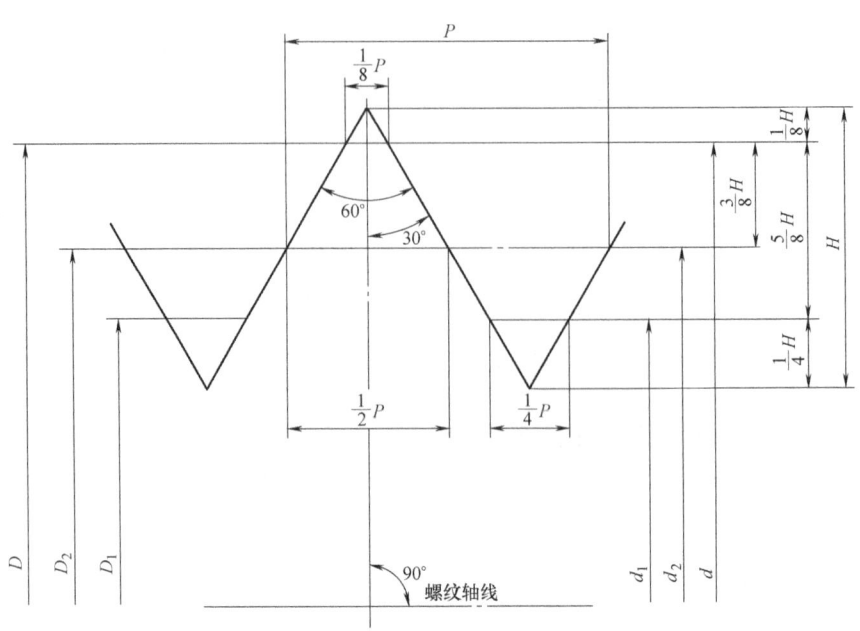

图 8-5  普通螺纹各要素的表示方法

**表 8-1  螺纹各要素的含义**

| 序号 | 名称 | 含义 |
|---|---|---|
| 1 | 牙型角（$\alpha$） | 螺纹轴向剖面内两牙侧面的夹角。牙型半角 $\alpha/2$ 是其一牙侧面与螺纹轴线之间的夹角。我国国家标准中，把牙型角 $\alpha=60°$ 的三角形米制螺纹称为普通螺纹 |
| 2 | 螺距（$P$） | 相邻两牙在中径线上对应两点间的轴向距离 |
| 3 | 导程（$P_h$） | 同一条螺旋线上相邻两牙在中径线上对应两点间的轴向距离，对于多线螺纹，导程等于螺旋线数（$n$）与螺距（$P$）的乘积，即 $P_h = nP$ |
| 4 | 螺纹大径（$d$、$D$） | 与外螺纹牙顶或内螺纹牙底相切的假想圆柱或圆锥的直径，外螺纹和内螺纹的大径分别用 $d$ 和 $D$ 表示。普通螺纹的公称直径是指螺纹大径的公称尺寸 |
| 5 | 螺纹小径（$d_1$、$D_1$） | 与外螺纹牙底或内螺纹牙顶相切的假想圆柱或圆锥的直径，外螺纹和内螺纹的小径分别用 $d_1$ 和 $D_1$ 表示 |
| 6 | 螺纹中径（$d_2$、$D_2$） | 一个假想圆柱或圆锥的直径，该圆柱或圆锥的素线通过牙型上沟槽和凸起宽度相等的地方。同规格的外螺纹中径 $d_2$ 和内螺纹中径 $D_2$ 的公称尺寸相同 |
| 7 | 顶径 | 与外螺纹或内螺纹牙顶相切的假想圆柱或圆锥的直径，即外螺纹的大径或内螺纹的小径 |
| 8 | 底径 | 与外螺纹或内螺纹牙底相切的假想圆柱或圆锥的直径，即外螺纹的小径或内螺纹的大径 |
| 9 | 原始三角形高度（$H$） | 原始三角形的顶点沿垂直于螺纹轴线方向到其底边的距离 |
| 10 | 螺纹升角（$\phi$） | 在中径圆柱或中径圆锥上，螺旋线的切线与垂直于螺纹轴线平面的夹角 |

## 2. 普通螺纹车刀几何角度的确定

（1）螺纹升角对车刀两侧前角和后角的影响  车削螺纹时，由于螺纹升角的影响，会引起切削平面和基面位置的变化，从而使车刀工作时的前角和后角与车刀的刃磨前角和刃磨后角的数值不相同。其变化的程度取决于工件螺纹升角的大小，螺纹升角越大，其对车刀工作时的前角和后角的影响越明显，如图8-6所示。

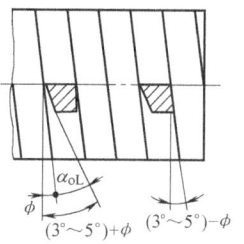

图8-6  螺纹升角对车刀两侧前角和后角的影响

如果车刀两侧的刃磨前角均为0°，则车削右旋螺纹时，左切削刃在工作时是正前角，切削顺利；而右切削刃在工作时是负前角，切削不顺利，排屑也困难。但由于普通螺纹的螺纹升角一般比较小，对前角和后角的影响也较小，因此，刃磨普通螺纹车刀时，螺纹升角对螺纹车刀两侧前角的影响可不作修整。但是，螺纹升角会使车刀沿进给方向一侧的工作后角变小，使另一侧的工作后角增大。因此，为了避免车刀后刀面与螺纹牙侧发生干涉，以保证切削顺利进行，车削右旋螺纹时，应将车刀沿进给方向一侧的后角磨成工作后角加上螺纹升角，即 $\alpha_{oL} = (3° \sim 5°) + \phi$；为了保证车刀的强度，应将车刀背着进给方向一侧的后角磨成工作后角减去螺纹升角，即 $\alpha_{oL} = (3° \sim 5°) - \phi$。车削左旋螺纹时的情况正好相反。

（2）车刀径向前角对螺纹牙型角的影响  螺纹车刀径向前角 $\gamma_p$ 是指过刀尖的正交平面内，车刀前刀面与基面之间的夹角。螺纹车刀的刀尖角 $\varepsilon_\gamma$ 是指车刀两切削刃在基面上的投影之间的夹角，普通螺纹车刀的刀尖角等于普通螺纹的牙型角，为60°。

如图8-7所示，当车刀的径向前角 $\gamma_p = 0°$ 时，螺纹车刀的刀尖角 $\varepsilon_\gamma$ 等于车刀两侧切削刃的夹角 $\varepsilon'_\gamma$，也等于螺纹的牙型角，能保证车出的螺纹牙型正确。但是，使用径向前角 $\gamma_p$ 为0°的车刀进行车削时，由于排屑不畅，致使螺纹的表面粗糙度值较大，影响加工质量。若使用径向前角 $\gamma_p > 0°$ 的车刀进行车削，则切削刃锋利，切削省力，排屑也顺利，且可减少积屑瘤的产生。但由于螺纹车刀两侧的切削刃不在工件的轴向平面内，会使车削出的螺纹牙型在轴向剖面内不是直线，而是曲线，从而会影响螺纹副的配合质量。同时，当 $\gamma_p > 0°$

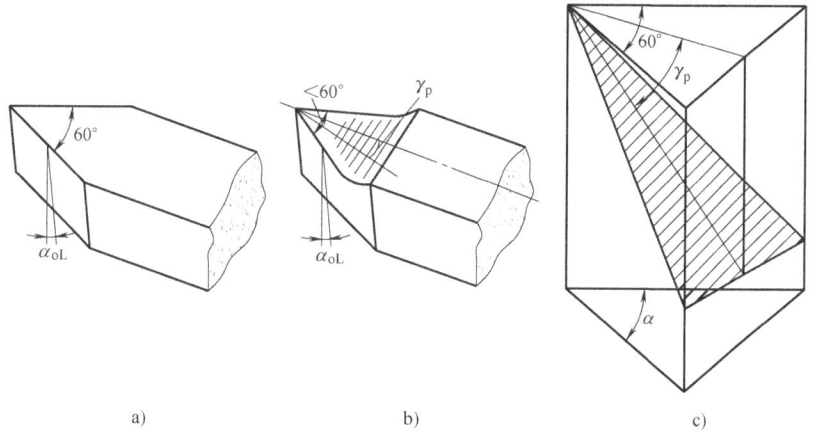

a)  b)  c)

图8-7  螺纹车刀径向前角对螺纹牙型角的影响
a) $\gamma_p = 0$   b) $\gamma_p > 0$   c) 刀尖角与车刀两侧切削刃的夹角的比较

时，$\gamma_p$ 的大小对螺纹牙型角也有影响。此时，$\varepsilon_\gamma$ 将大于车刀两侧切削刃的夹角 $\varepsilon'_\gamma$，为了保证螺纹车刀的刀尖角 $\varepsilon_\gamma$ 为 60°，车刀两侧切削刃的夹角 $\varepsilon'_\gamma$ 应小于 60°。因此，车削精度要求较高的螺纹时，精车刀的刀尖角应等于螺纹的牙型角，两侧切削刃应为直线，且径向前角应取得较小（$\gamma_p=0°\sim5°$），这样才能车出较正确的牙型。

车削精度要求不高的螺纹时，车刀允许磨有较大的径向前角（5°～15°），但车刀两侧切削刃的夹角 $\varepsilon'_\gamma$ 应相应地减小，其取值可参见表 8-2。

表 8-2 螺纹车刀两侧切削刃的夹角 $\varepsilon'_\gamma$ 的取值

| 径向前角 $\gamma_p$ | 牙型角 α | | | | |
| --- | --- | --- | --- | --- | --- |
| | 60° | 55° | 40° | 30° | 29° |
| | 车刀两侧切削刃的夹角 $\varepsilon'_\gamma$ | | | | |
| 0° | 60° | 55° | 40° | 30° | 29° |
| 5° | 59°48′ | 54°49′ | 39°52′ | 29°53′ | 28°54′ |
| 10° | 59°15′ | 54°17′ | 39°26′ | 29°34′ | 28°35′ |
| 15° | 58°18′ | 53°23′ | 38°44′ | 29°01′ | 28°03′ |
| 20° | 56°58′ | 52°08′ | 37°46′ | 28°16′ | 27°19′ |

**3. 普通螺纹车刀的刃磨要求**

1）径向前角 $\gamma_p=0°$，刀尖角等于牙型角；当 $\gamma_p>0°$ 时，车刀两侧切削刃的夹角按表 8-2 取值。

2）两个切削刃必须刃磨平直，不允许出现崩刃。

3）切削部分不能歪斜，两刀尖半角 $\varepsilon_\gamma/2$ 应对称。

4）前刀面与两个主后刀面的表面粗糙度值要小。

5）车刀两侧后角是不相等的，应根据车刀的进给方向加（减）一个螺纹升角。内螺纹车刀的后角应适当加大些，一般磨有两个后角。

6）内螺纹车刀刀尖角的平分线必须与刀柄垂直，刀尖宽度一般为 0.1×螺距。

### 三、任务实施

**1. 砂轮的选择**

粗磨高速钢螺纹车刀时选用粗粒度的刚玉砂轮，精磨时选用细粒度的刚玉砂轮；刃磨硬质合金车刀时，应选用碳化硅砂轮。

**2. 普通螺纹车刀的刃磨步骤**

1）粗磨前刀面。

2）刃磨两侧后刀面。初步形成两切削刃间的夹角，先磨进给方向的侧刃（控制刀尖半角 $\varepsilon_\gamma/2$ 及后角 $\alpha+\phi$），再磨背向进给方向的侧刃（控制刀尖角 $\varepsilon_\gamma$ 及后角 $\alpha-\phi$）。

3）精磨前刀面，形成前角 $\gamma_p$。

4）精磨两侧后刀面，用螺纹对刀样板控制刀尖角。螺纹车刀的刀尖角一般用螺纹对刀样板通过透光法检查，并根据车刀两切削刃与对刀样板的贴合情况反复修整。检查与修整时，对刀样板应与车刀的基面平行放置，才能使刀尖角近似等于牙型角，如图 8-8 所示。

# 项目八 加工普通螺纹

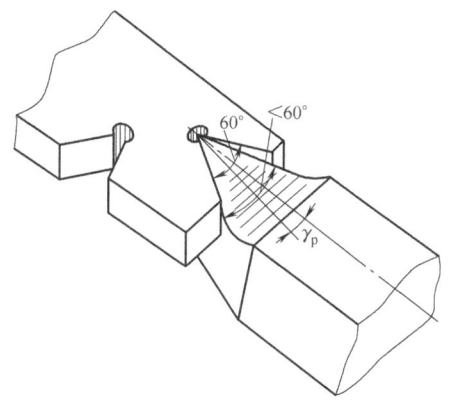

图 8-8 用样板修整两切削刃的夹角

5) 修磨刀尖,刀尖倒棱宽度约为 $0.1P$。

6) 用油石研磨切削刃处的前、后刀面和刀尖圆弧,注意保持切削刃锋利。

---

**刃磨普通螺纹车刀时的注意事项**

1) 螺纹车刀刀尖角的要求高、刀头的体积小,磨刀时的压力应小于刃磨一般车刀时的压力,精磨时更应注意防止压力过大而振碎刀片。

2) 刃磨螺纹车刀的切削刃时,要稍加移动,这样容易使切削刃平直。

3) 粗磨时也要用样板检查刀尖角,对于磨有纵向前角的螺纹车刀,粗磨后的刀尖角应略大于牙型角,待磨好前角后再修整刀尖角。

4) 刃磨高速工具钢螺纹车刀时应及时蘸水冷却,以免车刀过热而使切削刃的硬度降低。

5) 刃磨硬质合金螺纹车刀时只能冷却刀柄,决不能冷却刀片,以防刀片骤冷而碎裂。

---

# 任务二 低速车削普通外螺纹

## 一、任务分析

车削如图 8-9 所示的带有退刀槽的螺纹销,其螺纹为普通螺纹。普通螺纹的特点是螺距小、螺纹长度短。其车削基本要求是:螺纹轴向剖面的形状必须正确,即保证螺纹的牙型角和牙型半角正确;螺距正确;螺纹中径尺寸符合精度要求;螺纹两侧的表面粗糙度值必须小;螺纹与工件保持同轴。

**知识点**:普通外螺纹尺寸的计算,车削螺纹时对车床的调整,车削螺纹时的进刀方法,中途对刀法,普通螺纹车削工艺的制订。

**技能点**:螺纹车刀的安装,倒顺车法车削螺纹,普通外螺纹的检测和质量分析。

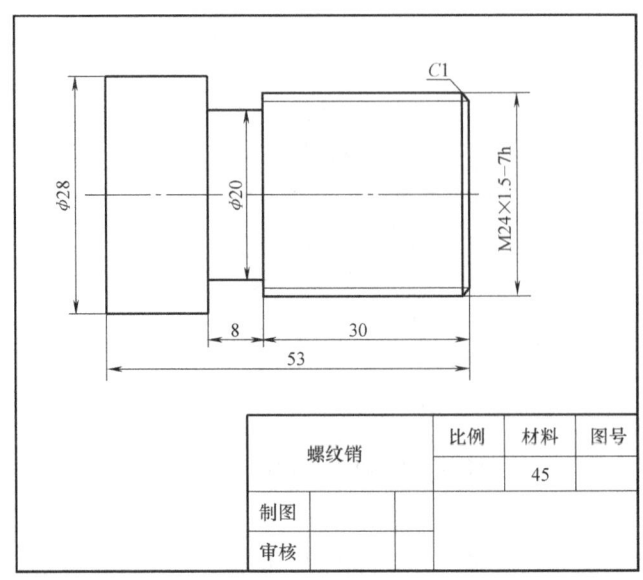

图 8-9 螺纹销

## 二、知识链接

### 1. 普通螺纹的尺寸计算

普通螺纹的完整标记由螺纹特征代号、尺寸代号、公差带代号和其他说明信息组成。

普通螺纹的螺纹特征代号用字母"M"表示，尺寸代号用"公称直径×螺距"表示，粗牙螺纹可以省略标注其螺距。当螺纹为左旋时，在螺纹旋合代号之后标注"LH"字。

螺纹公差带代号包括中径公差带代号与顶径公差带代号，公差带代号由表示其大小的公差等级数字和表示其位置的基本偏差字母所组成。如果螺纹的中径公差带与顶径公差带代号不同，则应分别注出，前者表示中径公差带代号，后者表示顶径公差带代号；如果螺纹的中径公差带与顶径公差带代号相同，则只标注一个代号。

螺纹旋合长度是指两个相互配合的螺纹沿螺纹轴线方向相互旋合部分的长度，旋合长度有短旋合长度（S）、中等旋合长度（N）和长旋合长度（L）三种，中等旋合长度（N）省略不标注。

**例** 说明 M10-5g6g-L 和 M10×1-6H-LH 的含义。

解：

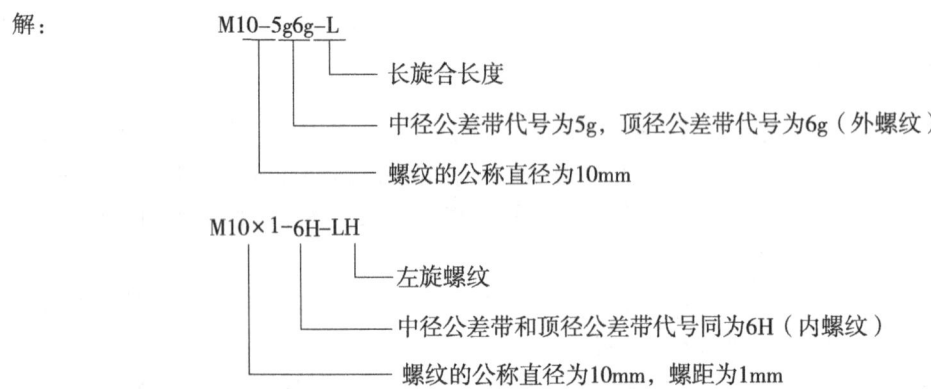

普通螺纹尺寸的计算公式见表8-3，普通螺纹直径与螺距系列见表8-4。

表8-3 普通螺纹的尺寸计算

| 序号 | 名称 | 代号 | 计算公式 |
|---|---|---|---|
| 1 | 牙型角 | $\alpha$ | $60°$ |
| 2 | 原始三角形高度 | $H$ | $H = 0.866P$ |
| 3 | 牙型高度 | $h$ | $h = \frac{5}{8}H = 0.5413P$ |
| 4 | 大径 | $D(d)$ | $D = d = $ 公称直径 |
| 5 | 中径 | $D_2(d_2)$ | $D_2 = d_2 = d - 2 \times \frac{3}{8}H = d - 0.6495P$ |
| 6 | 小径 | $D_1(d_1)$ | $D_1 = d_1 = d - 2 \times \frac{5}{8}H = d - 1.0825P$ |
| 7 | 螺纹升角 | $\phi$ | $\tan\phi = \frac{P_h}{\pi d_2} = \frac{nP}{\pi d_2}$ |

表8-4 部分普通螺纹直径与螺距系列 （单位：mm）

| 公称直径 $D$、$d$ | | | 螺距 $P$ | | | | | | | | |
|---|---|---|---|---|---|---|---|---|---|---|---|
| 第1系列 | 第2系列 | 第3系列 | 粗牙 | 细牙 | | | | | | | |
| | | | | 3 | 2 | 1.5 | 1.25 | 1 | 0.75 | 0.5 | 0.35 | 0.25 | 0.2 |
| 1 | | | 0.25 | | | | | | | | | | 0.2 |
| | 1.1 | | 0.25 | | | | | | | | | | 0.2 |
| 1.2 | | | 0.25 | | | | | | | | | | 0.2 |
| | 1.4 | | 0.3 | | | | | | | | | | 0.2 |
| 1.6 | | | 0.35 | | | | | | | | | | 0.2 |
| | 1.8 | | 0.35 | | | | | | | | | | 0.2 |
| 2 | | | 0.4 | | | | | | | | 0.25 | | |
| | 2.2 | | 0.45 | | | | | | | | 0.25 | | |
| 2.5 | | | 0.45 | | | | | | | 0.35 | | | |
| 3 | | | 0.5 | | | | | | | 0.35 | | | |
| | 3.5 | | 0.6 | | | | | | | 0.35 | | | |
| 4 | | | 0.7 | | | | | | 0.5 | | | | |
| | 4.5 | | 0.75 | | | | | | 0.5 | | | | |
| 5 | | | 0.8 | | | | | | 0.5 | | | | |
| | 5.5 | | | | | | | | 0.5 | | | | |
| 6 | | | 1 | | | | | | 0.75 | | | | |
| | 7 | | 1 | | | | | | 0.75 | | | | |
| 8 | | | 1.25 | | | | | 1 | 0.75 | | | | |
| | | 9 | 1.25 | | | | | 1 | 0.75 | | | | |
| 10 | | | 1.5 | | | | 1.25 | 1 | 0.75 | | | | |
| | | 11 | 1.5 | | | 1.5 | | 1 | 0.75 | | | | |
| 12 | | | 1.75 | | | | 1.25 | 1 | | | | | |
| | 14 | | 2 | | | 1.5 | 1.25 | 1 | | | | | |
| | | 15 | | | | 1.5 | | 1 | | | | | |
| 16 | | | 2 | | | 1.5 | | 1 | | | | | |

(续)

| 公称直径 $D$、$d$ | | | 螺距 $P$ | | | | | | | | | |
|---|---|---|---|---|---|---|---|---|---|---|---|---|
| 第1系列 | 第2系列 | 第3系列 | 粗牙 | | | | | 细牙 | | | | |
| | | | | 3 | 2 | 1.5 | 1.25 | 1 | 0.75 | 0.5 | 0.35 | 0.25 | 0.2 |
| 20 | 18 | 17 | 2.5 | | 2 | 1.5 | | 1 | | | | | |
| | | | 2.5 | | 2 | 1.5 | | 1 | | | | | |
| 24 | 22 | | 2.5 | | 2 | 1.5 | | 1 | | | | | |
| | | 25 | 3 | | 2 | 1.5 | | 1 | | | | | |
| | | | | | 2 | 1.5 | | 1 | | | | | |
| | 27 | 26 | 3 | | 2 | 1.5 | | 1 | | | | | |
| | | 28 | | | 2 | 1.5 | | 1 | | | | | |
| 30 | | | 3.5 | (3) | 2 | 1.5 | | 1 | | | | | |
| | | 32 | | | 2 | 1.5 | | | | | | | |
| | 33 | | 3.5 | (3) | 2 | 1.5 | | | | | | | |
| | | 35 | | | | 1.5 | | | | | | | |
| 36 | | | 4 | 3 | 2 | 1.5 | | | | | | | |
| | | 38 | | | | 1.5 | | | | | | | |
| | 39 | | 4 | 3 | 2 | 1.5 | | | | | | | |

注：优先采用第1系列，其次采用第2、3系列。

### 2. 车削螺纹时的进给方法

在圆柱表面上车出螺旋槽的过程中，由于普通螺纹车刀刀尖的强度较差，工作条件恶劣，加之两侧切削刃同时参加切削，会产生较大的切削抗力，将引起工件振动，从而影响加工精度和表面粗糙度。所以，应根据不同的加工要求、零件的材质和螺纹的螺距来选择合适的进给方法。车削螺纹时的进给方法有直进法、斜进法和左右切削法，如图8-10所示。

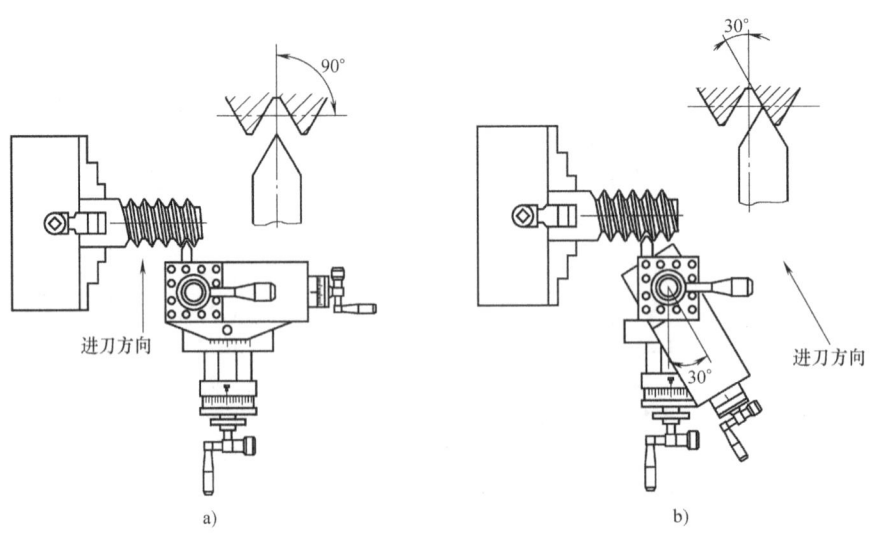

图8-10　进给方法
a) 直进法　b) 斜进法

（1）直进法　车削时，只有中滑板横向进给，螺纹车刀的左右切削刃同时参与切削的方法称为直进法。直进法操作简单，可以获得较精确的螺纹牙型，适合车削螺距 $P<3mm$ 的螺纹；用硬质合金车刀高速车削时只能采用直进法车削。

（2）斜进法　车削时，在中滑板横向进给的同时使小滑板向一侧纵向进给的车削方法称为斜进法。斜进法适合加工螺距较大、螺纹槽较深的螺纹。

（3）左右切削法　车削时，除了用中滑板控制径向进给外，同时使小滑板将螺纹车刀向左、向右作微量纵向进给的方法称为左右切削法。为了使螺纹两侧面的表面粗糙度值减小，车刀应先向一侧进给，待这一侧表面达到要求后，再向另一侧进给，并应控制螺纹中径尺寸及表面粗糙度；最后，将车刀移到牙槽中间，用直进法车削牙底，以保证牙型清晰。

斜进法和左右切削法都是单刃切削，车削中不易产生"扎刀"，且可获得较小的表面粗糙度值。但其操作较复杂，纵向进给量不能太大，否则会将螺纹车乱或将牙顶车尖。

普通螺纹的车削有低速和高速车削两种，低速车削使用高速钢螺纹车刀，高速车削使用硬质合金车刀。低速车削的精度高，表面粗糙度值小，但生产率低；高速车削的效率可达低速车削的几倍，而且只要方法得当，也可以获得较小的表面粗糙度值。低速车削可以采用直进法、左右切削法和斜进法；高速车削只能采用直进法，不能采用左右切削法，否则会拉毛牙型的侧面，影响螺纹精度。

**3. 车削螺纹前对工件的工艺要求**

1）为保证螺纹车好后牙顶处有 $0.125P$（$P$ 为工件螺距）的宽度，车削螺纹前的工件直径应比螺纹的公称直径小 $0.13P$。

2）车削有退刀槽的螺纹时，车削前应先车好退刀槽，槽底直径应小于螺纹小径，槽宽约等于（2~3）$P$，且应先倒角至略小于螺纹小径。

3）车削脆性材料（如铸铁）时，车削螺纹前的工件外圆的表面粗糙度值要小，以免车削螺纹时牙尖崩裂。

**4. 车削螺纹前对车床的调整**

（1）车床手柄位置的调整　在 CA6140 型车床上车削螺纹时，其传动链的首端件是主轴，末端件是刀架，两者之间必须保持严格的运动关系，即主轴转一转，刀架准确地移动一个被加工螺纹的导程。CA6140 型车床车削螺纹的传动路线示意图如图 8-11 所示，主轴的旋转运动经三星齿轮、交换齿轮、进给箱传给丝杠，丝杠通过开合螺母机构带动刀架移动，从而实现螺纹的车削。

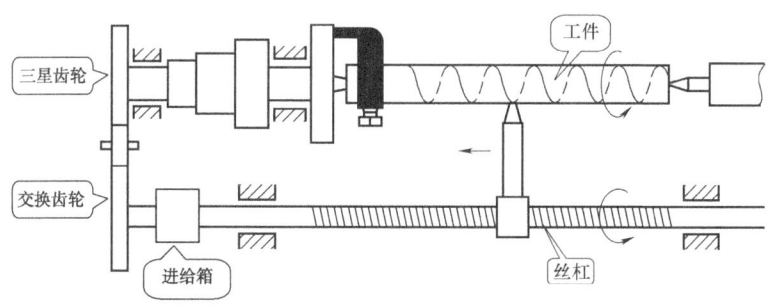

图 8-11　CA6140 型车床车削螺纹传动路线示意图

在 CA6140 型车床上车削常用螺距或导程的螺纹时，可按照车床进给箱上铭牌表所示的螺距范围变换手柄的位置。表 8-5 所示为进给箱铭牌表中车削米制螺纹的螺距范围和手柄的位置。

表 8-5 进给箱铭牌表（米制螺纹）

| 手轮 3 位置 | 手柄 2 位置 | I | II | III | IV | III | I | IV | II | III | IV |
|---|---|---|---|---|---|---|---|---|---|---|---|
| 1 | | | | | | | | | | | |
| 2 | | | 1.75 | 3.5 | 7 | 14 | | 28 | | 56 | 112 |
| 3 | | 1 | 2 | 4 | 8 | 16 | | 32 | | 64 | 128 |
| 4 | | | 2.25 | 4.5 | 9 | 18 | | 36 | | 72 | 144 |
| 5 | | | | | | | | | | | |
| 6 | | 1.25 | 2.5 | 5 | 10 | 20 | | 40 | | 80 | 160 |
| 7 | | | | 5.5 | 11 | 22 | | 44 | | 88 | 176 |
| 8 | | 1.5 | 3 | 6 | 12 | 24 | | 48 | | 96 | 192 |

注：1. ●代表主轴转速为 40～125r/min，○代表主轴转速为 10～32r/min。
2. 应用此表时，应和主轴箱上加大螺距手柄及进给箱手柄 1、2、3 上的各标牌符号配合使用。

例如，车削螺距为 2mm 的普通螺纹时，车床手柄的位置调整如下：根据表 8-5 找到手柄所应在的位置，在如图 8-12 所示的进给箱上，将手柄 1 置于"B"上（车削普通螺纹位置），将手柄 2 置于"II"处（与手轮 3 配合，车削不同螺距的螺纹），将手轮 3 拉出转到"3"与"▽"相对的位置后，便可进行车削。此时，交换齿轮箱中的齿轮分别是：A = 63 齿，B = 100 齿，C = 75 齿。

(2) 中、小滑板间隙的调整　车削螺纹时，中、小滑板与镶条之间的间隙应适当。间隙过大，中、小滑板太松，车削中容易产生"扎刀"现象；间隙过小，则中、小滑板操作不灵活。沿顺时针方向旋转小滑板手柄，消除小滑板丝杠与螺母之间的间隙。

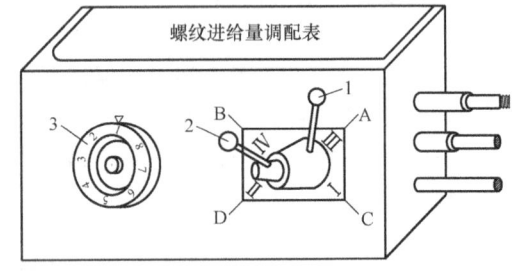

图 8-12　CA6140 型车床进给箱上的手柄位置

(3) 开合螺母松紧的调整　开合螺母的松紧应适当，开合螺母过松，车削过程中容易跳起，使螺纹产生"乱牙"；开合螺母过紧，则开合螺母手柄提起、合上的操作将不灵活。

**5. 低速车削普通螺纹的操作方法**

螺纹一般需分几次进给车削才能完成。为了防止螺纹"乱牙"，常采用倒顺车的切削方式，即在第一次刀具进行切削时按下（合上）开合螺母后，返回不提起开合螺母，开倒车使车刀返回原来切削状态的初始位置；然后开正车进行第二行程的切削，直至将螺纹车好，才可提起（断开）开合螺母。倒顺车法车削螺纹的步骤如图 8-13 所示。

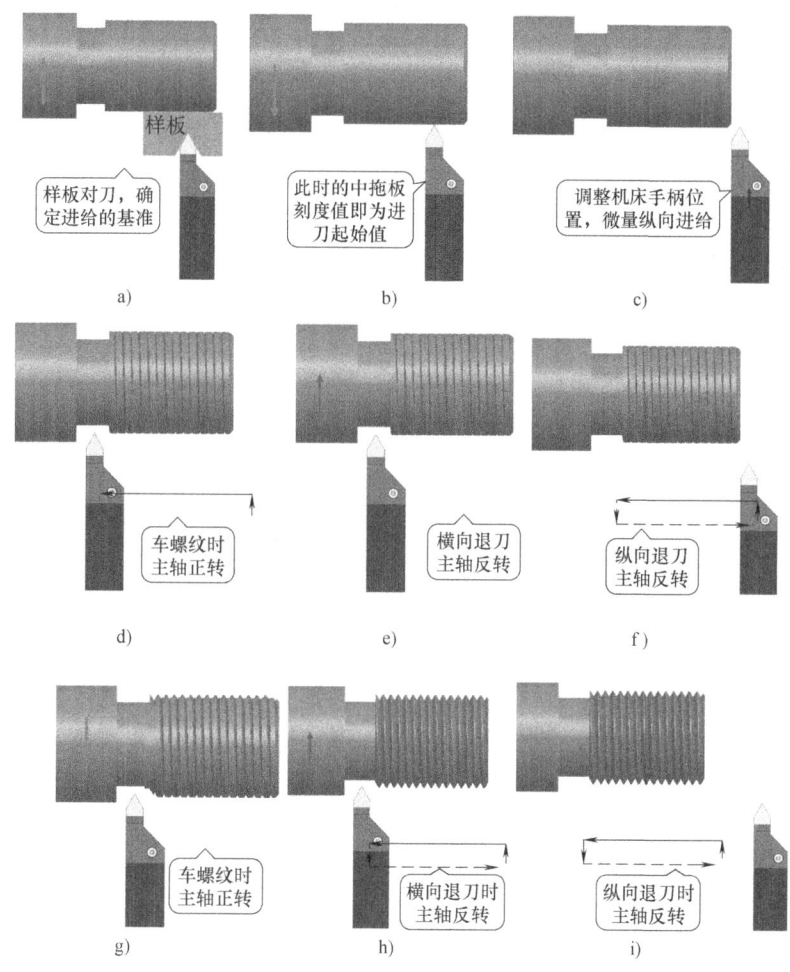

图 8-13 倒顺车法车削螺纹

1）装夹螺纹车刀。为了保证螺纹的牙型角与牙型半角正确，安装螺纹车刀时，刀尖必须与工件的中心等高（可根据尾座顶尖的高度进行检查），且车刀刀尖的对称中心线必须与工件的轴线垂直，如图 8-13a 所示。装夹车刀时，刀体不要伸出过长，一般为 20~25mm（约为刀柄厚度的 1.5 倍）。

2）开动车床，使车刀与工件轻微接触并记下分度盘读数，如图 8-13b 所示；然后向右退出车刀，如图 8-13c 所示。

3）合上开合螺母，在工件表面上车出一条螺旋线，停止进给，如图 8-13d 所示；然后横向退出车刀，如图 8-13e 所示。

4）开反车使车刀退到工件右端，停车，如图 8-13f 所示，用钢直尺检查螺距是否正确。

5）调整背吃刀量，开动车床进行车削。

6）车刀将至行程终了位置时，应作好退刀停车的准备，先快速退出车刀，然后停止进给，开反车将刀架退回到起始位置。

7) 再次横向进给，继续切削，其切削过程的路线如图 8-13g、h、i 所示，直至车到螺纹深度要求。

采用倒顺车法车削螺纹，中途换刀或刃磨车刀后继续车削时须重新对刀。其操作方法是：车刀不切入工件而按下开合螺母，待车刀移到工件表面处时停车；摇动中、小滑板，使车刀刀尖对准螺旋槽，然后正转开动车床，观察车刀刀尖是否在槽内，直至对准后再开始车削。

**6. 切削用量的选择**

低速车削普通外螺纹时，应根据工件的材料、螺纹的牙型角、螺距的大小及所处的加工阶段（粗车或精车）等因素，合理地选择切削用量。

（1）切削速度的选择　由于螺纹车刀两切削刃的夹角较小，散热条件差，进给量大，因此，车削螺纹时的切削速度比车削外圆时低。一般情况下，粗车时的切削速度为 10～15m/min，精车时的切削速度为 6m/min 左右。

（2）背吃刀量的选择　螺纹中径的大小是靠控制切削过程中多次进刀的总背吃刀量来实现的。总背吃刀量可根据计算所得的螺纹工作牙高由横向分度盘大致控制，最后通过测量来保证。螺纹车刀刚切入工件时，应选择较大的背吃刀量，以后每次的背吃刀量应逐步减小。精车时，背吃刀量应更小，排出的切屑很薄，以便获得较小的表面粗糙度值。直进法进给比例示意图如图 8-14 所示。

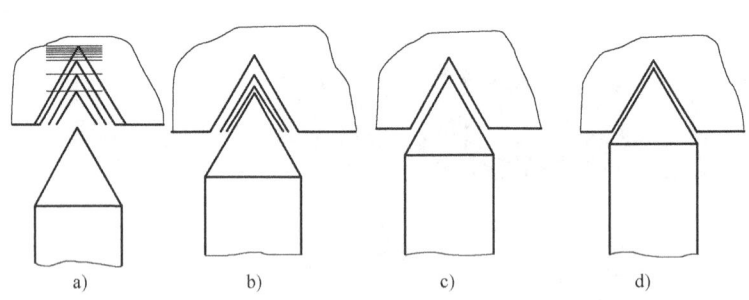

图 8-14　直进法进给比例示意图

**7. 普通外螺纹的检测**

（1）螺纹大径的测量　螺纹大径的公差较大，一般可用游标卡尺或千分尺进行测量。

（2）螺距的测量　螺距一般用钢直尺测量，如图 8-15 所示。普通螺纹的螺距较小，测量时根据螺距的大小，最好量 2～10 个螺距的长度，然后计算出一个螺距的尺寸。如果螺距

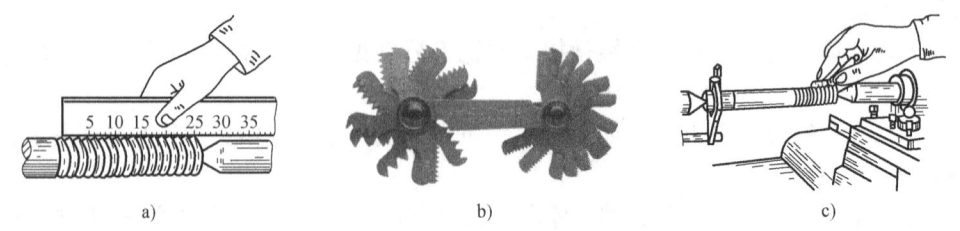

图 8-15　螺距的测量

a）用钢直尺测量螺距　b）螺纹样板　c）用螺纹样板测量螺距

太小，则应用螺纹样板进行测量，测量时，将螺纹样板沿平行于工件轴线的方向嵌入牙中，如果完全符合，则螺距是正确的。

（3）螺纹中径的测量　精度较高的普通螺纹可用螺纹千分尺进行测量，如图8-16所示。螺纹千分尺附有两套不同螺距的测头（牙型角分别为60°和55°），以适应各种不同的普通外螺纹中径的测量。测量时，两个与螺纹牙型角相同的测头正好卡在螺纹的牙型面上，测得的千分尺读数就是该螺纹中径的实际尺寸。

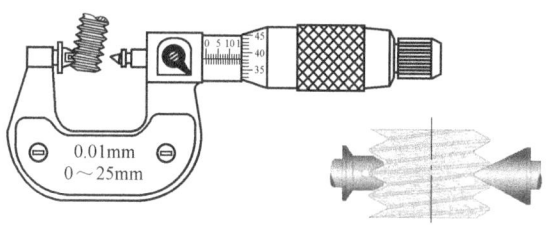

图8-16　螺纹中径的测量

（4）综合检验　综合检验法是用螺纹量规（图8-17）同时对螺纹各部分尺寸（大径、中径、螺距等）进行综合检验的方法。用螺纹量规检验时，首先应对螺纹的直径、螺距、牙型和表面粗糙度进行检查，然后用螺纹环规检验外螺纹的尺寸精度。如果螺纹环规的通端可以旋入，而止端不能旋入，则说明螺纹的精度合格。对于精度要求不高的螺纹，也可用标准螺母进行检查，以拧上螺母时是否顺利和松动的程度来确定其是否合格。检查有退刀槽的螺纹时，螺纹环规应通过退刀槽与台阶平面靠平。

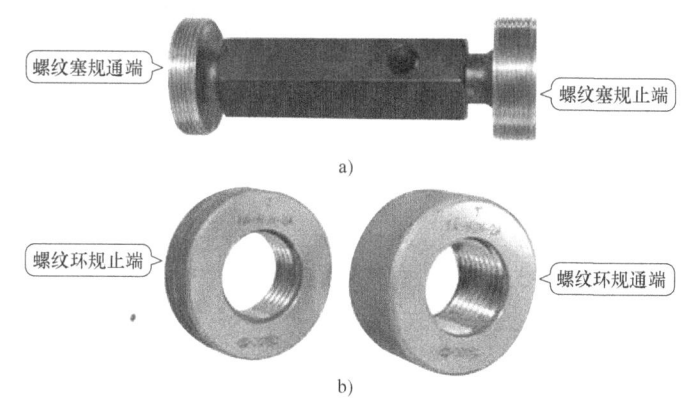

图8-17　螺纹量规
a）螺纹塞规　b）螺纹环规

## 三、任务实施

**1. 准备工作**

（1）毛坯　材料为45钢，尺寸为 $\phi 35\text{mm} \times 165\text{mm}$ 的圆棒料，每料3件。

（2）工艺装备　螺纹车刀、外圆车刀、车槽刀、游标卡尺、千分尺、螺纹千分尺等。

**2. 车削螺纹的动作练习**

（1）主轴正转、反转练习　选择主轴转速为180r/min以下，开动车床，使主轴正转、反转数次，达到熟练操作主轴正转和反转之间的转换。

（2）开合螺母合、开练习　合上开合螺母，检查丝杠与开合螺母的工作情况是否正常，若有跳动和自动抬闸现象，必须消除。开车练习开合螺母的分合动作，先退刀，后提开合螺母,动作要协调。

(3) 空刀练习车削螺纹的动作 选择螺距 2mm、长度为 25mm 左右,转速 180r/min 以下。

**3. 螺纹销的车削工艺分析和加工工艺过程卡**

本任务中螺纹的尺寸计算见表 8-6。

表 8-6 普通外螺纹 M24×1.5 的尺寸计算 (单位:mm)

| 计 算 过 程 | 计 算 结 果 |
|---|---|
| $H = 0.866P = 0.866 \times 1.5 = 1.299$ | $H = 1.299$ |
| $h = \frac{5}{8}H = 0.5413P = 0.5413 \times 1.5 = 0.812$ | $h = 0.812$ |
| $d = $ 公称直径 $= 24$ | $d = 24$ |
| $d_2 = d - 2 \times \frac{3}{8}H = d - 0.6495P = 24 - 0.6495 \times 1.5 = 23.026$ | $d_2 = 23.026$ |
| $d_1 = d - 2 \times \frac{5}{8}H = d - 1.0825P = 24 - 1.0825 \times 1.5 = 22.376$ | $d_1 = 22.376$ |

由于车削螺纹时的挤压作用,螺纹的大径将增大,对于塑性金属材料更为明显,所以车削螺纹前的杆径应略小于螺纹大径的公称尺寸。车削螺纹前的杆径定为 $\phi$23.8mm。螺纹的高度为 0.812mm,车削 M24×1.5 螺纹时的进刀次数见表 8-7。

表 8-7 M24×1.5 的进刀次数

| 进刀次数 | 进刀格数 | 背吃刀量/mm | 进刀次数 | 进刀格数 | 背吃刀量/mm |
|---|---|---|---|---|---|
| 1 | 8 | 0.4 | 5 | 0 | 0 |
| 2 | 4 | 0.20 | 6 | 0.5 | 0.025 |
| 3 | 2 | 0.10 | 7 | 0.5 | 0.025 |
| 4 | 1 | 0.05 | 8 | 0.24 | 0.012 |

螺纹高度为 0.812mm,$n = 16.24$ 格

螺纹销的加工工艺过程卡见表 8-8 所示。

表 8-8 螺纹销的加工工艺过程卡

| 工序号 | 工序名称 | 工序内容 | 工艺装备 |
|---|---|---|---|
| 1 | 车削端面、外圆 | 装夹毛坯,伸出 70mm,找正夹紧;车削端面,车削外圆至 $\phi$28mm | 外圆车刀、游标卡尺 |
| 2 | 车槽 | 车槽 $\phi$20mm×8mm | 车槽刀、游标卡尺 |
| 3 | 车削螺纹 | (1) 车削螺纹大径至 $\phi$23.8mm,长 30mm,端面倒角 C1<br>(2) 车削 M24×1.5 螺纹至图样要求 | 螺纹车刀、螺纹千分尺 |
| 4 | 切断 | 从长度为 53.5mm 处切断 | 车槽刀 |
|  | 车削另一端面 | 掉头装夹,车削端面,保证总长尺寸 | 外圆车刀、游标卡尺 |
| 5 | 检验 | 检查螺纹各尺寸是否合格 |  |

## 车削外螺纹时的注意事项

1) 车削螺纹前，应检查主轴手柄的位置，用手旋转主轴（正、反），看其是否过重或空转量过大。调整好床鞍和中滑板、小滑板的松紧程度及开合螺母间隙。

2) 调整进给箱手柄时应停机，用手拨动卡盘。

3) 车削螺纹时，开合螺母必须闸到位，如感到未闸好，应立即起闸，重新进行。

4) 应保持切削刃锋利。出现积屑瘤时，应及时清除。中途换刀或磨刀后，必须重新对刀，并重新调整中滑板刻度。

5) 精车时，应首先用最少的纵向进给量车光一个侧面，把余量留给另一侧面。

6) 使用螺纹环规进行检验时，不能用力太大或用扳手拧，以免螺纹环规严重磨损或使工件发生移位。

7) 车完螺纹后应提起开合螺母，并把手柄拨到纵向进刀位置，以免开动车床时撞车。

8) 车削铸铁螺纹时应注意以下事项：
① 为了保持刀尖和切削刃锋利，刀尖应稍倒圆，后角可磨得大些。
② 第一刀进给要少，以后也不能太大，否则螺纹表面容易发生崩裂。
③ 车削时一般不使用切削液。
④ 切屑呈碎粒状，应防止其飞入眼睛。

### 4. 车削螺纹的质量分析

车削普通螺纹时产生废品的原因及预防措施见表8-9。

**表8-9 车削普通螺纹时产生废品的原因及预防措施**

| 废品种类 | 产生原因 | 预防措施 |
| --- | --- | --- |
| 中径不正确 | (1) 背吃刀量选取不当，以顶径为基准控制背吃刀量，忽略了顶径误差的影响<br>(2) 分度盘使用不当 | (1) 经常测量中径尺寸，应考虑顶径的影响来调整背吃刀量<br>(2) 正确使用分度盘 |
| 螺距不正确 | (1) 交换齿轮计算或组合错误，进给箱、溜板箱有关手柄的位置不正确<br>(2) 车削过程中开合螺母自动抬起<br>(3) 车床丝杠和主轴的轴向窜动过大、溜板箱手轮转动不平衡、开合螺母间隙过大等会造成局部螺距不正确 | (1) 车削螺纹前先车一条较浅的螺旋线，测量螺距是否正确<br>(2) 控制开合螺母自动抬起<br>(3) 调整丝杠和主轴的轴向窜动量及开合螺母的间隙；将溜板箱手轮拉出使之与传动轴脱开，使床鞍均匀移动 |
| 牙型不正确 | (1) 车刀刀尖角刃磨不正确<br>(2) 车刀安装不正确<br>(3) 车刀磨损 | (1) 正确刃磨和测量车刀刀尖的角度<br>(2) 安装车刀时用样板对刀<br>(3) 合理选择切削用量，及时刃磨车刀 |

(续)

| 废品种类 | 产生原因 | 预防措施 |
| --- | --- | --- |
| 表面粗糙度值大 | (1) 产生积屑瘤<br>(2) 刀柄刚度不够，切削时产生振动<br>(3) 车刀纵向前角太大，中滑板丝杠螺母间隙太大引起"扎刀"<br>(4) 工件刚性差，而切削用量过大<br>(5) 车刀磨损 | (1) 用高速钢车刀切削时，应选择较小的切削速度，并合理使用切削液<br>(2) 增大刀柄的横截面积，并减小刀柄的伸出长度<br>(3) 减小车刀的纵向前角，调整中滑板丝杠螺母间隙<br>(4) 合理选择切削用量，及时刃磨车刀 |
| 乱牙 | 工件的转数不是丝杠转数的整数倍 | 采用倒顺车法车削。车刀中途磨损，刃磨后装刀时应重新对刀 |

# 知识扩展

## 车削无退刀槽的螺纹和管螺纹的方法

**1. 车削无退刀槽的螺纹**

车削无退刀槽的螺纹时，应先在螺纹的有效长度处用车刀刀尖刻一道螺纹终止线。当螺纹车刀移动到螺纹终止线处时，横向迅速退刀并提起开合螺母或压下操纵杆让主轴反转，使螺纹收尾在2/3圈之内。

**2. 车削管螺纹**

管螺纹是一种特殊的寸制细牙螺纹，其牙型角有55°和60°两种。根据管螺纹的特性，又可将其分为密封管螺纹和非密封管螺纹两种。密封管螺纹可以是内、外螺纹均为圆锥螺纹，也可以是圆柱内螺纹与圆锥外螺纹相配合，其联接本身具有一定的密封性，多用于高温高压系统。非密封管螺纹的内、外螺纹都是圆柱螺纹，无密封性，常用于润滑管路系统。

(1) 55°非密封管螺纹的车削　如图8-18a所示，55°非密封管螺纹的母体形状是圆柱形，其牙型角为55°，在螺纹顶部和底部的$H/6$处倒圆。55°非密封管螺纹的车削与普通螺纹的车削方法相似，其尺寸计算见表8-10。

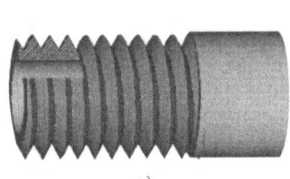

a) b)

图8-18　55°非密封管螺纹
a) 圆柱螺纹　b) 圆锥螺纹

表 8-10　55°非密封管螺纹的尺寸计算

| 名　　称 | 代　号 | 计 算 公 式 |
|---|---|---|
| 牙型角 | α | 55° |
| 螺距 | P | $P = 1\text{in}/n$（$1\text{in} = 0.0254\text{m}$，$n$ 为线数） |
| 原始三角形高度 | H | $H = 0.96049P$ |
| 牙型高度 | h | $h = 0.64033P$ |
| 圆弧半径 | r | $r = 0.13733P$ |

（2）55°密封管螺纹的车削　如图 8-18b 所示，55°密封管螺纹顶部和底部的 $H/6$ 处有倒圆，圆锥体有 1:16 的锥度，车削 55°密封管螺纹的重点是车制出带有 1:16 锥度的螺纹。对于一般配合精度、生产批量较小的 55°密封管螺纹，可采用手赶法进行车削，即在床鞍由右向左自动纵向进给的同时，手动中滑板均匀地退刀，以车出 55°密封管螺纹。55°密封管螺纹的尺寸计算见表 8-11。

表 8-11　55°密封管螺纹的尺寸计算

| 名　　称 | 代　号 | 计 算 公 式 |
|---|---|---|
| 牙型角 | α | 55° |
| 螺距 | P | $P = 1\text{in}/n$ |
| 原始三角形高度 | H | $H = 0.96024P$ |
| 牙型高度 | h | $h = 0.64033P$ |
| 圆弧半径 | r | $r = 0.13728P$ |

# 任务三　低速车削普通内螺纹

## 一、任务分析

普通内螺纹的车削方法与普通外螺纹基本相似，但其进刀、退刀方向与车削外螺纹时相反，车削内螺纹前底孔的直径应比螺纹的公称直径小。另外，要充分注意车削内螺纹（尤其是直径较小的内螺纹）时刀柄细长，刚性差、切屑不易排出、切削液不易注入及不易观察等特点。本任务是对如图 8-19 所示的内螺纹工件进行车削练习。

**知识点**：车削内螺纹前底孔直径的确定方法，普通内螺纹车削工艺的制订。
**技能点**：内螺纹车刀的选择和安装，车削内螺纹的方法，内螺纹的检测和质量分析。

## 二、知识链接

车削内螺纹前，一般应先钻孔或扩孔。由于车削螺纹时的挤压作用，内孔直径会减小，车削塑性金属材料时更为明显。所以，车削内螺纹前的底孔直径应略大于螺纹小径的公称尺寸。底孔直径可按下式计算：

车削塑性材料时

$$D_{\text{孔}} = D - P$$

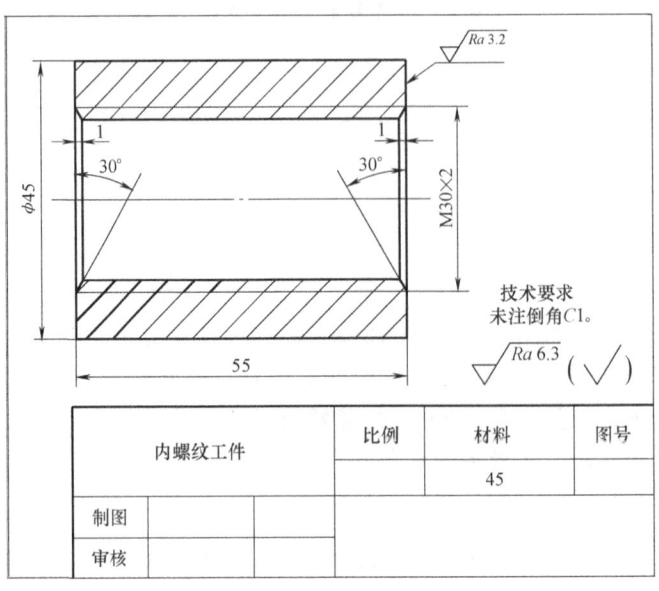

图 8-19 内螺纹工件

车削脆性材料时

$$D_{孔} = D - 1.08P$$

式中　$D_{孔}$——底孔孔径（mm）；

　　　$D$——内螺纹大径（mm）；

　　　$P$——螺距（mm）。

## 三、任务实施

**1. 准备工作**

（1）毛坯　材料为 45 钢，尺寸为 $\phi50\text{mm} \times 180\text{mm}$ 的圆棒料，每料加工 3 件。

（2）工艺装备　内螺纹车刀、内孔车刀、切断刀、麻花钻、外圆车刀、游标卡尺、标准螺栓等。

**2. 普通内螺纹车刀的选择和安装**

（1）普通内螺纹车刀的选择　普通内螺纹通常有通孔内螺纹、台阶孔内螺纹和不通孔内螺纹三种，如图 8-20 所示。

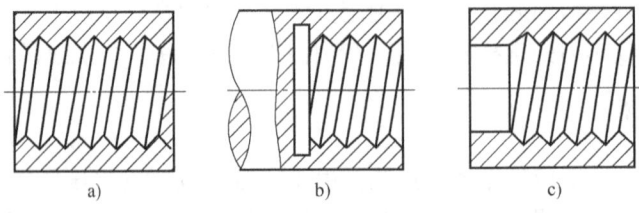

图 8-20 内螺纹的种类

a）通孔内螺纹　b）台阶孔内螺纹　c）不通孔内螺纹

内螺纹车刀是根据车削方法和工件的材料及形状来选择的，常用内螺纹车刀如图 8-21

所示。由于内螺纹车刀的刀柄受螺纹孔径尺寸的限制，因此，在保证顺利车削的前提下，刀柄横截面的面积应尽量选得大些。一般选用车刀切削部分的径向尺寸比孔径小 3～5mm 的内螺纹车刀。如果刀柄太细，车削时容易发生振动；如果刀柄太粗，退刀时会碰伤内螺纹牙顶，甚至不能进行车削。

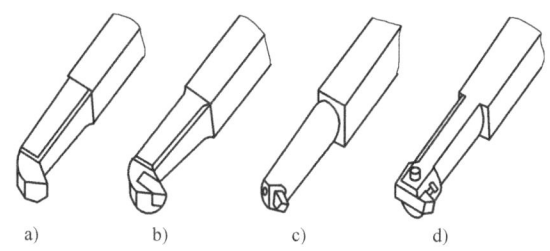

图 8-21　常用内螺纹车刀
a)、b) 通孔内螺纹车刀　c)、d) 不通孔、台阶孔内螺纹车刀

（2）普通内螺纹车刀的安装

1）刀杆不应伸出过长，刀杆伸出长度应比螺纹的深度长 10～20mm。

2）调整车刀高度，使刀尖略高于工件旋转中心（约 0.5mm），用手旋紧刀架螺钉。

3）装刀时，必须严格按样板找正刀尖，保证刀尖的角平分线与刀柄垂直，如图 8-22 所示，否则车削后会出现倒牙现象。图 8-23 所示为内螺纹车刀的不正确安装形式。

4）位置正确后将刀架螺钉旋紧，用螺纹样板再次进行检查。车刀装好后，应在孔内摇动床鞍至终点，以检查车刀是否与孔壁相碰撞。

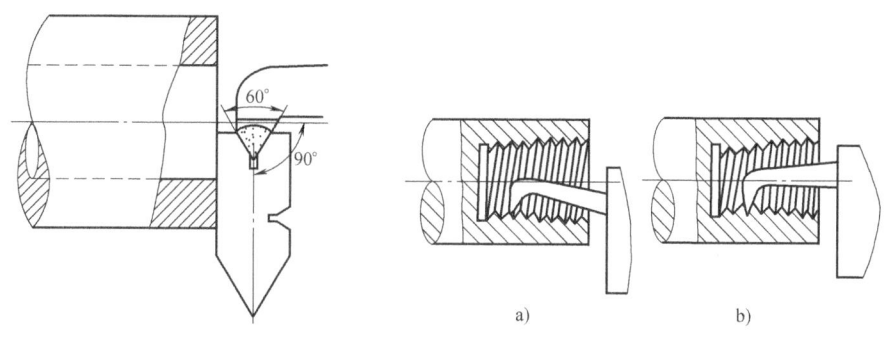

图 8-22　内螺纹车刀的安装　　图 8-23　内螺纹车刀的不正确安装形式

**3. 内螺纹工件的车削工艺分析和加工工艺过程卡**

（1）计算车削螺纹前的底孔直径　$D_{孔} = D - P = 30\text{mm} - 2\text{mm} = 28\text{mm}$。

（2）车削内螺纹的步骤

1）车削内螺纹前，先把工件的内孔、平面及倒角车好。

2）车削时须在中滑板刻度盘上作好退刀和进给记号。

3）车削内螺纹时的进给方式和车削外螺纹时相同，螺距小于 1.5mm 的内螺纹或铸铁内螺纹采用直进法，螺距大于 2mm 的内螺纹采用左右切削法。为了改善刀柄受切削力变形的状况，应先将大部分余量在背离主轴箱一侧的方向上切削掉，然后车削另一面，最后车削螺纹大径。

4）车削不通孔或台阶孔内螺纹时，应先车削退刀槽，其直径应大于内螺纹大径，槽宽为 2~3 个螺距，并与台阶平面切平。

5）切削用量和切削液的选择与车削普通外螺纹时相同。

内螺纹工件的加工工艺过程卡见表 8-12。

表 8-12 内螺纹工件的加工工艺过程卡

| 工序号 | 工序名称 | 工序内容 | 工艺装备 |
| --- | --- | --- | --- |
| 1 | 车削端面、外圆 | 装夹棒料，将棒料伸出 60mm 左右，找正并夹紧<br>(1) 车平端面，并将外圆车至 $\phi$45mm<br>(2) 倒角 C0.5 | 外圆车刀、游标卡尺 |
| 2 | 钻孔 | 钻 $\phi$25mm 内孔 | 麻花钻 |
| 3 | 切断 | 取长度 56mm 切断 | 切断刀 |
| 4 | 车削另一端面 | 调头装夹 $\phi$45mm 外圆<br>(1) 车削端面，保证总长 55mm<br>(2) 倒角 C0.5<br>(3) 粗、精车螺纹底孔直径至 $\phi$28mm<br>(4) 孔口倒角 30° | 外圆车刀、内孔车刀、游标卡尺 |
| 5 | 倒角 | 调头装夹，孔口倒角 30° | 外圆车刀 |
| 6 | 车削内螺纹 | 粗、精车 M30×2 内螺纹，达到图样要求 | 内螺纹车刀、标准螺栓 |
| 7 | 检验 | 按图样要求检验各部分尺寸 | 标准螺栓、游标卡尺 |

### 车削内螺纹时的注意事项

1）内螺纹车刀的两切削刃要刃磨平直，两切削刃的对称中心平面应与刀杆垂直。装刀时，应保证车刀刀尖对准工件中心，刀杆中心线应与主轴中心线平行。

2）车刀的刀体不能太窄，否则会导致螺纹已车到规定深度，而中径却未达到要求尺寸。

3）内螺纹车刀的刀杆不能选得太细，否则由于切削力的作用，会引起振动和变形，出现"扎刀"、"让刀"现象，或者发出不正常的声音和产生振纹等。

4）车削内螺纹时，应将中、小滑板适当调紧些，以防车削时中、小滑板产生位移而造成螺纹"乱牙"。

5）加工不通孔内螺纹时，要注意对螺纹深度的控制，退刀要及时、准确。

6）车削过程中车刀碰撞孔底时，应重新对刀，以防因车刀移位而造成"乱牙"现象。

7）车削内螺纹时，"赶刀"量不宜过多，以防精车螺纹时没有余量。

8）精车时必须保持车刀锋利，否则容易产生"让刀"现象，致使螺纹产生锥形误差。一旦产生锥形误差（检查时，塞规只能在进口处拧进几下），不能盲目地增大背吃刀量，而应让螺纹车刀反复进行无进给切削来消除误差，直至塞规能全部拧进为止。

9）车削内螺纹时，目测困难，应随时观察排屑情况，判断螺纹的表面粗糙度值是否合格。

## 项目重点

1. 普通螺纹有关术语的含义，普通螺纹标记和螺纹各部分参数的计算。
2. 普通螺纹车刀几何角度的确定，普通螺纹车刀的刃磨方法和刃磨要求。
3. 车削普通螺纹前对车床手柄位置的调整方法。
4. 正确装夹螺纹车刀的方法。
5. 车削普通螺纹时切削用量的选择和切削液的使用。
6. 普通螺纹各部分尺寸的测量方法。
7. 车削内螺纹前孔径的计算方法。
8. 普通螺纹的车削方法，车削螺纹时的注意事项，螺纹的检测和质量分析。

## 实战强化

### 一、填空题

1. 写出下面所列螺纹的螺距：M6（　　）、M10（　　）、M12（　　）、M14（　　）、M16（　　）、M18（　　）、M24（　　）、M30（　　）。
2. 低速车削螺纹时，应使用_____车刀；高速车削螺纹时，应使用_____车刀。
3. 车削螺纹时，中、小滑板与镶条之间的间隙应_____。间隙过大，中、小滑板太松，车削中容易产生_____现象；间隙过小，则中、小滑板操作_____。
4. 低速车削普通外螺纹的进给方法有：_____法、_____法和_____法。
5. 受螺纹_____的限制，应在保证顺利车削的前提下，将内螺纹车刀刀柄的横截面积尽量选得大些。

### 二、选择题

1. 螺纹公称直径是代表螺纹尺寸的直径，一般是指螺纹（　　）的公称尺寸。
   A. 内螺纹顶径　　B. 外螺纹中径　　C. 中径　　D. 小径　　E. 大径
2. 普通螺纹的牙型角为（　　）。
   A. 29°　　B. 30°　　C. 55°　　D. 60°
3. 同规格的外螺纹中径（　　）内螺纹中径的公称尺寸。
   A. 大于　　B. 等于　　C. 小于
4. 为保证普通外螺纹牙顶有 $0.125P$ 的宽度，车削前的外圆直径应比螺纹的公称直径小（　　）。
   A. $0.5P$　　B. $0.13P$　　C. $0.25P$　　D. $0.125P$

### 三、判断题

1. 高速车削螺纹时，只能采用直进法。　　　　　　　　　　　　　　　　（　　）
2. 螺纹车刀工作时的前角和后角与车刀的刃磨前角和刃磨后角的数值不相同。（　　）

3. 螺纹精车刀的纵向前角应取得较大，这样才能达到理想的效果。（　　）
4. 同一公称直径的细牙普通螺纹比粗牙普通螺纹的螺距小。（　　）
5. 高速车削螺纹时，实际螺纹的牙型角会扩大。（　　）
6. 开倒顺车法是指在一次行程结束时，提起开合螺纹，把车刀沿径向退出后，使螺纹车刀沿纵向退回，再进行第二次车削。（　　）
7. 内螺纹的大径也就是内螺纹的底径。（　　）
8. 车削塑性金属的普通内螺纹的孔径，应比同规格的脆性金属的孔径小些。（　　）
9. 车削内螺纹时，不能用手去摸螺纹表面，也不可以把砂纸卷在手指上去掉内螺纹上的毛刺。（　　）

## 四、综合题

1. 车削螺纹时，车刀左、右两侧的后角会发生什么变化？如何确定车刀两侧的刃磨后角？
2. 低速车削螺纹有哪些方法？它们各有哪些优缺点？适用于什么场合？
3. 用硬质合金车刀高速车削螺纹时，刀尖角是否等于牙型角？为什么？
4. 如何确定车削普通内螺纹前的孔径？
5. 测量普通外螺纹的中径时有哪些方法？一般采用哪种方法？为什么？
6. 在钢件上加工 M20 的不通孔螺纹，螺纹的有效深度为 60mm，求钻底孔的深度。
7. 内、外螺纹车削练习（图 8-24、图 8-25）。

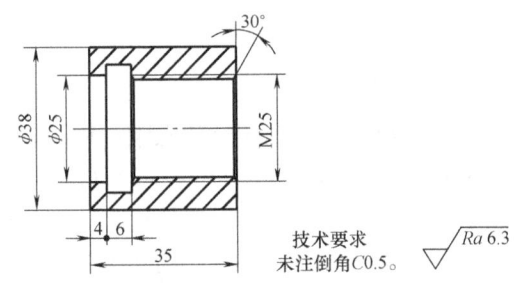

图 8-24　内螺纹车削练习

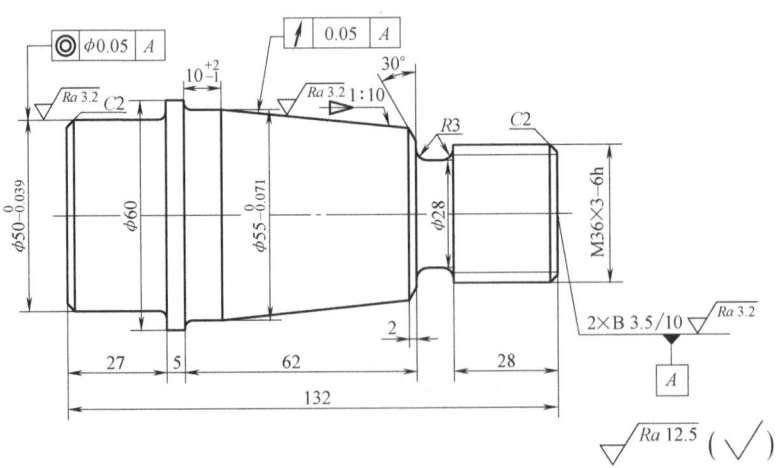

图 8-25　外螺纹车削练习

# 项目九　车削梯形螺纹和蜗杆

## 【功能简述】

梯形螺纹是一种应用广泛的传动螺纹，车床上的长丝杠和中滑板、小滑板丝杠都是梯形螺纹。蜗杆传动常用于减速传动机构，以传递在空间成90°的交错轴之间的运动。

## 【项目分析】

蜗杆的齿形与梯形螺纹很相似，其轴向剖面为梯形，蜗杆的车削方法与梯形螺纹的车削方法也基本相同。本项目主要是车削梯形螺纹、蜗杆及多线螺纹，主要通过梯形外螺纹车刀的刃磨、车削梯形外螺纹、车削蜗杆、车削多线螺纹四个任务来实施。

## 任务一　梯形外螺纹车刀的刃磨

### 一、任务分析

梯形外螺纹车刀如图9-1所示。由于梯形外螺纹的螺纹升角较大，车削时对螺纹车刀的工作角度影响较大，因此，确定梯形外螺纹车刀的几何角度时必须考虑螺纹升角的影响。

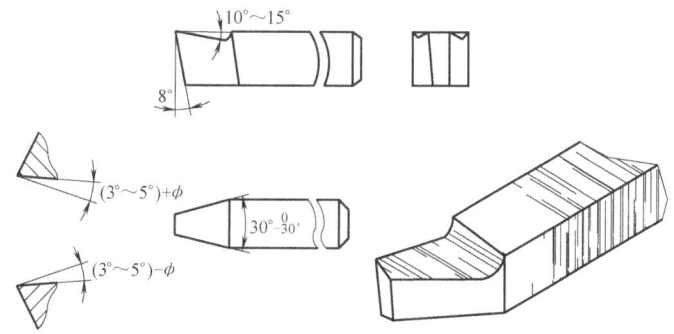

图9-1　梯形外螺纹车刀

**知识点**：梯形外螺纹车刀几何角度的确定及其刃磨要求。

**技能点**：梯形外螺纹车刀的刃磨方法。

## 二、知识链接

**1. 螺纹升角对梯形外螺纹车刀工作角度的影响**

（1）螺纹升角对梯形外螺纹车刀工作前角的影响　如图9-2所示，车削右旋螺纹时，车刀左、右侧切削刃的刃磨前角均为0°，即 $\gamma_{oL} = \gamma_{oR} = 0°$。水平装夹梯形外螺纹车刀时，左切削刃在工作时是正前角（$\gamma_{oeL} > 0°$），切削比较顺利；右切削刃在工作时是负前角（$\gamma_{oeL} < 0°$），切削不顺利，排屑也困难。为了改善上述状况，可采取以下措施：

1）水平车刀（图9-2a）。在前刀面上沿左右两侧的切削刃磨出有较大前角的卷屑槽，如图9-2b所示，这样可以使切削顺利，并有利于排屑。

2）法向装刀（图9-2c）。将由车刀左右两侧切削刃组成的平面垂直于螺旋线装夹，这时两侧刃的工作前角都为0°，即 $\gamma_{oeL} = \gamma_{oeR} = 0°$。如果在前刀面上磨出有较大前角的卷屑槽，则切削会更顺利，如图9-2d所示。

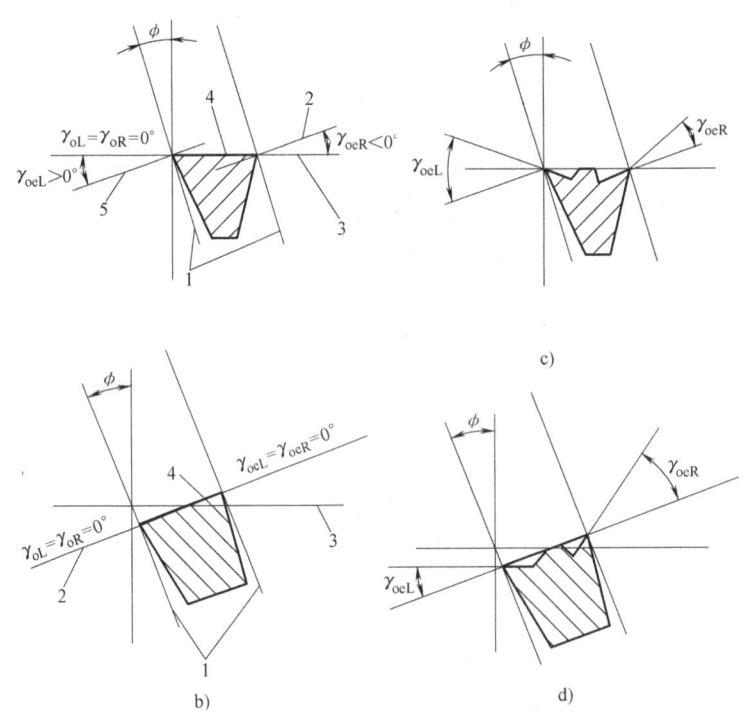

图9-2　螺纹升角对梯形外螺纹车刀工作前角的影响
a）水平装刀　b）水平装刀且带卷屑槽　c）法向装刀　d）法向装刀且带卷屑槽
1—螺旋线（工作时的切削平面）　2、5—工作时的基面　3—基面　4—前刀面

（2）螺纹升角对梯形外螺纹车刀工作后角的影响　车削梯形外螺纹时，由于螺纹升角的影响，车刀左右切削刃的工作后角与刃磨后角不相同，如图9-3所示。

梯形外螺纹车刀的工作后角一般取3°~5°，因此，梯形外螺纹车刀左右切削刃刃磨后角的计算公式为

车削右旋螺纹　　　　　　　$\alpha_{oL} = (3° \sim 5°) + \phi$

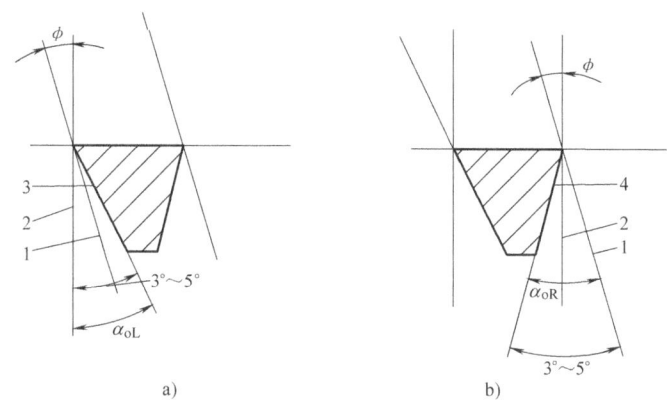

图 9-3 车削右旋螺纹时螺纹升角对梯形外螺纹车刀工作后角的影响
a) 左侧切削刃工作后角  b) 右侧切削刃工作后角
1—螺纹线（工作时的切削平面）  2—切削平面  3—左侧后刀面  4—右侧后刀面

$$\alpha_{oR} = (3° \sim 5°) - \phi$$

车削左旋螺纹
$$\alpha_{oL} = (3° \sim 5°) - \phi$$
$$\alpha_{oR} = (3° \sim 5°) + \phi$$

式中　$\alpha_{oL}$——左侧刃磨后角；

$\alpha_{oR}$——右侧刃磨后角；

$\phi$——螺纹升角。

**2. 梯形螺纹车刀几何角度的确定**

（1）高速钢梯形螺纹粗车刀　梯形螺纹粗车刀的刀尖角应略小于梯形螺纹的牙型角，一般取 29°30′~30°；刀头宽度要小于牙槽底宽 $W$，牙槽底宽可用公式 $W = 0.366P - 0.536a_c$ 计算（$a_c$ 为牙顶间隙），也可按工件的螺距 $P$ 的 3/10 来刃磨刀头宽度，刀尖处应适当倒圆。

（2）高速钢梯形螺纹精车刀　梯形螺纹精车刀的刀尖角应等于梯形螺纹的牙型角，即 30°；其径向前角为 0°，刀头宽度等于牙槽底宽 $W$ 减去 0.05mm，如图 9-4 所示。为保证两侧切削刃切削顺利，其两侧都磨有带较大前角（$\gamma_o = 10° \sim 20°$）的卷屑槽。车削时，车刀前端的切削刃不能参与切削，只能精车牙侧。

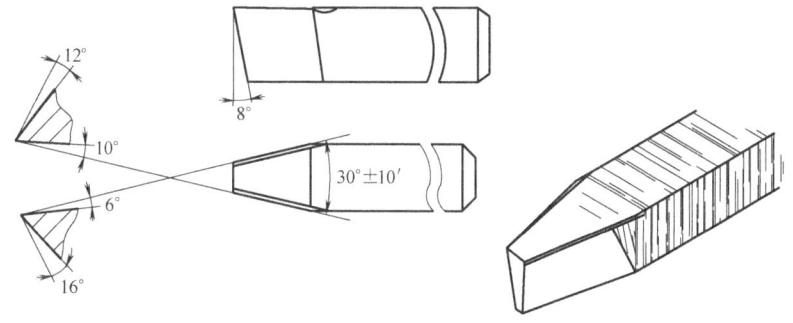

图 9-4　高速钢梯形螺纹精车刀

（3）硬质合金梯形螺纹车刀　对于精度一般的梯形螺纹时，可使用硬质合金梯形螺纹车刀进行高速车削，以提高生产率。车刀的刀尖角等于梯形螺纹的牙型角，即 30°，其径向前角为 0°，如图 9-5 所示。

**3. 梯形螺纹车刀的刃磨要求**

1）刃磨梯形螺纹车刀两刃夹角时，应随时目测和用对刀样板（图 9-6）校对。

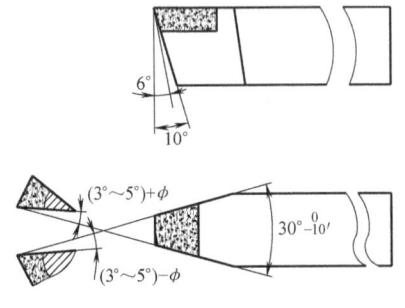

图 9-5　硬质合金梯形螺纹车刀　　　图 9-6　对刀样板

2）径向前角不为零的螺纹车刀的两刃夹角应修正，其修正方法与普通螺纹车刀的修正方法相同。

3）车刀的两个切削刃要光滑平直、无裂口，两侧切削刃应对称，刀体不能歪斜。

4）梯形螺纹车刀的各切削刃应用油石研磨，去毛刺。

## 三、任务实施

刃磨梯形螺纹车刀的主要参数是螺纹的牙型角和牙槽底宽，其刃磨步骤如下：

1）粗磨两侧后刀面，初步形成刀尖角。

2）粗、精磨前刀面或径向前角。

3）精磨两侧后刀面，控制刀体宽度，刀尖角用对刀样板进行修正。

4）用油石精研各刀面和切削刃。

---

**刃磨梯形外螺纹车刀时的注意事项**

1）刃磨两侧后刀面时，要注意螺纹的旋向，根据螺纹升角的大小来决定两侧后角的数值。

2）内螺纹车刀刀尖角的平分线应与刀杆垂直。

3）螺纹精车刀两侧刃要刃磨平直，切削刃要保持锋利。

---

# 任务二　车削梯形外螺纹

## 一、任务分析

车削如图 9-7 所示的梯形螺纹轴。

车削梯形螺纹时涉及梯形螺纹有关几何参数的尺寸计算、进给方法、切削用量的选择、

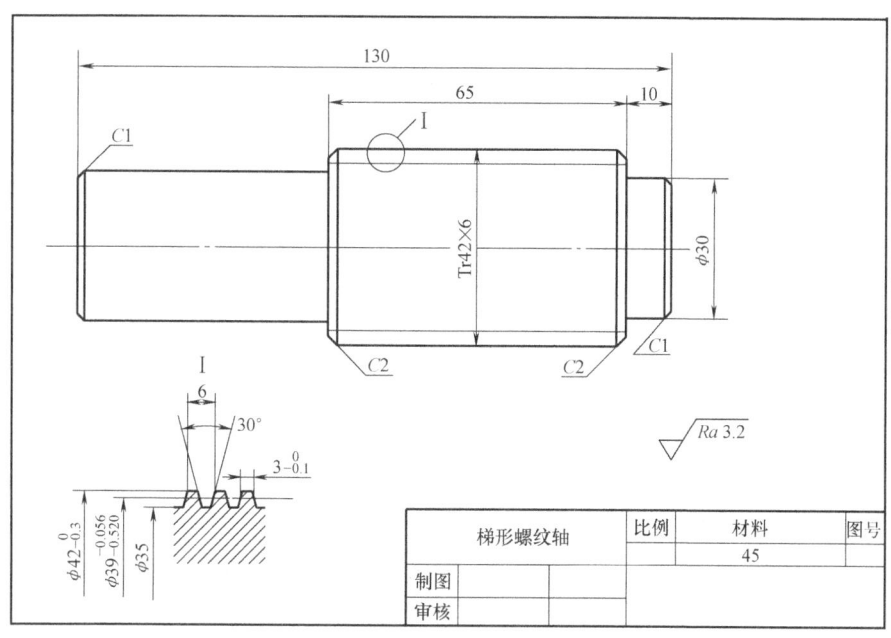

图 9-7 梯形螺纹轴

梯形螺纹车刀的安装方法、梯形螺纹的测量等内容。

**知识点**：梯形螺纹各部分尺寸的计算，车削梯形螺纹的进刀方法，梯形螺纹车削工艺的制订，单针测量法，三针测量法，综合测量法。

**技能点**：梯形螺纹车刀的安装，车削梯形螺纹的方法，梯形螺纹的检验和质量分析。

## 二、知识链接

### 1. 梯形螺纹各部分尺寸的计算

梯形螺纹的完整标记由螺纹代号、螺纹公差带代号和螺纹旋合长度代号组成。螺纹代号用字母"Tr"及"公称直径×螺距"表示，左旋螺纹需在尺寸代号之后加注"LH"，右旋螺纹不标注。梯形螺纹公差带代号仅包含中径公差带代号；旋合长度分为长旋合长度（L）和中等旋合长度（不标注）。单线螺纹与双线螺纹标记举例如下：

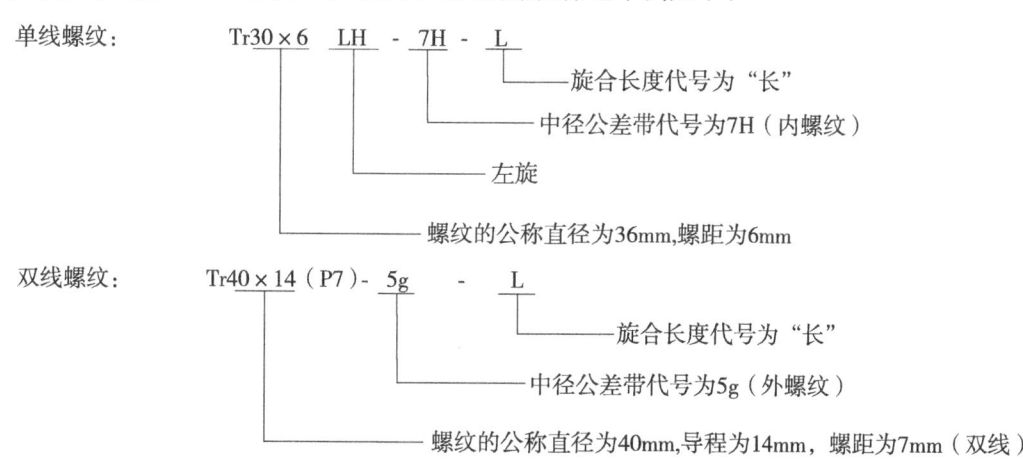

梯形螺纹的牙型如图9-8所示。

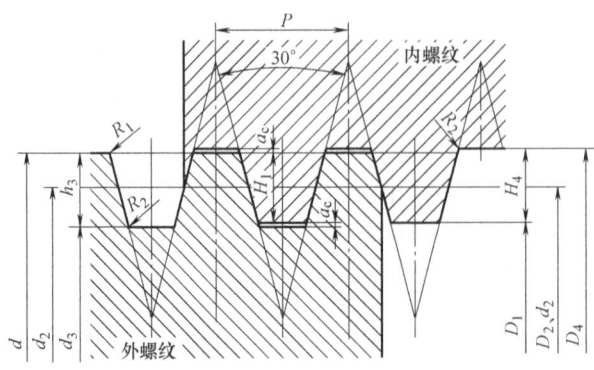

图9-8 梯形螺纹牙型

梯形螺纹各部分的名称、代号及计算公式见表9-1。

表9-1 梯形螺纹各部分的名称、代号及计算

| 名称 | | 代号 | 计算公式 | | | |
|---|---|---|---|---|---|---|
| 牙型角 | | $\alpha$ | $\alpha = 30°$ | | | |
| 螺距 | | $P$ | 由螺纹标准确定 | | | |
| 牙顶间隙 | | $a_c$ | $P$/mm | 1.5~5 | 6~12 | 14~41 |
| | | | $a_c$/mm | 0.25 | 0.5 | 1 |
| 外螺纹 | 大径 | $d$ | | | | |
| | 中径 | $d_2$ | $d_2 = d - 0.5P$ | | | |
| | 小径 | $d_3$ | $d_3 = d - 2h_3$ | | | |
| | 牙高 | $h_3$ | $h_3 = 0.5P + a_c$ | | | |
| 内螺纹 | 大径 | $D_4$ | $D_4 = d + 2a_c$ | | | |
| | 中径 | $D_2$ | $D_2 = d_2$ | | | |
| | 小径 | $D_1$ | $D_1 = d - P$ | | | |
| | 牙高 | $H_4$ | $H_4 = h_3$ | | | |
| 牙顶宽 | | $f, f'$ | $f = f' = 0.366P$ | | | |
| 牙槽底宽 | | $W, W'$ | $W = W' = 0.366P = 0.536a_c$ | | | |

**2. 车削梯形外螺纹的进刀方法**

与车削普通螺纹相比较，车削梯形螺纹时螺距大、切削余量大、切削抗力大，而且精度要求较高，工作长度要求也较长，所以加工难度大。车削时，主要根据梯形螺纹的精度要求和螺距来选择不同的加工方法。采用高速钢车刀低速车削梯形螺纹的进刀方法如下。

（1）车削螺距小于4mm、精度要求不高的梯形外螺纹　可用一把梯形螺纹车刀进行粗车和精车。粗车时，可采用左右切削法或斜进法；精车时采用直进法，如图9-9所示。

（2）车削螺距为4~8mm或精度要求较高的梯形外螺纹　一般采用左右切削法或车直槽法，如图9-10所示，具体车削步骤为：

1）粗车及半精车螺纹大径，留精车余量约0.3mm，并倒角至槽底与端面成15°。

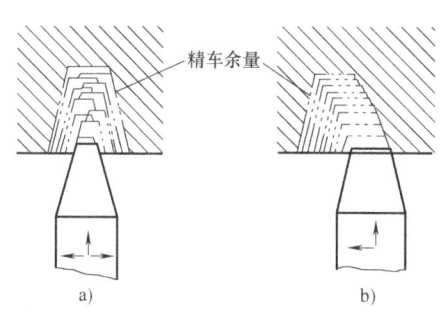

图 9-9 车削螺距小于 4mm 的梯形外螺纹的进刀方式
a) 左右切削法  b) 斜进法

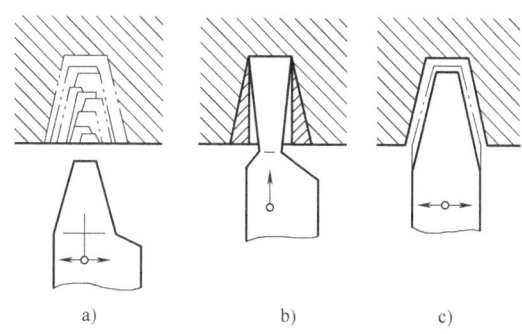

图 9-10 螺距为 4~8mm 的梯形外螺纹的车削方法
a) 左右切削法  b) 车直槽法  c) 精车槽两侧面

2) 用左右切削法粗车、半精车螺纹,每边留精车余量 0.1~0.2mm,精车螺纹小径至尺寸。或者选用刀体宽度稍小于槽底宽的矩形螺纹车刀,采用直进法粗车螺纹,槽底直径等于螺纹小径。

3) 精车螺纹大径至图样要求。

4) 用两侧切削刃磨有卷屑槽的梯形螺纹精车刀精车两侧面至图样要求。

(3) 车削螺距大于 8mm 的梯形外螺纹  一般采用车削阶梯槽的方法,如图 9-11 所示,步骤如下:

1) 粗车、半精车螺纹大径,留精车余量约 0.3mm,与端面倒角成 15°。

2) 用刀体宽度小于 $P/2$ 的矩形螺纹车刀,以直进法粗车螺纹至接近中径处;然后用刀体宽度略小于槽底宽的矩形螺纹车刀,以直进法粗车螺纹,槽底直径等于螺纹小径,从而形成阶梯状的螺旋槽。

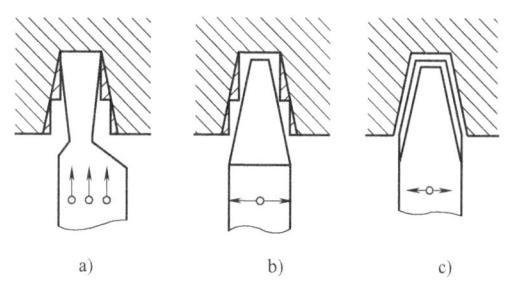

图 9-11 螺距大于 8mm 的梯形外螺纹的车削方法
a) 车削阶梯槽法  b) 左右切削法  c) 精车槽两侧面

3) 采用左右切削法,用梯形螺纹粗车刀半精车螺纹两侧面,每面留精车余量 0.1~0.2mm。

4) 精车螺纹大径至图样要求。

5) 用梯形螺纹精车刀精车两侧面至图样要求。

**3. 三针测量法**

三针测量法是一种比较精密的检测方法,适于测量精度要求较高、螺纹升角小于 4°的三角形螺纹和梯形螺纹的中径尺寸。测量时,将三根直径相等、尺寸合适的量针放置在螺纹两侧相对应的螺旋槽中,用千分尺测量两边量针顶点之间的距离 $M$,如图 9-12 所示,然后由 $M$ 值换算出螺纹中

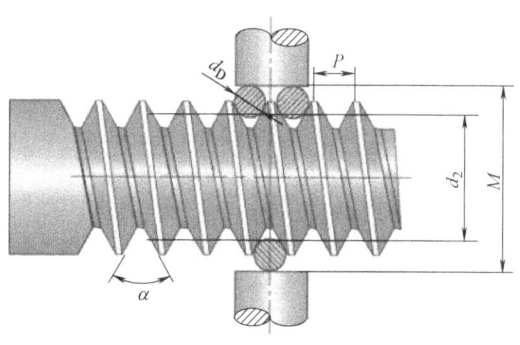

图 9-12 三针测量螺纹中径

径的实际尺寸。

(1) 量针的选择　如图9-13所示,最佳量针直径是指量针横截面与螺纹牙侧相切于螺纹中径处的量针直径,选择最佳值量针直径可以获得较高的测量精度。量针直径的最大值、最佳值和最小值可从表9-2中查出。

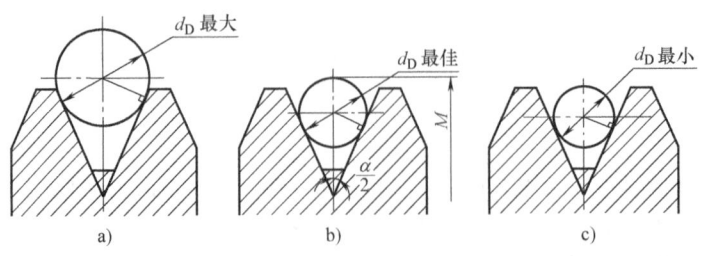

图9-13　量针直径的选择

(2) $M$ 值和量针直径的计算　$M$ 值和量针直径的简化计算公式见表9-2。

表9-2　$M$ 值及量针直径的简化计算公式

| 螺纹牙型角 | $M$ 计算公式 | 量针直径 $d_D$ | | |
|---|---|---|---|---|
| | | 最大值 | 最佳值 | 最小值 |
| 30°（梯形螺纹） | $M = d_2 + 4.864d_D - 1.866P$ | $0.656P$ | $0.518P$ | $0.486P$ |
| 40°（蜗杆） | $M = d_1 + 3.924d_D - 4.316m_x$ | $2.446m_x$ | $1.675m_x$ | $1.61m_x$ |
| 55°（寸制螺纹） | $M = d_2 + 3.166d_D - 0.961P$ | $0.894P - 0.029$ | $0.564P$ | $0.481P - 0.016$ |
| 60°（普通螺纹） | $M = d_2 + 3d_D - 0.866P$ | $1.01P$ | $0.577P$ | $0.505P$ |

## 三、任务实施

**1. 准备工作**

(1) 毛坯　材料为45钢,尺寸为 $\phi 50\text{mm} \times 135\text{mm}$ 的圆棒料。

(2) 工艺装备　90°外圆车刀、车槽刀、梯形外螺纹车刀、中心钻、量针（$\phi 3.108\text{mm}$）、千分尺（25～50mm）、游标卡尺、对刀样板、钻夹头等。

**2. 梯形外螺纹车刀的安装**

安装梯形外螺纹车刀时,应使车刀对准工件的回转中心,以防止牙型角的变化。为了保证车刀两刃中线垂直于工件轴线,装刀时可用螺纹样板找正对刀,如图9-14所示。

**3. 车削梯形螺纹时切削用量的选择**

低速车削梯形外螺纹,粗车时主轴转速宜选用30～50r/min,精车时主轴转速宜选用12～30r/min。

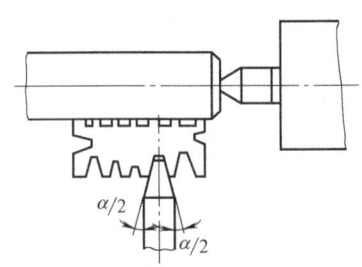

图9-14　梯形外螺纹车刀的安装

**4. 梯形螺纹轴的车削工艺分析和加工工艺过程卡**

1) 车削梯形螺纹时,车床的调整与车削普通螺纹相同。

2) 因梯形螺纹的螺距较大,牙较深,切削时要加注充分的切削液,粗车和精车应分开进行。粗车时，选择左右切削法车削，每次背吃刀量选 0.5~2mm；精车时，按照车削普通螺纹中途对刀的方法对刀，先精车螺纹大径至尺寸，再精车螺纹小径，然后移动小滑板精车与进给方向相反的牙侧面，靠平、车光为止，最后精车进给方向，并控制好中径尺寸。

梯形螺纹轴的加工工艺过程卡见表 9-3。

表 9-3 梯形螺纹轴的加工工艺过程卡

| 工序号 | 工序名称 | 工序内容 | 工艺装备 |
| --- | --- | --- | --- |
| 1 | 车削外圆、钻中心孔 | 用自定心卡盘装夹毛坯，伸出长度为 65mm 左右，找正夹紧<br>（1）车平端面，钻中心孔 A2/4.25<br>（2）车削外圆至 φ30mm，长 59.5mm 左右，倒角 C1 | A2/4.25 中心钻、90°外圆车刀 |
| 2 | 车削端面、钻中心孔 | 调头，用自定心卡盘装夹 φ30mm 外圆，找正夹紧<br>1）车削端面，取总长 130mm，倒角 C1<br>2）钻中心孔 A2/4.25 | A2/4.25 中心钻、90°外圆车刀 |
| 3 | 车削梯形螺纹外圆 | 一夹一顶装夹<br>（1）车削 Tr42×6 外圆至 $\phi42_{-0.3}^{\ 0}$ mm，长 60.05mm<br>（1）车削 φ30mm 外圆，长 10mm | 90°外圆车刀、游标卡尺 |
| 4 | 车削梯形螺纹 | （1）倒角 2×15°<br>（2）粗车、精车螺纹 Tr42×6 至图样要求 | 90°外圆车刀、梯形外螺纹车刀、量针、千分尺 |
| 5 | 检验 | 检查螺纹牙型、尺寸精度及表面粗糙度是否符合技术要求 | 量针、千分尺、游标卡尺 |

# 知识扩展

**单针测量法和综合测量法**

1. 单针测量法

在测量直径和螺距较大的螺纹中径时，用单针测量比用三针测量方便、简单。如图 9-15 所示，测量时，将一根量针放入螺旋槽中，另一侧则以螺纹的大径为基准，用千分尺测量出量针顶点与另一侧螺纹大径之间的距离 A，由 A 值换算出螺纹中径的实际尺寸。量针的选择与三针测量法相同。

用单针测量前，应先量出螺纹大径的实际尺寸 $d_0$，并根据所选用量针的直径 $d_D$ 计算用三针测量时的 M 值，然后按下式计算 A 值

$$A = \frac{1}{2}(M + d_0)$$

**例 9-1** 用单针测量 Tr42×6-7h 梯形螺纹的中径，量得工件的实际大径 $d_0$ = 41.90mm，

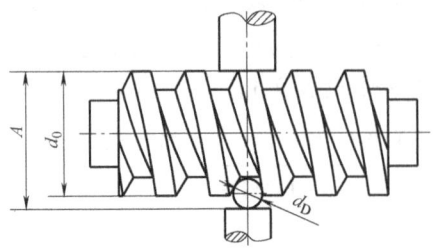

图 9-15　单针测量螺纹中径

求千分尺的读数 $A$ 值。

解：根据表 9-2 选用最佳量针直径 $d_D$ 并计算 $M$ 值。

$d_D = 0.518P = 0.518 \times 6\text{mm} = 3.108\text{mm}$

$d_2 = d - 0.5P = 42 - 0.5 \times 6\text{mm} = 39\text{mm}$

$M = d_2 + 4.864 d_D - 1.866P = 39\text{mm} + 4.864 \times 3.108\text{mm} - 1.866 \times 6\text{mm}$

$\quad = 42.921\text{mm}$

根据梯形螺纹中径公差带代号查得 $d_2 = 39_{-0.335}^{\ 0}\text{mm}$，所以 $M = 42.921_{-0.335}^{\ 0}\text{mm}$，故

$$A = \frac{M + d_0}{2} = \frac{M + 41.9\text{mm}}{2} = 42_{+0.243}^{+0.410}\text{mm}$$

因此，单针测量值应为 $A = 42_{+0.243}^{+0.410}\text{mm}$，合格。

2. 综合测量法

对于精度要求不高的梯形外螺纹，一般采用标准的螺纹环规进行综合检测。检测前，应先检查螺纹的大径、牙型角和牙型半角、螺距和表面粗糙度，然后用螺纹环规进行检测。如果螺纹环规的通端能顺利拧入工件螺纹，而止端不能拧入，则说明被检梯形螺纹合格。

## 任务三　车削蜗杆

### 一、任务分析

如图 9-16 所示，蜗杆的头数 $z_1 = 1$，齿形角 $\alpha = 20°$，分度圆直径 $d_1 = \phi 64\text{mm}$，轴向模数 $m_x = 4\text{mm}$。加工蜗杆与加工螺纹的方法相似，只是齿形角为 $20°$，牙型角为 $40°$，齿距为 $\pi m$。由于蜗杆的齿形较深，切削刃接触长度长，切削力大，与梯形螺纹相比，车削比较困难。

**知识点**：蜗杆主要几何参数的尺寸计算，蜗杆车刀的几何角度，车削蜗杆时的进刀方法，蜗杆车刀的安装方法，蜗杆车削工艺的制订，蜗杆齿厚的测量方法。

**技能点**：蜗杆的车削，齿厚游标卡尺的使用，蜗杆的检验和质量分析。

### 二、知识链接

**1. 蜗杆各参数及其计算**

蜗杆传动如图 9-17 所示，按齿形可分为轴向直廓蜗杆（ZH）和法向直廓蜗杆（ZN）。

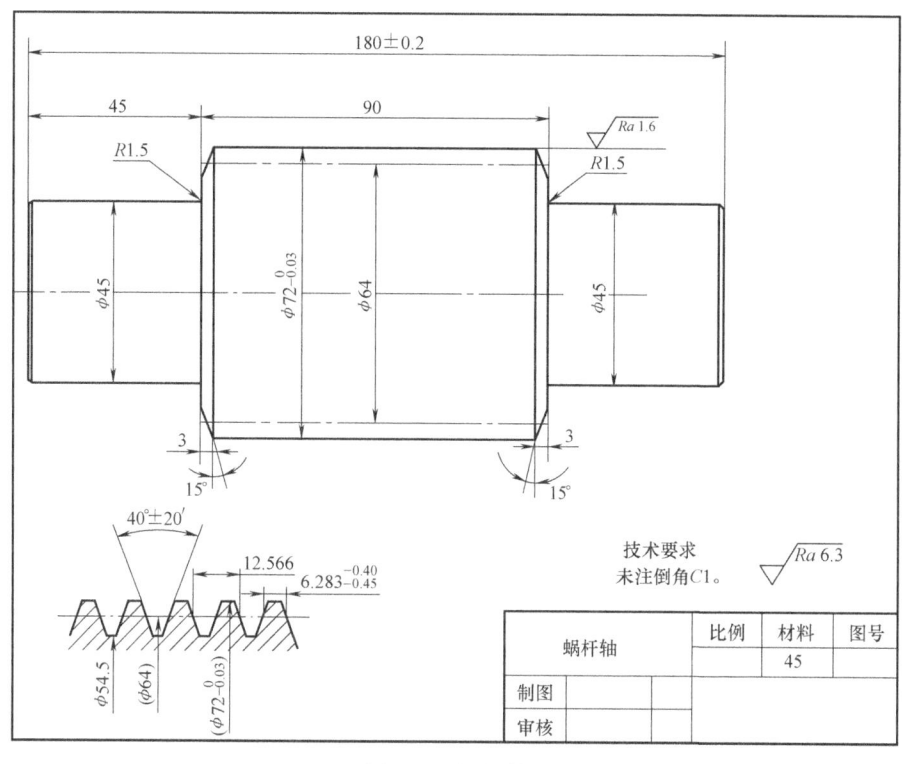

图 9-16 蜗杆轴

轴向直廓蜗杆的齿形在蜗杆的轴向剖面内为直线,在法向剖面内为曲线,在端平面内为阿基米德螺旋线,因此又称为阿基米德蜗杆。法向直廓蜗杆的齿形在蜗杆齿根的法向剖面内为直线,在轴向剖面内为曲线,在端平面内为渐开线,因此又称为渐开线蜗杆。

工业上最常用的是阿基米德蜗杆,因为阿基米德蜗杆的加工工艺性能好,制造和测量都很方便。在轴向剖面内,蜗杆传动相当于齿轮齿条传

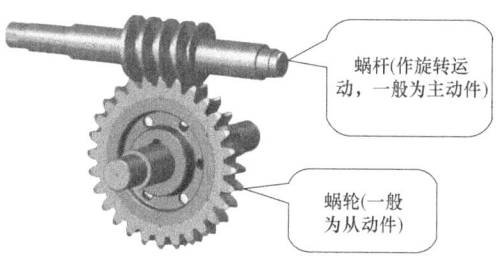

图 9-17 蜗杆传动

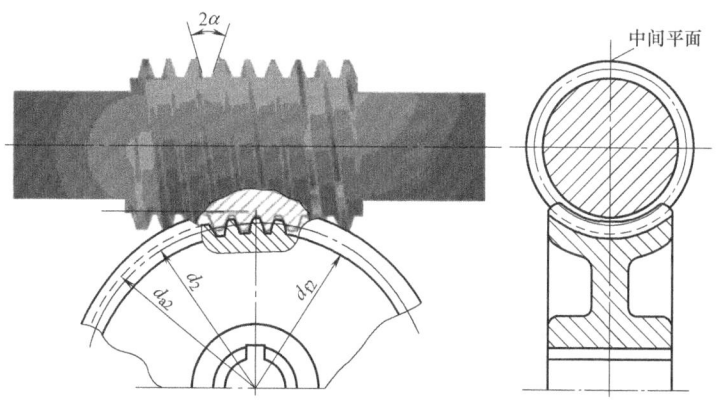

图 9-18 蜗杆传动原理

动，如图 9-18 所示，蜗杆的各项基本参数也是在该平面内测量的，并规定为标准值。阿基米德蜗杆的各参数及其计算公式见表 9-4。

**表 9-4 阿基米德蜗杆各参数及其计算**

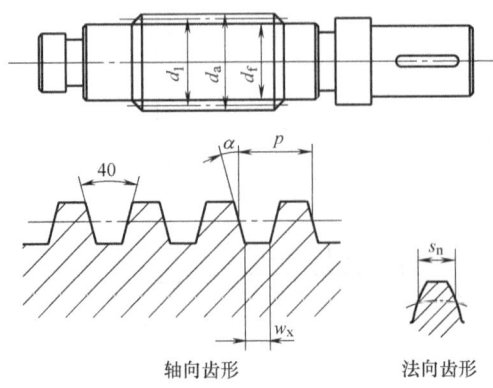

轴向齿形　　　　　　法向齿形

| 名　称 | 计算公式 | 名　称 | | 计算公式 |
|---|---|---|---|---|
| 轴向模数 $m_x$ | 基本参数 | 齿根圆直径 $d_f$ | | $d_f = d_1 - 2.4m_x$ 或 $d_f = d_a - 4.4m_x$ |
| 头数 $z_1$ | 基本参数 | 导程角 $\gamma$ | | $\tan\gamma = \dfrac{p_z}{\pi d_1}$ |
| 齿形角 $\alpha$ | $\alpha = 20°$ | 齿顶宽 $s_a$ | 轴向 $s_a$ | $s_a = 0.843m_x$ |
| 轴向齿距 $p_x$ | $p_x = \pi m_x$ | | 法向 $s_{an}$ | $s_{an} = 0.843m_x\cos\gamma$ |
| 导程 $p_z$ | $p_z = z_1 p_x = z_1 \pi m_x$ | 齿根槽宽 $e_f$ | 轴向 $e_f$ | $e_f = 0.697m_x$ |
| 齿顶高 $h_a$ | $h_a = m_x$ | | 法向 $e_{fn}$ | $e_{fn} = 0.697m_x\cos\gamma$ |
| 齿根高 $h_f$ | $h_f = 1.2m_x$ | 齿厚 $s$ | 轴向 $s_x$ | $s_x = \dfrac{p_x}{2} = \dfrac{\pi m_x}{2}$ |
| 全齿高 $h$ | $h = 2.2m_x$ | | | |
| 分度圆直径 $d_1$ | $d_1 = m_x q$（$q$——蜗杆直径系数） | | 法向 $s_n$ | $s_n = \dfrac{p_x}{2}\cos\gamma = \dfrac{\pi m_x}{2}\cos\gamma$ |
| 齿顶圆直径 $d_a$ | $d_a = d_1 + 2m_x$ | | | |

**例 9-2** 求如图 9-16 所示蜗杆轴的基本要素尺寸。

解：根据表 9-4 中的计算公式，计算结果见表 9-5。

**表 9-5 蜗杆轴各基本要素尺寸的计算**

| 名　称 | 计算公式 |
|---|---|
| 头数 $z_1$ | 1 |
| 齿形角 $\alpha$ | $\alpha = 20°$ |
| 分度圆直径 $d_1$ | $d_1 = \phi 64\text{mm}$ |
| 轴向模数 $m_x$ | 4mm |
| 轴向齿距 $p_x$ | $p_x = \pi m_x = 12.56\text{mm}$ |
| 导程 $p_z$ | $P_z = z_1 p_x = z_1 \pi m_x = 12.56\text{mm}$ |
| 齿顶高 $h_a$ | $h_a = m_x = 4\text{mm}$ |
| 齿根高 $h_f$ | $h_f = 1.2m_x = 4.8\text{mm}$ |

(续)

| 名　　称 | 计算公式 |
|---|---|
| 全齿高 $h$ | $h = 2.2 m_x = 8.8 \text{mm}$ |
| 齿顶圆直径 $d_a$ | $d_a = \phi 72 \text{mm}$ |
| 齿根圆直径 $d_f$ | $d_f = \phi 54.5 \text{mm}$ |
| 导程角 $\gamma$ | $\tan\gamma = \dfrac{p_z}{\pi d_1} = \dfrac{12.56\text{mm}}{3.14 \times 64\text{mm}} = 0.625 \quad \gamma = 3°34'$ |
| 轴向齿顶宽 $s_a$ | $s_a = 0.843 m_x = 3.372 \text{mm}$ |
| 法向齿顶宽 $s_{an}$ | $s_{an} = 0.843 m_x \cos\gamma = 3.365 \text{mm}$ |
| 轴向齿根槽宽 $e_f$ | $e_f = 0.697 m_x = 2.788 \text{mm}$ |
| 法向齿根槽宽 $e_{fn}$ | $e_{fn} = 0.697 m_x \cos\gamma = 2.782 \text{mm}$ |
| 轴向齿厚 $s_x$ | $s_x = \dfrac{p_x}{2} = \dfrac{\pi m_x}{2} = 6.283 \text{mm}$ |
| 法向齿厚 $s_n$ | $s_n = \dfrac{p_x}{2}\cos\gamma = \dfrac{\pi m_x}{2}\cos\gamma = 6.27 \text{mm}$ |

**2. 蜗杆车刀的几何角度**

（1）蜗杆粗车刀　如图 9-19 所示，蜗杆粗车刀几何参数的选择如下：

1）蜗杆轴向平面内的齿形角为 20°，粗车刀左、右两切削刃之间的夹角应小于齿形角的 2 倍。

2）为了便于左右切削，并留精加工余量，车刀的刀体宽度应小于蜗杆齿根槽宽。

3）切削钢材料时，应磨有径向前角 10°~15°，径向后角为 6°~8°。

4）进给方向的后角为（3°~5°）+$\gamma$，背向进给方向的后角为（3°~5°）-$\gamma$（$\gamma$ 为导程角）。

5）刀尖应适当倒圆。

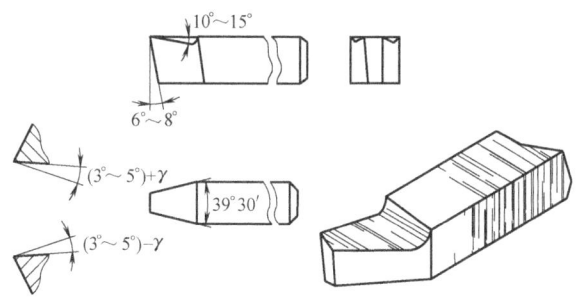

图 9-19　蜗杆粗车刀

（2）蜗杆精车刀　如图 9-20 所示，蜗杆精车刀几何参数的选择如下：

1）车刀左、右两切削刃之间的夹角应等于齿形角的 2 倍。

2）为保证车削出蜗杆的齿形角正确，径向前角应为 0°。

3）为保证左、右削刃切削顺利，两刃都应磨有带较大前角（$\gamma = 15°$~20°）的卷屑槽。因此，精车刀只能精车两侧齿面，车刀前端切削刃不能用来车削槽底。

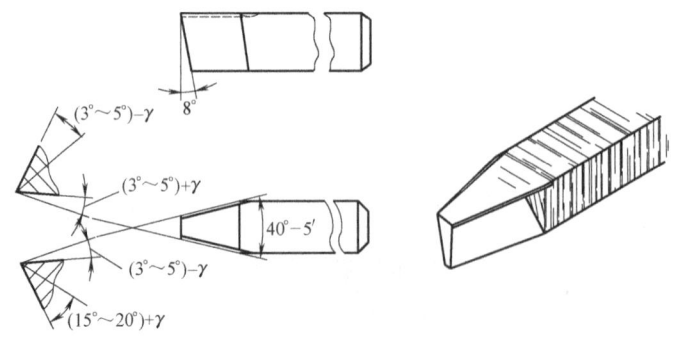

图 9-20　蜗杆精车刀

**3. 蜗杆车刀的安装**

（1）水平装刀法　如图 9-21 所示，使蜗杆车刀两侧切削刃组成的平面处于水平位置，且与蜗杆轴线等高，这种装刀方法称为水平装刀法。车削阿基米德蜗杆，特别是精车时，应采用水平装刀法，以保证蜗杆齿形的正确。

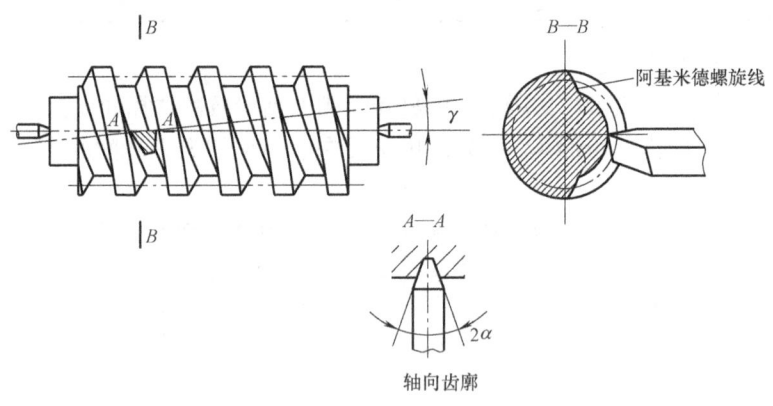

图 9-21　用水平装刀法车削轴向直廓蜗杆

（2）垂直装刀法　如图 9-22 所示，使蜗杆车刀两侧切削刃组成的平面垂直于蜗杆齿面，

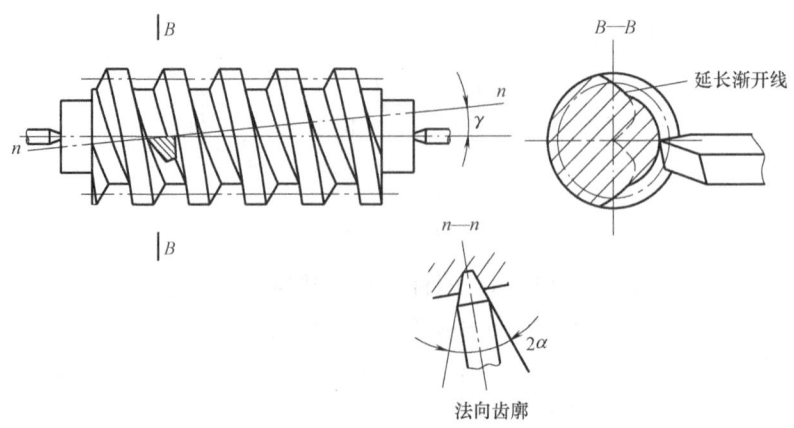

图 9-22　用垂直装刀法车削法向直廓蜗杆

两侧切削刃夹角的平分线在通过蜗杆轴线的水平面上，这种装刀方法称为垂直装刀法。车削法向直廓蜗杆时，应采用垂直装刀法。

采用垂直装刀法时可使用可调刀柄装刀，如图 9-23 所示，其切削部分可以相对刀柄旋转一个相应的角度，角度的大小可由端面的刻度调节。

粗车阿基米德蜗杆时，为了减小因导程角引起的一侧切削刃工作后角变小对车削蜗杆的影响，避免振动和"扎刀"现象，保证切削顺利，也可以采用垂直装刀法。但是，精车阿基米德蜗杆时，一定要采用水平装刀法。

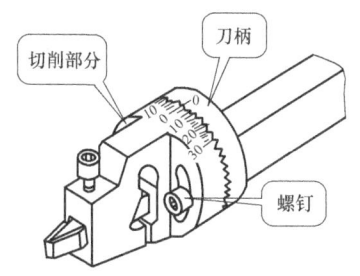

图 9-23 可调刀柄

安装模数较小的蜗杆车刀时，可用对刀样板找正；安装模数较大的蜗杆车刀时，通常用游标万能角度尺来找正装夹，如图 9-24 所示。找正装夹蜗杆车刀的方法是：将游标万能角度尺的一边靠住工件外圆，观察游标万能角度尺另一边与车刀切削刃的间隙，如有偏差，可松开压紧螺钉，重新调整，使车刀装正。

**4. 蜗杆齿厚的测量方法**

蜗杆主要的测量参数有齿顶圆直径 $d_a$、分度圆直径 $d_1$、轴向齿距 $p_z$ 和齿厚 $s$。齿顶圆直径 $d_a$ 可用千分尺测量；轴向齿距 $p_z$ 主要由车床的传动链保证，也可用钢直尺或游标卡尺粗略测量；分度圆直径 $d_1$ 可用三针法或单针法测量，测量方法与测量梯形螺纹基本相同；蜗杆的法向齿厚可用齿厚游标卡尺测量。齿厚游标卡尺的结构如图 9-25 所示，它由相互垂直的齿高、齿厚游标卡尺组成。

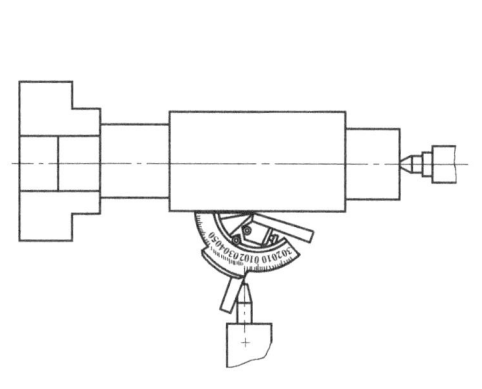

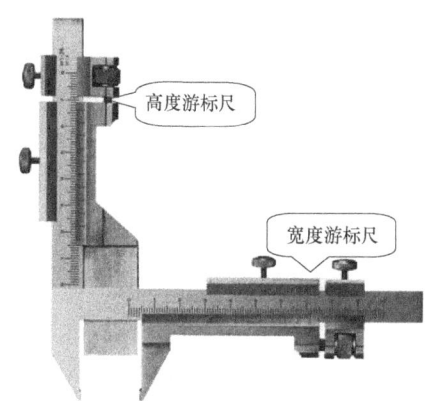

图 9-24 用游标万能角度尺找正装夹蜗杆车刀　　图 9-25 齿厚游标卡尺的结构

蜗杆法向齿厚的测量方法如图 9-26 所示。将齿高游标卡尺的读数调整为蜗杆的齿顶高尺寸（必要时应按工件的实际齿顶圆直径 $d_a$ 进行修正），使齿厚游标卡尺的两卡脚法向切入蜗杆齿廓（卡尺与蜗杆轴线相交成一个导程角 $\gamma$），齿高游标卡尺的卡脚则顶住齿廓顶部，微量摆动游标卡尺，测出的最小读数即为蜗杆分度圆处的法向齿厚 $s_n$。蜗杆零件图上常给出的是轴向齿厚 $s_x$，法向齿厚 $s_n$ 与轴向齿厚 $s_x$ 的换算公式是

$$s_n = s_x \cos\gamma$$

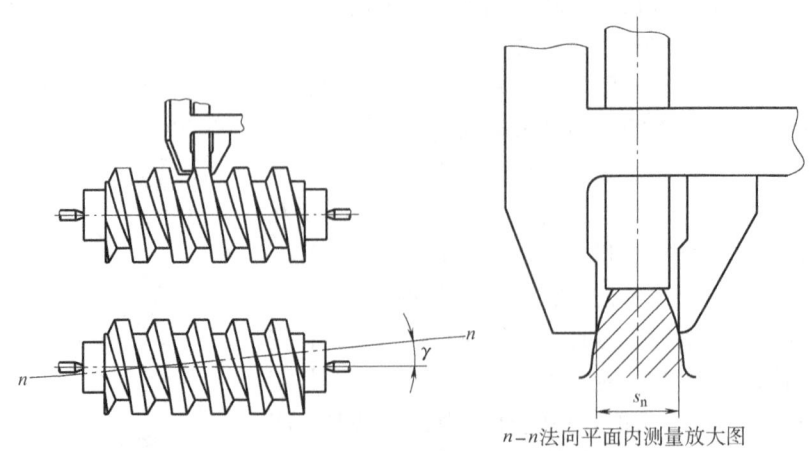

$n$-$n$ 法向平面内测量放大图

图 9-26 用齿厚游标卡尺测量齿厚

## 三、任务实施

**1. 准备工作**

（1）毛坯　材料为 45 钢，尺寸为 $\phi 80\text{mm} \times 200\text{mm}$ 的圆棒料。

（2）工艺装备　外圆车刀、车槽刀、蜗杆车刀、中心钻、量针（$\phi 3.108\text{mm}$）、千分尺（$25\sim 50\text{mm}$）、游标卡尺、对刀样板、钻夹头等。

**2. 车削蜗杆时切削用量的选择**

1）由于蜗杆的导程大、牙槽深、切削面积大，粗车时，应选择较低的切削速度，一般选 $15\sim 20\text{m/min}$，两侧面应留 $0.2\sim 0.4\text{mm}$ 的精车余量。

2）精车蜗杆时，为了获得较小的表面粗糙度值，切削速度为 $5\text{m/min}$ 左右，背吃刀量选 $0.05\sim 0.1\text{mm}$。

**3. 蜗杆的车削方法**

车削蜗杆前，应调整交换齿轮箱中的交换齿轮。根据蜗杆的导程，在车床进给箱铭牌上找到相应手柄的位置参数，并对各手柄的位置进行调整，其他调整同车削普通螺纹和梯形螺纹相同。蜗杆的车削步骤如下。

（1）倒角　用蜗杆车刀两侧切削刃分别倒蜗杆起始处和结尾处的角度。

（2）粗车蜗杆　粗车时，根据蜗杆的轴向模数，可选择下列三种方法中的一种：

1）左右切削法。为防止三个切削刃同时参与切削而引起"扎刀"，一般选择左右进给的方式，逐渐车至槽底。

2）车槽法。当蜗杆的轴向模数 $m_x > 3\text{mm}$ 时，可先用车槽刀将蜗杆车至槽底，然后用粗车刀粗车成形。

3）车阶梯槽法（分层切削法）。当蜗杆的轴向模数 $m_x > 5\text{mm}$ 时，由于切削余量大，可先用粗车刀按直进法车出阶梯槽，再逐层地切入至槽底。

（3）精车蜗杆　精车时，用两侧带有卷屑槽的蜗杆精车刀，分左右单边切削蜗杆两侧。

1）装刀和对刀。按水平装刀法安装蜗杆精车刀。精车蜗杆时属于中途对刀，其对刀过程为：先用样板对刀，然后用静态法对刀，使车床主轴停转，摇动小滑板使车刀切削刃正好对准已粗车出的螺旋槽,摇动中滑板,使车刀前端的切削刃与蜗杆槽底接触,记下此时小滑板的刻度值并退回车刀;再用动态法继续精确对刀,在车床主轴的旋转过程中,逐步调整中、小滑板,使车刀对准蜗杆的槽底,记下中滑板刻度值并将其调至零位。

2)精车左侧面。合上开合螺母,摇动小滑板(中滑板此时摇至与零位相差半格处),使车刀左切削刃与蜗杆左侧面接触后退回起始位置,以背吃刀量 0.05~0.01mm 逐渐递减车削左侧面;同时,每次进刀都将中滑板逐步摇至槽底,如此车削 3~5 次,直到表面粗糙度达到图样要求。为了保证另一侧有足够的精车余量,应经常用齿厚游标卡尺控制法向齿厚的加工余量。

3)精车右侧面。与精车左侧面类似,摇动小滑板,使车刀右切削刃与蜗杆右侧面接触后退回起始位置,逐步将右侧面车至满足图样要求的法向齿厚尺寸。

**4. 蜗杆轴的车削工艺分析和加工工艺过程卡**

蜗杆轴的车削工艺分析如下:

1)由于蜗杆的切削余量较大,工件采用一夹一顶的方式装夹。
2)粗车和精车时均采用水平装刀法安装车刀。
3)车削蜗杆时的进给方法为左右切削法。
4)采用齿厚游标卡尺测量蜗杆的法向齿厚。

蜗杆轴的加工工艺过程卡见表 9-6。

表 9-6 蜗杆轴的加工工艺过程卡

| 工序号 | 工序名称 | 工序内容 | 工艺装备 |
| --- | --- | --- | --- |
| 1 | 粗车外圆 | 用自定心卡盘装夹毛坯,伸出长度为 55mm 左右,找正夹紧<br>(1) 车平端面<br>(2) 车削外圆至 φ45mm,长 45mm,倒角 C1 | 90°外圆车刀、游标卡尺 |
| 2 | 车削端面,钻中心孔 | 调头,用自定心卡盘装夹 φ45mm 外圆,找正夹紧<br>(1) 车平端面,保证总长 (180±0.2) mm<br>(2) 钻中心孔 A2/4.25 | 90°外圆车刀、A2/4.25 中心钻、游标卡尺 |
| 3 | 粗车齿顶圆 | 一夹一顶装夹<br>(1) 粗车蜗杆齿顶圆直径至 φ72.5mm<br>(2) 粗、精车外圆至 φ45mm,长 45mm,倒角 C1 | 90°外圆车刀、游标卡尺、顶尖 |
| 4 | 粗车蜗杆 | (1) 蜗杆两端倒与端面成 20°的角<br>(2) 粗车蜗杆,蜗杆齿的两侧面留精车余量 0.3~0.5mm | 蜗杆粗车刀 |
| 5 | 精车蜗杆 | (1) 精车蜗杆齿顶圆直径至图样要求<br>(2) 精车蜗杆两侧至蜗杆法向齿厚尺寸要求,保证表面粗糙度达到要求 | 90°外圆车刀、齿厚游标卡尺、蜗杆精车刀、千分尺 |
| 6 | 检验 | 检查蜗杆牙型、尺寸精度及表面粗糙度是否符合技术要求 | |

> **车削蜗杆时的注意事项**
>
> 1) 由于蜗杆的导程角较大,蜗杆车刀的两侧后角应适当增减。
> 2) 采用两顶尖装夹工件时,鸡心夹头应靠紧卡爪并牢固地夹住工件,以防止车削蜗杆时,因发生移位而损坏工件,并应在车削过程中经常检查前、后顶尖的松紧情况。
> 3) 车削蜗杆时,应尽可能提高工件的装夹刚度;减小机床床鞍与导轨之间的间隙,以减小窜动量。
> 4) 车削蜗杆时,车第一刀后,应先检查蜗杆的轴向齿距是否正确。
> 5) 车削蜗杆时,应采用低速车削,并加注充分的切削液。为了提高蜗杆齿面的表面质量,可采用几次"点动"(刚起动车床就立即停止车床),利用主轴惯性进行低速切削。
> 6) 粗车蜗杆时,每次背吃刀量要适当,并控制好精车余量。

## 任务四　车削双线梯形螺纹

### 一、任务分析

车削如图 9-27 所示的双线梯形螺纹轴。沿一条螺旋线所形成的螺纹称为单线螺纹(单头蜗杆),沿两条或两条以上、在轴向等距分布的螺旋线所形成的螺纹称为多线螺纹(多头

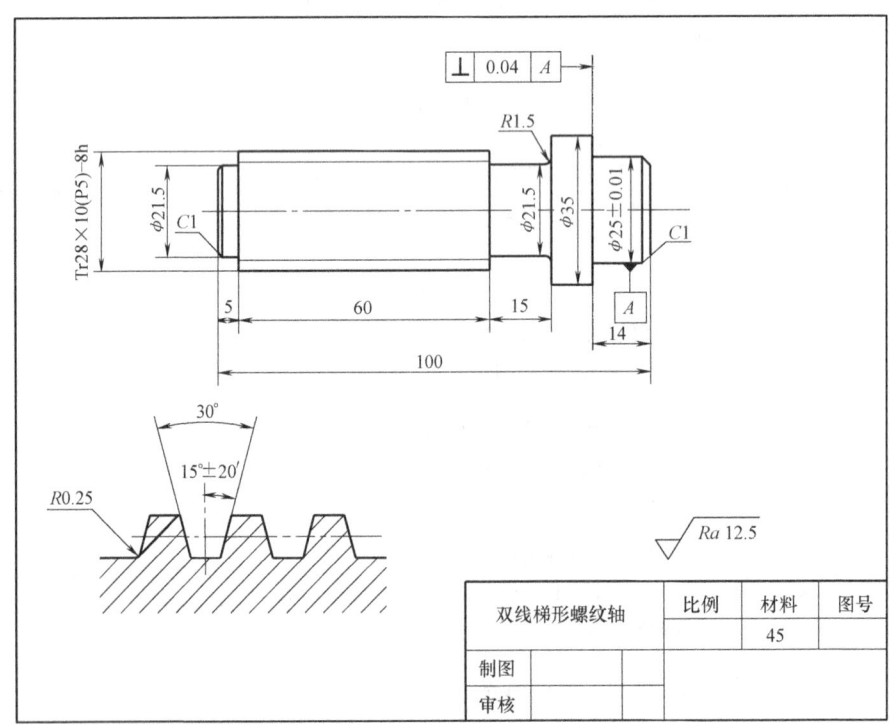

图 9-27　双线梯形螺纹轴

蜗杆），螺旋线的条数称为多线螺纹的线数。车削多线螺纹的重点是解决好螺纹的分线问题和协调好车削步骤。如果分线不准确，会使车削出的多线螺纹的螺距互不相等，这样就会严重影响内、外螺纹的配合精度，降低其使用寿命。

知识点：多线螺纹的定义，分线方法，车削多线梯形螺纹的方法。
技能点：双线梯形螺纹的车削、检验与质量分析。

## 二、知识链接

**1. 车削多线螺纹和多头蜗杆时的分线方法**

车削多线螺纹（多头蜗杆）与车削单线螺纹（单头蜗杆）的不同之处是：按导程计算交换齿轮，按螺纹（蜗杆）的线（头）数分线。车削多线螺纹时应满足的技术条件如下：

1）多线螺纹（多头蜗杆）的螺距必须相等。
2）多线螺纹（多头蜗杆）每条螺纹的小径应相等。
3）多线螺纹（多头蜗杆）每条螺纹的牙型角应相等。

多线螺纹的各螺旋槽在轴向上是等距离分布的，螺旋线的起点在端面上是等角度分布的，而进行等距分布或等角度分布的操作称为分线。根据螺纹在轴向和圆周上等距分布的特点，分线方法有轴向分线法和圆周分线法，以下主要介绍轴向分线法。

轴向分线法是指当车好第一条螺旋槽之后，把车刀沿螺纹（蜗杆）的轴线方向移动一个螺距，再车削第二条螺旋槽。采用这种方法时，只需精确控制车刀移动的距离，就可以完成分线工作。

（1）用小滑板刻度确定直线移动量分线　车好第一条螺旋槽后，利用小滑板刻度值使车刀沿螺纹（蜗杆）的轴线方向移动一个螺距的距离，然后车削相邻的另一条螺旋槽，如图 9-28 所示，以达到分线目的。

小滑板应转过的格数 $K$ 可用下式计算

$$K = \frac{P}{a}$$

式中　$P$——螺距（mm）；$a$——小滑板分度盘每格移动的距离（mm）。

**例 9-3**　在 CA6140 型车床上车削 Tr28×10（P5）的梯形螺纹，其螺距 $P = P_h/n = 10\text{mm}/2 = 5\text{mm}$，小滑板分度盘应转过的格数为多少？

解：CA6140 型车床小滑板分度盘每格移动的距离为 0.05mm，所以小滑板分度盘应转过的格数为

$$K = P/a = \frac{5\text{mm}}{0.05\text{mm}} = 100 \text{ 格}$$

小滑板刻度分线方法简单，不需要辅助工具，但是分线精度不高，一般用于多线螺纹的粗车，适用于单件、小批量生产。

（2）用百分表和量块分线　在对螺距精度要求较高的螺纹和蜗杆进行分线时，可用百分表和量块控制小滑板的移动距离。如图 9-29 所示，把百分表固定在刀架上，并在床鞍上装一挡块，车削前，移动小滑板，使百分表触头与挡块接触，并把百分表调整至零位。车好第一条螺旋槽后，移动小滑板，使百分表指示的读数等于被车削螺纹的螺距。在对螺距较大的多线螺纹（蜗杆）进行分线时，因受百分表行程的限制，可在百分表与挡块之间垫入一

块（或一组）量块，其厚度最好等于工件的螺距，当百分表的读数与量块的厚度之和等于工件的螺距时，方可车削第二条螺旋线。

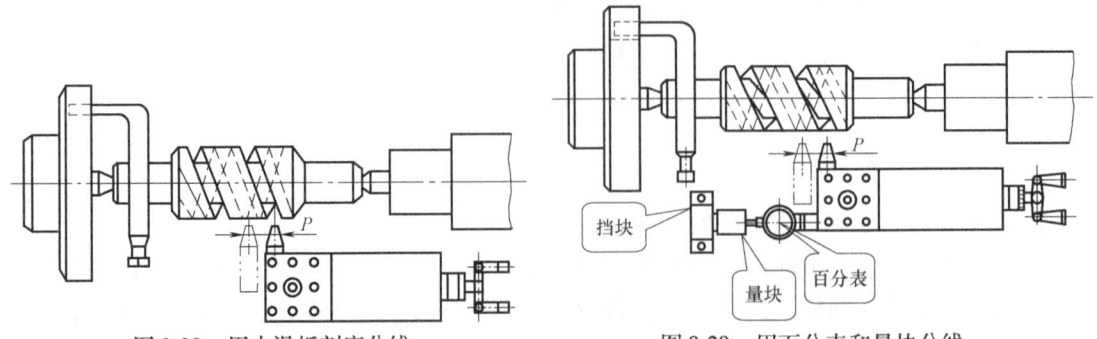

图 9-28　用小滑板刻度分线　　　　图 9-29　用百分表和量块分线

用百分表直接分线时，分线精度较高，但受百分表移动距离较小的影响，此方法主要适用于分线精度要求高、螺距较小的多线螺纹的单件生产。

用百分表和量块分线时，在量块的使用上克服了百分表移动距离小的不足，因此，此方法适用于导程较大、精度要求较高的多线螺纹的分线。

由于车削时的振动，容易使夹持在刀架上的百分表发生移动，所以应经常校正百分表的零位。

**2. 多线螺纹的精度检验**

多线螺纹的精度检验方法与单线螺纹基本相同，只是每条螺旋线应分开检验。

### 三、任务实施

**1. 准备工作**

（1）毛坯　材料为 45 钢，尺寸为 $\phi 35\text{mm} \times 110\text{mm}$ 的圆棒料。

（2）工艺装备　外圆车刀、车槽刀、梯形螺纹粗车刀、梯形螺纹精车刀、中心钻、千分尺（25～50mm）、游标卡尺、齿厚游标卡尺、对刀样板、钻夹头等。

**2. 车削多线梯形螺纹的方法**

多线螺纹上每一条螺旋槽的车削方法与车削单线螺纹相同，关键是准确地分线和保证各螺旋槽的尺寸一致。车削多线螺纹时，决不能将一条螺旋槽完全车削好后，再车削另一条螺旋槽。车削多线螺纹时应注意以下几点：

1）粗车第一条螺旋槽时，应记住中、小滑板的刻度值。

2）根据工件的精度要求，选择合适的分线方法。采用轴向分线法分线，粗车第二条、第三条螺旋槽时，必须使中滑板刻度值（即总的背吃刀量）与车削第一条螺旋槽时相同。

3）采用左右切削法精车多线螺纹时，车削每条螺旋槽的车刀的左、右轴向移动量必须相等，以保证多线螺纹的螺距精度。

双线梯形螺纹的车削步骤如下：

1）采用左右切削法粗车第一条螺旋槽，留精车余量（牙槽底留精车余量 0.15mm，牙两侧留精车余量 0.15～0.2mm）。

2）分线，粗车第二条螺旋槽，保证总的背吃刀量与车削第一条螺旋槽时相同。

3）依次精车各条螺旋的侧面，可按以下操作步骤进行：

① 如图 9-30 所示，先将小滑板刻度线对准零线，车削第一条螺旋槽侧面 $a$，记住向左"赶刀量"。

② 从零位开始计算，将小滑板向前移动一个螺距的距离，操作时可将小滑板向前多摇半圈（消除回程间隙），再向后摇至 $b$ 面记号，精车第二条螺旋槽的 $b$ 面。车削 $b$ 面时，背吃刀量和"赶刀量"与车削第一条螺旋槽侧面 $a$ 时相等。

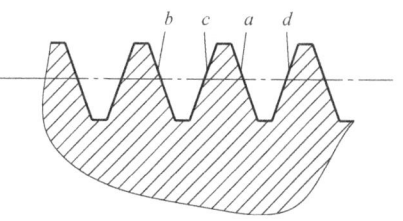

图 9-30　精车双线梯形螺纹

③ 车刀向右"赶刀"精车 $c$ 面，并控制牙槽侧 $a$ 和 $c$ 之间中径处的牙厚，背吃刀量不变，记下刻度。

④ 将小滑板向后移动一个螺距的距离，车削第一条螺旋槽侧面 $d$，背吃刀量与前面相同，"赶刀量"与车削第二条螺旋槽侧面 $c$ 时相同。控制螺纹的中径尺寸，使两条螺旋槽的中径相等。

**3. 双线梯形螺纹轴的车削工艺分析和加工工艺过程卡**

1）因轴的直径较小，避免车削螺纹时轴产生弯曲变形，应将粗车和精车分开进行。

2）车削梯形螺纹时的切削余量较大，故采用一夹一顶装夹。

3）车削双线梯形螺纹时，采用小滑板刻度分线法分线。

双线梯形螺纹轴加工工艺过程卡见表 9-7。

表 9-7　双线梯形螺纹轴的加工工艺过程卡

| 工序号 | 工序名称 | 工序内容 | 工艺装备 |
| --- | --- | --- | --- |
| 1 | 车削外圆端面 | 装夹毛坯，伸出长度为 50mm 左右，找正夹紧<br>（1）车平端面<br>（2）车削外圆至 $\phi$35mm，长 65mm 左右<br>（3）精车外圆 $\phi$（25±0.01）mm、长 14mm 至尺寸要求<br>（4）倒角 $C1$ | 90°外圆车刀、游标卡尺、千分尺 |
| 2 | 车削外圆端面，钻中心孔 | 调头，装夹 $\phi$35mm 外圆，找正夹紧<br>（1）车平端面，保证总长 100mm<br>（2）粗车外圆至 $\phi$30mm，长度为 80mm<br>（3）精车 $\phi$21.5mm 外圆，长 5mm 至尺寸要求<br>（4）倒角 $C1$<br>（5）钻中心孔 A2/4.25 | 90°外圆车刀、A2/4.25 中心钻、游标卡尺 |
| 3 | 精车 | 一夹一顶装夹<br>（1）精车 Tr28×10（P5）梯形螺纹的大径尺寸，长度为 75mm<br>（2）车削直径 $\phi$21.5mm，长 15mm 槽至尺寸要求<br>（3）车削 Tr28×10（P5）梯形螺纹至图样要求 | 90°外圆车刀、车槽刀、梯形螺纹粗车刀、梯形螺纹精车刀、游标卡尺、千分尺、对刀样板 |
| 4 | 检验 | 检查螺纹牙型、各尺寸精度、几何精度及表面粗糙度是否符合图样要求 | |

**4. 车削多线螺纹时的质量分析**

车削多线螺纹时，主要的问题是会产生分线误差。分线不正确的主要原因有：

1）小滑板的移动距离不正确，或者小滑板太松，车削时发生移位，或者小滑板与车床主轴不平行。

2) 车刀修磨后,没有对准原来的轴向位置;或者随便"赶刀",使轴向位置移动。
3) 工件没有夹紧,车削时因切削力过大造成工件微量移动或转动,使分线不正确。

## 知识扩展

### 用卡盘分线

当工件采用两顶尖装夹,并用自定心卡盘或单动卡盘的卡爪代替拨盘时,可利用自定心卡盘的卡爪进行三线螺纹的分线,利用单动卡盘的卡爪进行双线或四线螺纹的分线。分线的具体方法是:当一条螺旋槽车好后,松开顶尖,把工件连同鸡心夹头一起转过一个角度,由卡盘的另一个卡爪拨动,用顶尖支承好后就可车削另一条螺旋槽。由于卡盘卡爪的自身等分精度不高,所以用卡盘分线的方法虽然操作简单、方便,但分线精度较低。

## 项目重点

1. 梯形螺纹几何参数的计算。
2. 梯形螺纹车刀几何角度的确定,梯形螺纹车刀的刃磨方法和刃磨要求。
3. 梯形螺纹车刀的安装,梯形螺纹的车削方法。
4. 三针测量法、单针测量法和综合测量方法。
5. 蜗杆主要几何参数的计算。
6. 蜗杆车刀几何角度的确定。
7. 蜗杆的车削方法和各几何参数的测量方法。
8. 齿厚游标卡尺的使用方法。
9. 多线螺纹和多头蜗杆的基本概念。
10. 轴向分线法和圆周分线法的定义。
11. 用小滑板刻度分线车削多线梯形螺纹的方法。

## 实战强化

### 一、填空题

1. 梯形螺纹的牙型角为_____,蜗杆的牙型角为_____。
2. 高速钢梯形螺纹粗车刀的刀尖角应略小于梯形螺纹的牙型角,一般取_____,刀体宽度应_____牙槽底宽 $W$。
3. 低速车削梯形螺纹的进给方法有_____、_____和_____,其中_____和_____适合车削 $P\leqslant 8mm$ 的梯形螺纹。
4. 由蜗杆和蜗轮组成的蜗杆副常用于_____传动机构中,以传递两轴在空间成_____交错的运动。
5. 蜗杆车刀的装夹方法有_____法和_____法。车削法向直廓蜗杆和粗车阿基米德蜗杆时,应该用_____法。

6. 齿厚游标卡尺主要用于测量蜗杆_____。
7. 多线螺纹的分线方法有_____法和_____法。
8. 利用小滑板刻度分线的关键是在车好一条螺旋线后,小滑板移动一个_____的距离。

## 二、选择题

1. 高速钢梯形螺纹粗车刀的纵向前角应为（　　），精车刀的纵向前向应为（　　）。
   A. 10°~15°　　　　B. 0°　　　　　　C. 负值
2. 高速钢梯形螺纹粗车刀的刀体宽度应（　　）牙槽底宽。
   A. 等于　　　　B. 略大于　　　　C. 略小于　　　　D. 大于或等于
3. 两侧磨有卷屑槽的高速钢梯形外螺纹精车刀的前端切削刃（　　）参加切削。
   A. 能　　　　　B. 不能　　　　　C. 一定要
4. 采用车直槽法车削梯形螺纹时,粗车刀的刀体宽度应（　　）牙槽底宽。
   A. 小于　　　　B. 略小于　　　　C. 等于　　　　D. 大于
5. 用（　　）测量螺纹中径时,测量前应量出螺纹大径的实际尺寸。
   A. 螺纹千分尺　　B. 三针测量法　　C. 单针测量法　　D. 螺纹量规
6. 蜗杆车刀两侧切削刃之间的夹角为（　　）。
   A. 30°　　　　B. 30°　　　　C. 40°　　　　D. 12.5°
7. （　　）蜗杆时,应采用水平装刀法。
   A. 粗车轴向直廓　B. 精车阿基米德　C. 粗车法向直廓　D. 精车法向直廓
8. 可利用自定心卡盘对（　　）螺纹进行分线。
   A. 三线　　　　B. 三线和六线　　C. 两线和四线　　D. 六线

## 三、判断题

1. 刃磨梯形螺纹车刀的两侧后角时,必须考虑螺纹升角的影响,而刃磨其他螺纹车刀则不必考虑。　　　　　　　　　　　　　　　　　　　　　　　　　（　　）
2. 在蜗杆齿形角正确的情况下,分度圆直径处的轴向齿厚与齿槽宽度应相等,因此常常直接测量轴向齿厚。　　　　　　　　　　　　　　　　　　　　（　　）
3. 多线螺纹的分线方法和多头蜗杆的分头方法在原理上是一致的,多线螺纹的分线方法等同于多头蜗杆的分头方法。　　　　　　　　　　　　　　　（　　）
4. 车削精度要求较高的多线螺纹时,因为分线困难,应把第一条螺旋槽粗精车完毕后,再开始逐个粗车其他各条螺旋槽。　　　　　　　　　　　　　（　　）

## 四、综合题

1. 螺纹升角对螺纹车刀的工作角度有哪些影响？应如何解决？
2. 梯形螺纹粗、精车刀参数有什么区别？
3. 车削梯形螺纹的方法有哪些？当螺距较大时,应采用什么方法进行车削？
4. 常用的蜗杆齿形有哪些？如何根据蜗杆的齿形选用装刀方法？
5. 用齿厚游标卡尺测量蜗杆的法向齿厚时,齿高卡尺应调到什么尺寸？法向齿厚应如何计算？测量时应注意哪些事项？

6. 什么是多线螺纹？导程和螺距的关系是什么？

7. 用百分表和量块分线时应注意哪些问题？

8. 车削如图 9-31 所示的梯形螺纹。

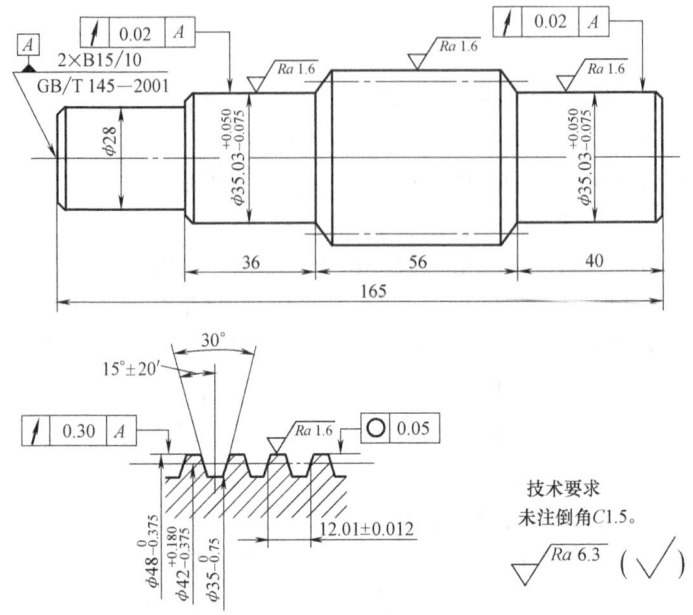

图 9-31　梯形螺纹车削练习

9. 车削如图 9-32 所示的蜗杆。

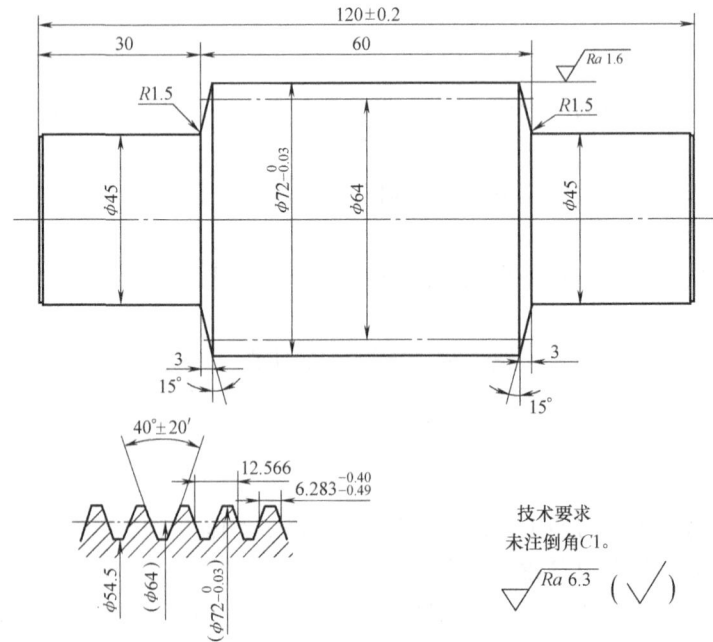

图 9-32　蜗杆车削练习

10. 车削如图 9-33 所示的多线梯形螺纹。

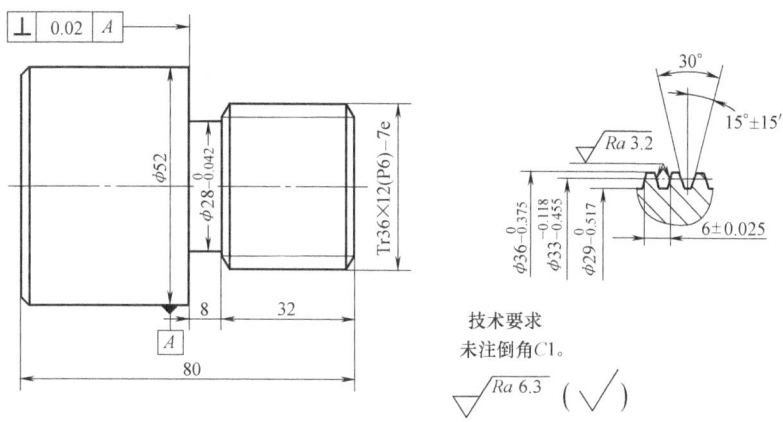

图 9-33　多线梯形螺纹车削练习

# 项目十 车削特殊结构零件

## 【功能简述】

在车削加工中,有时会遇到一些外形复杂和形状不规则的零件或精度高、加工难度大的零件,如细长轴、偏心工件、曲轴、薄壁件和连杆等。这些外形复杂的零件,通常需使用相应的车床附件或专用夹具来加工。

## 【项目分析】

本项目主要通过用单动卡盘安装车削偏心工件、用两顶尖装夹车削两拐曲轴、车削细长轴三个任务来实施。

## 任务一 用单动卡盘装夹车削偏心工件

### 一、任务分析

加工如图 10-1 所示的偏心轴,$\phi 40_{-0.1}^{0}$ mm 外圆与 $\phi 25_{-0.033}^{0}$ mm 外圆的轴线相互平行但不

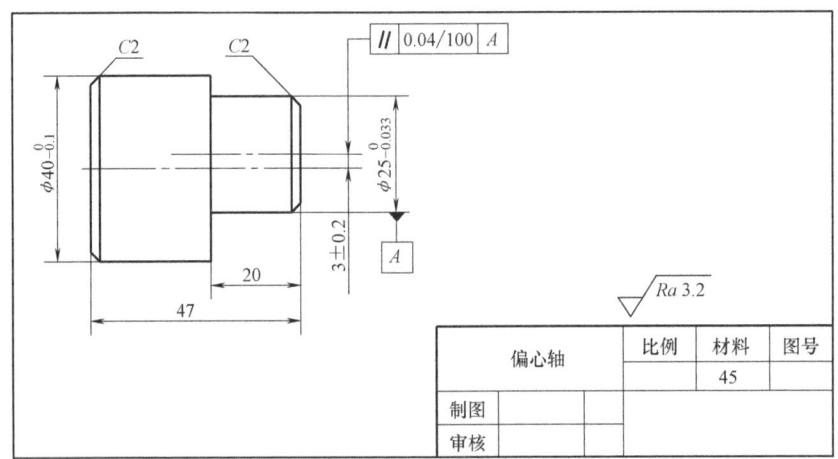

图 10-1 偏心轴

重合，有（3±0.2）mm 的偏心距要求。数量少、偏心距小、长度较短或形状比较复杂的偏心工件，可装夹在单动卡盘上车削。

**知识点**：偏心工件概念，单动卡盘相关知识，偏心距的检测方法。

**技能点**：在单动卡盘上装夹和车削偏心工件，偏心工件的检测和质量分析。

## 二、知识链接

**1. 偏心工件**

在机械传动中，回转运动转变为往复直线运动或往复直线运动转变为回转运动，一般是由偏心工件或曲轴来完成的，如车床主轴箱用偏心工件带动润滑泵、汽车发动机中的曲轴等。外圆与外圆或外圆与内孔的轴线相互平行但不重合的工件称为偏心工件，如图 10-2 所示。在偏心工件中，偏心部分的轴线和基准部分的轴线之间的距离称为偏心距。

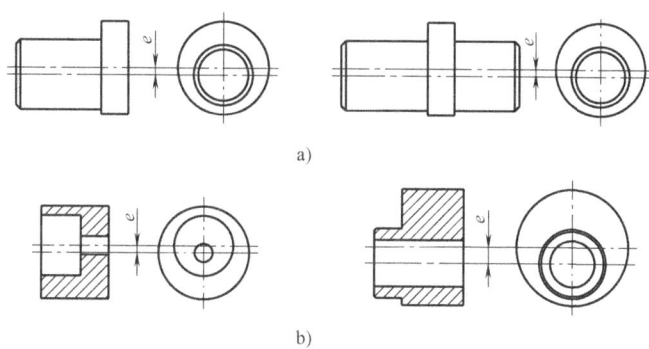

图 10-2 偏心工件
a）偏心轴 b）偏心套

**2. 单动卡盘**

单动卡盘（图 10-3）有四个各不相关的卡爪，每个卡爪的后面有一半内螺纹与螺杆啮合，螺杆的一端有一方孔，用来安插扳手方榫。用扳手转动某一螺杆时，与它啮合的卡爪就能单独移动，以适应工件大小的需要。卡盘后面配有法兰盘，法兰盘上有内螺纹与机床主轴螺纹相配合。

**3. 在单动卡盘上装夹偏心工件**

在单动卡盘上找正工件的目的是使工件被加工表面的回转中心与车床主轴的回转中心重合。在单动卡盘上找正工件的方法是根据已划好的偏心圆来进行找正，由于存在划线误差和找正误差，故此方法仅适合加工精度要求不高的偏心工件。如图 10-4 所示偏心轴的具体装夹步骤如下：

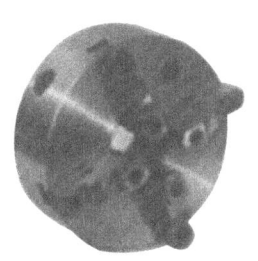

图 10-3 单动卡盘

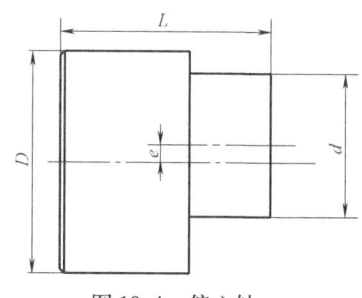

图 10-4 偏心轴

1）把工件毛坯车削成圆轴，使它的直径等于 $D$，长度等于 $L$。在轴的两端面和外圆上涂色，然后把它放在 V 形铁上进行划线，用游标高度尺（或划针盘）在端面上和外圆上划一组与工件中心线等高的水平线，如图 10-5a 所示。

2）把工件转动 90°，用直角尺对齐已划好的端面线，再用调好的游标高度尺在两端面和圆柱表面上划线，如图 10-5b 所示。

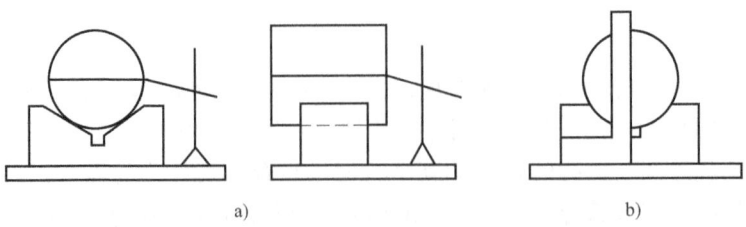

图 10-5　在 V 形铁上划线

3）把游标高度尺的游标上移偏心距 $e$ 的尺寸，并在两端面和圆柱表面划线，端面上的交点即偏心中心点。

4）在所划的线上打样冲眼，用划规在工件两端面画出一个偏心圆，并在圆周上分别打几个样冲眼，作为零件装夹在单动卡盘上找正之用。

5）把划好线的工件装在单动卡盘上。装夹工件前，应先调整好卡爪，使其中的两爪成对称位置，而另两爪成不对称位置，其偏离主轴中心的距离大致等于工件的偏心距。各对卡爪之间张开的距离应稍大于工件装夹处的直径，使工件偏心圆线处于卡盘中央，然后装夹上工件，如图 10-6 所示。

6）将划针盘置于中滑板（或床鞍）的适当位置，使划针对准工件外圆上的侧素线，如图 10-7 所示；移动床鞍，检查侧素线是否水平，若不呈水平，可用木锤轻轻敲击进行调整。再将工件转过 90°，检查并找正另一条侧素线，然后将划针尖对准工件端面的偏心圆线，并找正偏心圆，如图 10-8 所示。如此反复找正和调整，直至两条侧素线均呈水平（此时偏心圆的轴线与基准圆的轴线平行），又使偏心圆的轴线与车床主轴轴线重合为止。

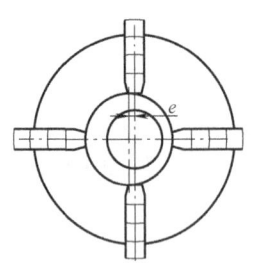

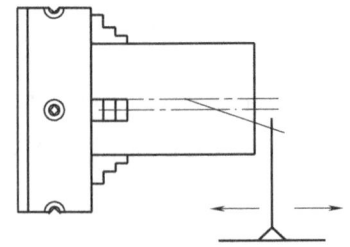

图 10-6　用单动卡盘装夹偏心工件　　　　图 10-7　找正侧素线

7）将四个卡爪均匀地紧一遍，如确认侧素线和偏心圆线在紧固卡爪时没有位移，即可开始车削。

### 4. 偏心距的检测

偏心距主要是使用百分表来检测。如图 10-9 所示，检测时，将百分表测量杆的触头垂直于轴线接触在偏心部位，用手均匀、缓慢地转动一周，百分表指示的最大值与最小值之差的一半即为偏心距。根据工件的形状不同，其装夹方法有以下三种。

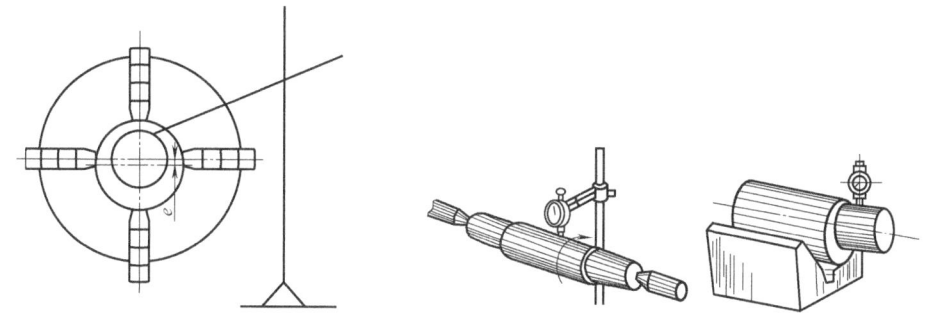

图 10-8　找正偏心圆　　　　　图 10-9　偏心距的检测方法

（1）用两顶尖间装夹　对于两端有中心孔、偏心距较小且不易放在 V 形架上测量的偏心轴类工件，可以在两顶尖间进行检测。检测偏心套类工件时，可将偏心套套在心轴上，再用两顶尖支承来检测。

（2）用 V 形架支承　对于无中心孔或长度较短、偏心距 $e<5$mm 的偏心工件，可用 V 形架支承进行检测。

（3）用自定心卡盘装夹　对于较短的偏心轴，可在车床上用自定心卡盘装夹进行检测。

## 三、任务实施

**1. 准备工作**

（1）毛坯　材料为 45 钢，尺寸为 $\phi$45mm×75mm 的圆棒料。

（2）工艺装备　90°外圆车刀、切断刀、25～50mm 的千分尺、0.02mm/（0～150mm）的游标卡尺、高度游标卡尺、0～10mm 的百分表及磁性表座、V 形铁、划针、样冲等。

**2. 偏心轴车削工艺分析和加工工艺过程卡**

车削偏心工件时，起动车床后逐步进刀，切削速度在开始车削时应取 100r/min，背吃刀量和进给量要小些。待工件车圆后，再加大背吃刀量，否则容易损坏车刀。

偏心轴的加工工艺过程卡见表 10-1。

表 10-1　偏心轴的加工工艺过程卡

| 工序号 | 工序名称 | 工序内容 | 工艺装备 |
| --- | --- | --- | --- |
| 1 | 车削一端外圆 | 装夹毛坯外圆，伸出长度为 50mm 左右，找正夹紧<br>（1）车平端面<br>（2）粗、精车外圆 $\phi 40_{-0.1}^{\ 0}$ mm 至尺寸要求，长 48mm<br>（3）外圆倒角 C2 | 90°外圆车刀、游标卡尺 |
| 2 | 切断 | 切断工件，长 48mm | 切断刀、游标卡尺 |
| 3 | 车削另一端外圆 | 掉头装夹工件 $\phi 40_{-0.1}^{\ 0}$ mm 外圆并找正，车削另一端面，保证总长 47mm | |
| 4 | 钳工划线 | 在工件上划线，并在线上打样冲眼 | 高度游标卡尺、V 形铁、样冲 |

(续)

| 工序号 | 工序名称 | 工序内容 | 工艺装备 |
|---|---|---|---|
| 5 | 钳工找正 | 按划线要求在单动卡盘上进行找正 | 划针 |
| 6 | 车削偏心圆 | (1) 粗、精车偏心外圆尺寸至 $\phi25_{-0.033}^{0}$ mm，保证长度20mm<br>(2) 外圆倒角 $C2$ | 90°外圆车刀、游标卡尺、千分尺 |
| 7 | 检验 | 检验工件偏心距的尺寸精度，偏心轴线对基准轴线的平行度误差不大于 0.04mm/100mm，偏心外圆的表面粗糙度符合图样要求 | 游标卡尺、千分尺、百分表 |

**用单动卡盘装夹车削偏心工件时的注意事项**

1) 在划线上打样冲眼时，必须打在线上或交点上，一般打四个样冲眼即可。操作时要认真、仔细、准确，否则容易造成偏心距误差。

2) 平板、划针盘底面要平整、清洁，否则容易产生划线误差。

3) 划针要经过热处理，以使划针头部的硬度达到要求，尖端磨成15°~20°的锥角，头部要保持尖锐，使划出的线条清晰、准确。

4) 在初切削偏心圆时，进给量要小，切削深度要浅；等工件车圆后，切削用量可以适当增加，否则会损坏车刀或使工件移位。

# 任务二　用两顶尖装夹车削两拐曲轴

## 一、任务分析

曲轴实际上就是多拐偏心轴，其加工原理与偏心轴基本相同。但与一般的偏心工件相比较，曲轴的精度要求较高，加工难度也较大。曲轴车削的主要内容是加工主轴颈和曲柄颈。加工如图 10-10 所示的两拐曲轴，该曲轴的两个 $\phi12$mm 曲柄颈互成180°，要求两轴颈的轴线与主轴颈的轴线平行。

知识点：两拐曲轴的加工原理，两拐曲轴的检验方法。

技能点：用两顶尖装夹车削两拐曲轴，两拐曲轴的检验和质量分析。

## 二、知识链接

曲轴多用于发动机中，根据其性能和用途的不同，曲轴可分为两拐、四拐、六拐、八拐等几种；根据曲柄拐数的不同，曲柄颈之间互成90°、120°、180°等角度。单拐曲轴和多拐曲轴如图 10-11 所示，曲轴毛坯一般由球墨铸铁浇注而成。

**1. 两拐曲轴的加工原理**

用两顶尖装夹车削两拐曲轴的加工原理如图 10-12 所示，加工时，需要预先钻出中心孔

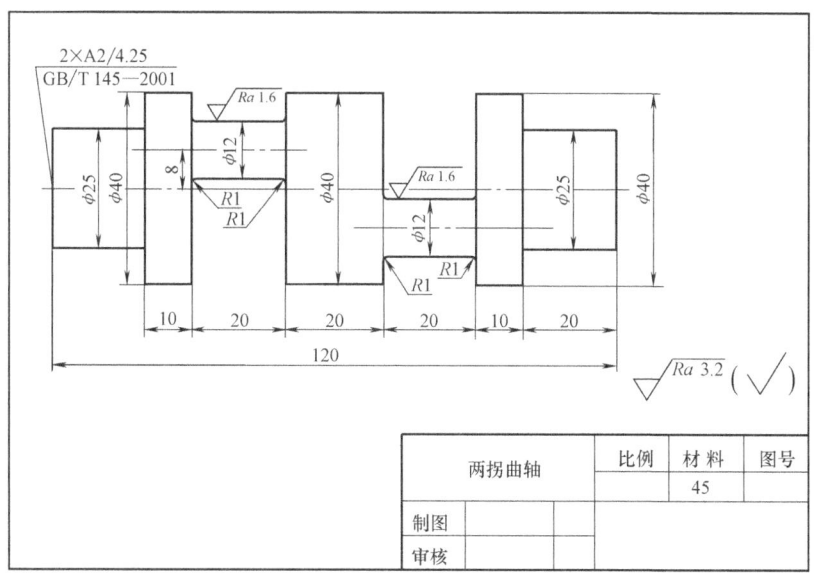

图 10-10 两拐曲轴

图 10-11 曲轴
a) 单拐曲轴 b) 多拐曲轴

$A$ 和偏心中心孔 $B_1$、$B_2$。当两顶尖装夹在中心孔 $A$ 中时，可车削各级主轴颈外圆；当两顶尖装夹在中心孔 $B_1$ 中时，可车削曲轴颈 $d_1$；当两顶尖装夹在中心孔 $B_2$ 中时，可车削曲轴颈 $d_2$；最后将两顶尖装夹在中心孔 $A$ 中，精车主轴颈。加工完毕后，车去两端的工艺轴颈，取总长至尺寸。

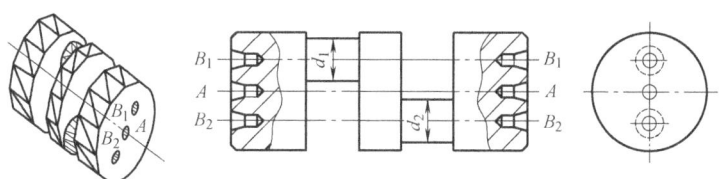

图 10-12 两拐曲轴的加工原理

单件、小批量生产精度要求不高的偏心轴时，其偏心中心孔可以划线后在钻床上钻出；当偏心距的精度要求较高时，偏心中心孔可在坐标镗床上钻出；成批生产时，可在专门的中心孔钻床或偏心夹具上钻出。

车削时，为了防止曲轴变形，应在曲柄颈的空挡处用螺钉和螺母支承，支承力要适当。

**2. 曲轴的测量方法**

曲轴的尺寸、同轴度和平行度误差的测量方法与一般轴类相似。曲轴的偏心距可采用百分表和中滑板刻度配合测量，如图10-13所示。用两顶尖顶住曲轴的中心，将百分表放置在刀架上，将百分表测头指在一端主轴颈的外圆上，将曲柄颈作上下少量的转动，测得最高点的百分表读数；然后把曲柄颈转过去180°，将中滑板依照刻度横向进给两倍偏心距的距离，同样将曲轴作上下少量的转动，测得最低点的百分表的读数；最高点与最低点的差值即为两倍偏心距的误差。用同样的方法，将床鞍移至另一端主轴颈外，测得偏心距误差，并根据两个数据判断曲轴颈轴线对支承轴颈轴线的平行度误差。

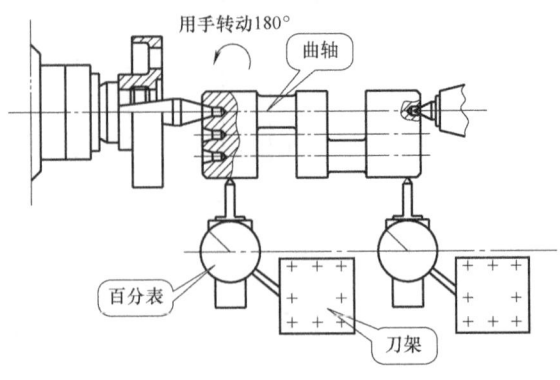

图10-13 曲轴偏心距的测量

## 三、任务实施

**1. 准备工作**

（1）毛坯 φ45mm×130mm 的圆棒料，材料为45钢。

（2）工艺装备 90°外圆车刀、直槽刀、A2/4.25中心钻、游标卡尺、百分表及磁性表座、划针、划针盘、顶尖、V形铁、钳工平板等。

**2. 两拐曲轴的车削工艺分析和加工工艺过程卡**

两拐曲轴的车削工艺分析如下：

1）采用两顶尖装夹车削主轴颈和曲柄颈。

2）车削曲轴时，应先粗车后精车，以避免由于工件的刚性差，偏心轴的粗加工余量大，断续切削会产生冲击、振动，以及切削力大等原因而造成工件变形。

3）车削时，为了增加曲轴的刚度，防止曲轴变形，应在曲轴颈对面的空挡处设置支承螺钉。

4）如图10-14所示，应先在V形铁上划线，并在坐标镗床上钻中心孔和偏心中心孔。

5）采用车直槽法车削曲轴颈，如图10-15所示。

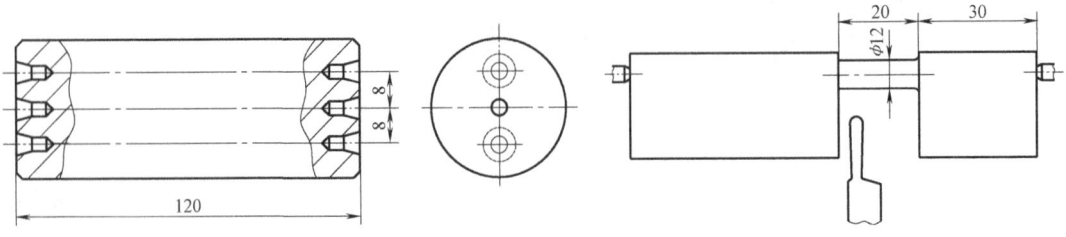

图10-14 在V形铁上划线　　图10-15 曲轴颈的车削

两拐曲轴的加工工艺过程卡见表10-2。

表10-2 两拐曲轴的加工工艺过程卡

| 工序号 | 工序名称 | 工序内容 | 工艺装备 |
|---|---|---|---|
| 1 | 下料 | φ45mm×130mm 的圆棒料 | 锯床 |
| 2 | 车削端面，钻中心孔 | 用自定心卡盘装夹毛坯外圆，伸出长度为30mm左右，找正夹紧<br>(1) 车平端面<br>(2) 钻中心孔 | 90°外圆车刀、A2/4.25中心钻 |
| 3 | 车削一端外圆 | 一夹一顶装夹，粗车外圆至φ40mm，长度接近卡盘 | 90°外圆车刀、游标卡尺 |
| 4 | 车削另一端外圆 | 工件调头装夹，找正中心<br>(1) 车削另一端面，保证总长120mm<br>(2) 钻中心孔<br>(3) 车削外圆至φ40mm，要求整段外圆接头平整 | 90°外圆车刀、游标卡尺 |
| 5 | 钳工 | (1) 划两端面的主轴颈中心线和四周圈线<br>(2) 划两端面的曲柄颈中心线，打样冲眼 | 百分表及磁性表座、划针、划针盘、钳工平板 |
| 6 | 钻中心孔 | 钻两端面的曲柄颈中心孔 | 坐标镗床 |
| 7 | 粗车曲轴颈 | 用两顶尖顶住曲柄颈中心孔，粗车曲柄颈 | 直槽刀、游标卡尺 |
| 8 | 粗车、精车另一曲轴颈 | 用两顶尖顶住另一曲柄颈中心孔<br>(1) 粗车曲柄颈<br>(2) 精车曲柄颈 | 直槽刀、游标卡尺 |
| 9 | 精车曲轴颈 | 用两顶尖顶住曲柄颈中心孔，精车曲柄颈 | 直槽刀、游标卡尺 |
| 10 | 精车轴颈 | 用自定心卡盘装夹外圆φ40mm，精车φ25mm外圆至图样要求 | 90°外圆车刀、游标卡尺 |
| 11 | 精车另一轴颈 | 调头，用自定心卡盘装夹外圆φ40mm，精车另一轴颈φ25mm至图样要求 | 90°外圆车刀、游标卡尺 |
| 12 | 检验 | 检验工件的尺寸精度、几何精度及表面粗糙度是否符合图样要求 | 游标卡尺、百分表 |
| 13 | 入库 | 涂油入库 | |

### 用两顶尖装夹车削两拐曲轴时的注意事项

1) 划线、打样冲眼要认真、仔细、准确，严格控制划线精度，否则容易造成两轴轴线歪斜和偏心距误差。

2) 工件旋转时，车刀刀尖与工件应有足够的距离，并应从低速逐级提高，绝对不能直接开动高速。

3) 断续切削曲柄颈时，应选择较小的切削用量，初次进刀时一定要从离偏心最远处切入。

4）顶尖与中心孔的松紧程度要适当，必须经常加注润滑油，以减少磨损。同时要注意，车削时顶尖受力不均匀，前顶尖容易损坏或移位，必须经常检查。

## 任务三　车削细长轴

### 一、任务分析

当轴类工件的长度与直径之比大于 25（$L/D > 25$）时，此轴称为细长轴。加工如图 10-16 所示的细长轴，轴的直径为 $\phi(25 \pm 0.2)$ mm、长 1000mm，长径比为 40，直线度误差不大于 0.2mm，表面粗糙度 $Ra$ 值为 3.2μm。细长轴的最大缺点是刚性差，车削过程中，因受到切削力、工件重力及旋转时离心力的影响，细长轴易出现弯曲变形、热变形、形状误差及表面粗糙度值大等问题。

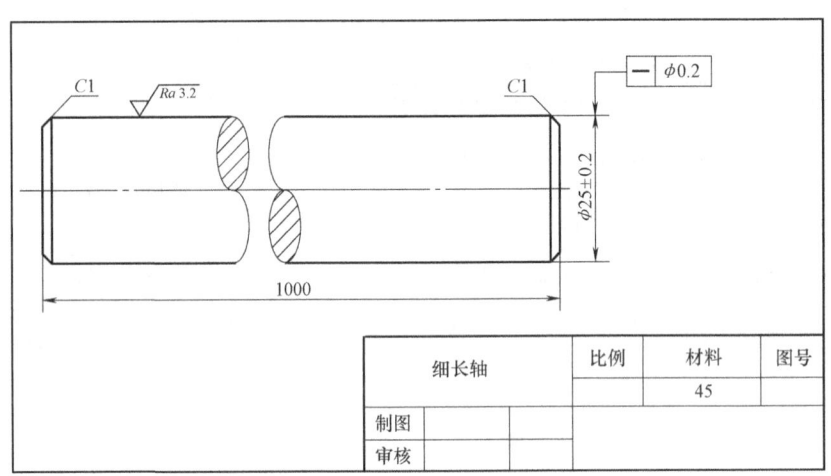

图 10-16　细长轴

**知识点**：中心架、跟刀架、细长轴车刀相关知识。
**技能点**：中心架和跟刀架的使用，车削细长轴的方法，细长轴的检验和质量分析。

### 二、知识链接

**1. 中心架及其使用方法**

车削细长轴的关键是解决车削过程中工件的刚性问题及变形问题。在加工过程中，为了提高工件的刚度，常采用中心架或跟刀架作辅助支承。

中心架是车床的附件，车削刚性差的细长轴、不能穿过车床主轴孔的粗长工件，以及孔与外圆同轴度要求较高的较长工件时，可利用中心架来增强工件刚度，保证同轴度要求。

使用中心架车削细长轴的关键技术问题是使中心架与工件表面接触的三个支承爪所决定的圆的圆心与车床的回转中心重合。车削时，一般用两顶尖装夹或采用一夹一顶的方式装夹工件，中心架安装在工件的中间部位并固定在床身上。

中心架的结构如图 10-17 所示。工作时，架体用螺栓和螺母紧固在床身上，上盖和架体用圆柱销联接，上盖可以打开或扣合，并用螺钉锁定。三个支承爪的升降分别用三个调整螺钉来调整，以适应不同直径的工件。

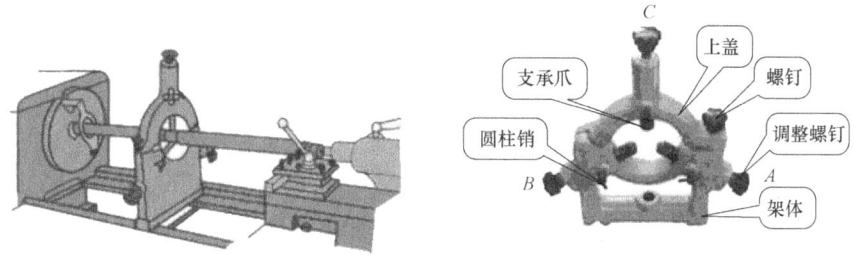

图 10-17　用中心架车削细长轴

安装中心架前，应在工件中间车削一段安装中心架支承爪的沟槽，沟槽的直径略大于工件的尺寸要求，沟槽的宽度大于支承爪的直径。安装中心架时，在开车状态下按照 A—B—C 的顺序调整中心架的三个支承爪，使它们与工件沟槽的外圆柱面轻轻接触。当车削是由尾座向床头方向进行时，可车削到沟槽附近位置，然后将工件调头装夹，用中心架的三个支承爪轻轻支承已加工表面。此时，可在已加工表面与三个支承爪之间垫细砂布（砂布背面贴住工件，有砂粒的一面向着三爪）或研磨剂，进行研磨跑合。在整个加工过程中，支承爪与工件接触处应经常加润滑油，防止磨损或"咬坏"工件，并应随时靠手感掌握工件与中心架三个支承爪的摩擦发热情况，如发热严重，须及时调整三个支承爪与工件接触表面间的间隙，决不能等到出现"吱吱"声或"冒烟"时再去调整。

对于工件中间不需要加工的细长轴，可采用辅助套筒的方法安装中心架，如图 10-18 所示。把套筒套在轴的外圆上，调整并拧紧两端的四个螺钉，使套的轴线和工件轴线重合。中心架的支承爪支承在辅助套筒的外圆上，其注意事项与支承在工件中车削沟槽时相同。

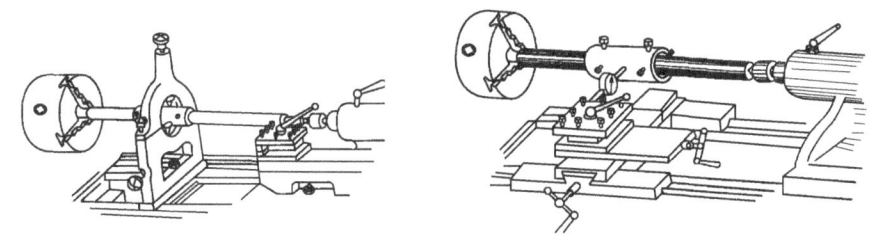

图 10-18　用辅助套筒车削细长轴

**2. 跟刀架及其使用方法**

使用中心架可提高工件车削过程中的刚度，但由于工件分两段车削，其中间会有接刀痕迹。对不允许有接刀痕迹的工件，应采用跟刀架进行加工。将跟刀架固定在床鞍上，使其和车刀一起作纵向运动。跟刀架有两爪和三爪之分，如图 10-19 所示。车削细长轴时，最好使用三爪跟刀架，因为使用三个支承爪的跟刀架能使工件在上下、前后均不能移动，车削稳定，不易产生振动。

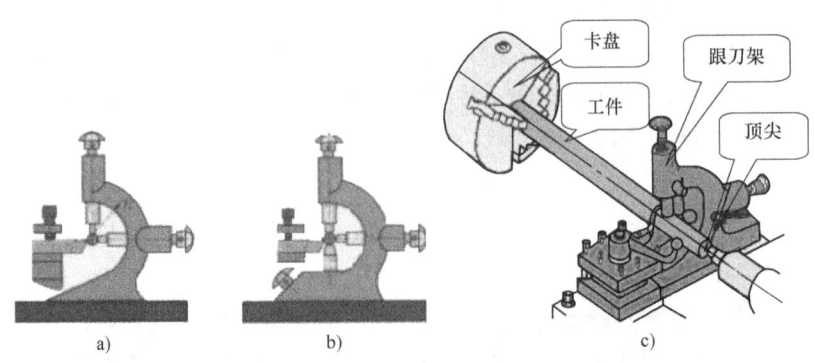

图 10-19 跟刀架的种类和使用
a) 两爪跟刀架 b) 三爪跟刀架 c) 跟刀架使用方法

调整跟刀架的支承爪时，应先调整后支承爪，调整时，应综合运用手感、耳听、目测等方法控制支承爪，直至其轻微接触到外圆为止。然后调整下支承爪和上支承爪，调整到有上述感觉时为止。要求每个支承爪都能与轴保持相同的合理间隙，以使轴可以自由转动。

使用跟刀架时，一定要注意支承爪对工件的支承要松紧适当。若支承太松，起不到提高刚度的作用；若支承太紧，则会影响工件的形状精度，车削出的工件呈"竹节形"。因此，车削过程中，要经常检查支承爪的松紧程度，并进行必要的调整。

**3. 车削细长轴车刀的选择**

细长轴的刚性差，车削时易变形，因此，要求车刀必须具有车削时产生的径向力小、锋利和车出工件的表面粗糙度值小等特点。车削细长轴的车刀可按以下几方面来选择：

1) 选择主偏角较大的车刀，主偏角为 90°~93°。
2) 选择前角较大的车刀，前角应为 15°~30°。
3) 选择正值刃倾角，使切屑排向待加工表面，一般取 $\lambda_s$ =3°左右。
4) 车刀应磨有 $R1.5 \sim R3$mm 的断屑槽。
5) 应选择较小的刀尖圆弧半径（$\gamma_\varepsilon$ <0.3mm）；倒棱宽度也应较小，取倒棱宽度 $b_{\gamma 1}$ = 0.5$f$ 比较适宜。

细长轴车刀的参数选择示例如图 10-20 所示。

## 三、任务实施

**1. 准备工作**

（1）毛坯 材料为 45 钢，尺寸为 φ30mm×1110mm 的圆棒料。细长轴工件的毛坯存在弯曲时应进行校直，校直后毛坯的直线度误差应小于 1mm；毛坯校直后应进行时效处理，以消除内应力。

（2）工艺装备 90°外圆粗车刀、90°外圆精车刀、45°车刀、钻夹头、A2/4.5 中心钻、弹性回转顶尖、25~50mm 的千分尺、卷尺（或钢直尺）、研磨剂、研磨棒、三爪跟刀架（若支承爪端面磨损严重或

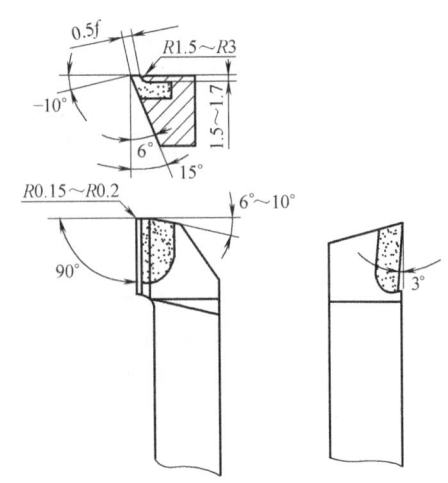

图 10-20 细长轴车刀的参数选择示例

弧面太小，应取下并根据支承基准面的直径进行修正）等。

**2. 细长轴的车削工艺分析和加工工艺过程卡**

（1）装夹方法　为了增加工件的刚度，采用一夹一顶（弹性回转顶尖）的方式装夹工件，配合三爪跟刀架辅助支承。装夹跟刀架前，应在靠近卡盘一端的毛坯外圆上车削跟刀架的支承基准，其宽度比支承爪的宽度大15~20mm，并在其右侧车削一圆锥角约为40°的圆锥面，如图10-21所示，以使接刀车削时切削力逐渐增加，不致因切削力突然变化而造成"让刀"和工件变形。

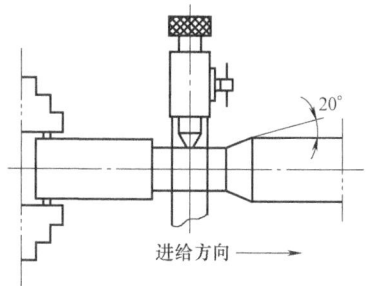

图10-21　车削跟刀架的支承基准和圆锥面

（2）研磨跟刀架支承爪的工作表面　装夹跟刀架时，跟刀架支承爪在车刀后面（左侧）1~3mm处，以已车削的支承基准面为基准，研磨跟刀架支承爪的工作表面。研磨时，车床的主轴转速选$n=500$r/min，床鞍作纵向往复运动，同时逐步调整支承爪，待其圆弧基本成形时，再注入全损耗系统用油精研。研磨好支承基准面后，还应调整支承爪，使它与支承基准面轻轻接触。

（3）采用反向进给法　车削时，纵向进给运动的方向通常是床鞍带动车刀由尾座向主轴箱的方向运动，即所谓的正向进给。反向进给则是床鞍带动车刀由主轴箱向尾座的方向运动。正向进给时，工件受到轴向切削分力，使其受压（与工件的变形方向相反），而容易产生弯曲变形；反向进给时，作用在工件上的轴向切削分力使工件受拉力，且其方向与工件伸长变形的方向一致。同时，由于细长轴左端通过钢丝圈固定在卡盘内，右端支承在弹性回转顶尖上，可以自由伸缩，不易产生弯曲变形，而且能使工件达到较高的加工精度和较小的表面粗糙度值。

（4）使用弹性回转顶尖　车削细长轴时，尽管加注了充分的切削液，但工件的温度仍会升高，仍能引起工件的热变形伸长。如果采用固定顶尖，会限制工件的伸长，造成工件的弯曲变形，从而会影响正常车削。若使用弹性顶尖，当工件伸长时，顶尖自动后退，可起到补偿工件热变形伸长的作用，工件不会因伸长而产生弯曲变形。

（5）选择合理切削用量　车削细长轴时，将粗车和精车分开进行，若选用牌号为P10、形状如图10-20所示的车刀，粗车时的切削用量选$a_p=1.5~2$mm、$f=0.3~0.4$mm/r、$v_c=50~60$m/min比较合适；精车时的切削用量选$a_p=0.5~1$mm、$f=0.088~0.12$mm/r、$v_c=60~100$m/min比较合适。

（6）加注充分的切削液　车削时，应充分浇注切削液，切削液能带走大量的切削热，减少工件温度的升高，从而起到减少热变形伸长的作用。

细长轴的加工工艺过程卡见表10-3。

表10-3　细长轴的加工工艺过程卡

| 工序号 | 工序名称 | 工序内容 | 工艺装备 |
| --- | --- | --- | --- |
| 1 | 车削外圆、端面 | 将毛坯轴穿入车床主轴孔中，右端伸出卡盘约100mm，用自定心卡盘找正夹紧<br>（1）车削端面，钻中心孔<br>（2）粗车外圆至$\phi$27mm，长30mm | 90°外圆粗车刀、A2/4.5中心钻、游标卡尺 |

(续)

| 工序号 | 工序名称 | 工序内容 | 工艺装备 |
|---|---|---|---|
| 2 | 车削端面 | 调头装夹,右端伸出卡盘约100mm,用自定心卡盘找正夹紧,车削端面,保证总长1000mm,钻中心孔 | 90°外圆粗车刀、A2/4.5中心钻、游标卡尺 |
| 3 | 车削支承基准、圆锥面 | 在φ27mm外圆柱面上套钢丝圈,并用自定心卡盘夹紧,毛坯右端用弹性回转顶尖支承<br>(1)车削跟刀架支承基准,其宽度比支承爪宽度大15~20mm<br>(2)在支承基准右侧车削一圆锥角约为40°的圆锥面 | 90°外圆精车刀、游标卡尺、钢丝圈 |
| 4 | 研磨 | 装夹跟刀架,研磨跟刀架支承爪的工作表面 | 跟刀架 |
| 5 | 车削外圆 | 跟刀架支承爪在车刀后面(左侧)1~3mm处,采用反向进给法车削外圆至尺寸要求,倒角C1 | 90°外圆精车刀、游标卡尺 |
| 6 | 半精车、精车 | 卸下钢丝圈,调头,采用一端用自定心卡盘夹紧,一端用中心架支承的方法装夹。半精车、精车φ27mm×30mm段外圆至尺寸要求,倒角C1 | 90°外圆精车刀、游标卡尺 |
| 7 | 检验 | 检查尺寸精度及表面粗糙度是否符合图样要求 | |

━━━━━━━━━━━━━━━━━━━━━━━━━━━━━━━━━━━━━

**车削细长轴时的注意事项**

1)车削细长轴时,为防止产生锥度,车削前必须调整尾座中心,使其与车床主轴中心同轴。

2)车削时,应随时注意顶尖的松紧程度。检查方法是:起动车床使工件回转,用右手拇指和食指捏住弹性回转顶尖的转动部分,顶尖能停止回转;松开手指后,顶尖能恢复回转。这说明顶尖的松紧程度适当。

3)粗车时应选择好第一次的背吃刀量,必须保证将工件毛坯一次进刀车圆,以免影响跟刀架的正常工作。

4)车削过程中,应随时注意支承爪与工件表面的接触状态及支承爪的磨损情况,并随时作相应调整。

5)车削过程中,应随时注意工件已加工表面的变化情况,当发现开始出现竹节形、腰鼓形等缺陷时,要及时分析原因并采取应对措施。

6)车削过程中,应始终充分浇注切削液。

━━━━━━━━━━━━━━━━━━━━━━━━━━━━━━━━━━━━━

**3. 细长轴的质量分析**

车削细长轴时,产生竹节形和腰鼓形误差的原因及预防措施见表10-4。

表10-4 车削细长轴时产生竹节形和腰鼓形误差的原因及预防措施

| 缺陷 | 产生原因 | 预防措施 |
| --- | --- | --- |
| 竹节形 | 车削时，跟刀架调整得过紧，卡爪的支承力超过了工件的刚度，迫使工件反复出现方向相反的弯曲变形，使工件每节的切削深度发生时大时小的变化而形成竹节形 | (1) 正确调整跟刀架的支承爪，不可支顶得过紧<br>(2) 采用接刀车削时，必须使车刀刀尖和工件支承基准圆柱面略微接触，接刀时的背吃刀量应加深0.01～0.02mm，这样可避免由于工件外圆变大而引起支承爪的支承力变得过大<br>(3) 粗车时，若发现开始出现竹节形，可调整滑板手柄，适量增加背吃刀量，以减小工件外径；或者稍微调松跟刀架支承爪，使支承爪适当减小，以防止竹节形的继续产生<br>(4) 调整好车床床鞍、滑板的相应间隙，以消除进给时的"让刀"现象 |
| 腰鼓形 | (1) 细长轴的刚度较低，跟刀架支承爪与工件表面接触不一致，支承爪磨损而产生间隙，都会造成车削时产生腰鼓形<br>(2) 车削工件两端时，工件的刚度高，不易产生变形，切削正常；车削到工件的中间部位时，径向切削分力将工件的轴线压向车床回转轴线的外侧，工件发生弯曲变形，使背吃刀量逐渐减小，从而形成腰鼓形 | (1) 车削过程中，要随时调整跟刀架支承爪，使支承爪圆弧面的轴线与主轴的回转轴线重合<br>(2) 适当增大车刀的主偏角，使车刀锋利，以减小径向切削分力 |

# 项目重点

1. 单动卡盘的构造。
2. 用单动卡盘上装夹车削偏心工件的方法。
3. 在V形块上对偏心工件进行划线的方法。
4. 偏心距的检测方法。
5. 两拐曲轴的划线方法。
6. 用两顶尖装夹车削两拐曲轴的方法。
7. 两拐曲轴的检验方法。
8. 中心架和跟刀架的使用方法。
9. 细长轴车刀的选择。
10. 细长轴的车削方法，细长轴的质量分析。

# 实战强化

一、填空题

1. 外圆与外圆或外圆与内孔的轴线相互平行但不重合的工件称为_____。

2. 偏心工件中，偏心部分和基准部分的轴线之间的距离称为_____。

3. 当轴类工件的长度与直径之比大于25倍（$L/D>25$）时，此轴称为_____。

4. 根据细长轴的_____特点，要求车削细长轴的车刀必须具有在车削时径向力小、车刀锋利和车出工件的表面粗糙度值小等特点。

5. 加工细长轴时易产生_____、_____、_____及_____现象。

6. 车削细长轴主要是解决工件车削过程中的_____问题及_____问题。

7. 车削细长轴的关键就是合理使用_____，解决工件的_____及合理选择_____等。

## 二、选择题

1. 在（　　）生产或偏心距精度要求（　　）时，应采用专用偏心夹具装夹车削。
   A. 小批量、较高　　B. 小批量、较低　　C. 大批量、较高　　D. 大批量、较低

2. 加工细长轴时，工件因受（　　）的影响，易产生弯曲和振动。
   A. 切削力和离心力　　B. 切削力和摩擦力　　C. 摩擦和自重　　D. 自重和切削力

3. 加工细长轴时，车刀的主偏角宜在（　　）的范围内选择。
   A. 45°~60°　　B. 90°~93°　　C. 60°~75°　　D. 30°~45°

4. 加工细长轴时，车刀的前角宜在（　　）的范围内选择。
   A. 5°~10°　　B. 15°~30°　　C. 10°~20°　　D. 0°~15°

5. 加工细长轴时，车刀的刀尖圆弧半径应小于（　　）mm。
   A. 0.3　　B. 0.8　　C. 1.2　　D. 1.5

6. 车削细长轴时，使用（　　）个爪的跟刀架效果较好。
   A. 1　　B. 2　　C. 3　　D. 4

## 三、判断题

1. 外圆与内孔的轴线相互平行但不重合的工件称为偏心件。（　　）

2. 为了保证偏心零件的工作精度，车削偏心工件时，应特别注意控制轴线间的平行度和偏距的精度。（　　）

3. 细长轴的长径比越大，加工越困难。（　　）

4. 车削细长轴时，使用三个爪的跟刀架效果较好。（　　）

5. 车削细长轴时，为了排屑顺利，车刀应磨有半径$R=1.5~3mm$的断屑槽。（　　）

6. 当中心架支承在工件中间时，工件长度相当于减小了一半，而工件的刚度也提高了一倍。（　　）

## 四、综合题

1. 偏心距的检测方法有哪些？各适用于哪些情况？
2. 何谓细长轴？细长轴有哪些特点？
3. 车削细长轴时容易产生的问题有哪些？如何解决这些问题？
4. 使用中心架和跟刀架时应注意哪些问题？
5. 车削细长轴的关键技术是什么？

6. 车削如图 10-22 所示的偏心件。

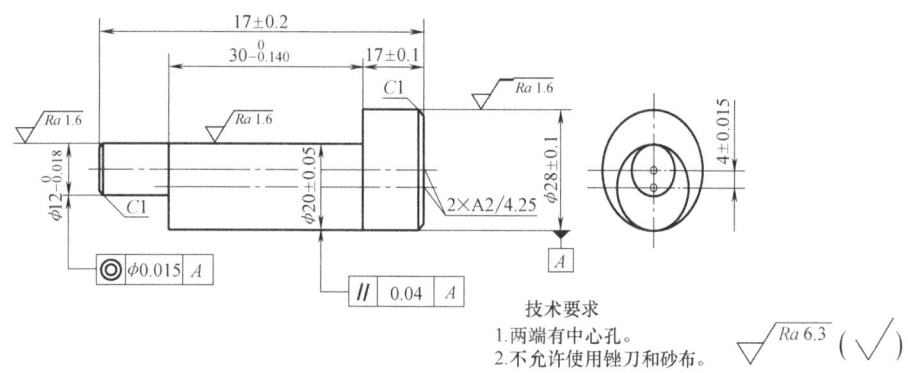

图 10-22 偏心件车削练习

7. 车削如图 10-23 所示的细长轴。

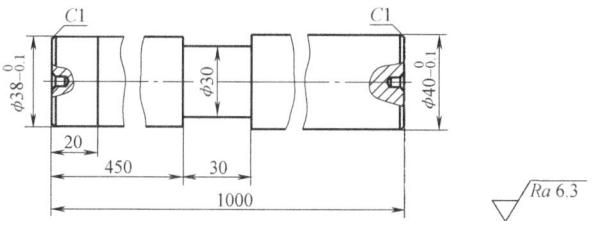

图 10-23 细长轴车削练习

# 参 考 文 献

[1] 刘坚. 机械加工设备 [M]. 北京：机械工业出版社，2001.
[2] 机械工业职业技能鉴定指导中心. 车工技术 [M]. 北京：机械工业出版社，1999.
[3] 刘明华. 车工（初级、中级、高级）[M]. 北京：中国劳动出版社，1997.
[4] 彭德荫. 车工工艺与技能训练 [M]. 北京：中国劳动社会保障出版社，2001.
[5] 陆根奎，方刚，庄宁. 车工操作技能考核题库 [M]. 北京：机械工业出版社，1991.
[6] 王家浩. 高级车工技能训练 [M]. 2版. 北京：中国劳动出版社，1999.
[7] 何建民. 高级车工必读 [M]. 北京：机械工业出版社，2008.
[8] 唐监怀，刘翔. 车工工艺与技能训练 [M]. 北京：中国劳动社会保障出版社，2006.